高等职业教育“十三五”规划教材（网络工程课程群）

网络综合布线

主　编　何　胤　游祖会
副主编　王晚竹　陶洪建　罗　勇　唐丽均

中国水利水电出版社
www.waterpub.com.cn
·北京·

内 容 提 要

本书以完成具体项目的方式系统介绍了网络综合布线设计与施工技术。全书共分为四大部分，第一章为预备知识，第二章至第七章分别讲述网络综合布线的七个子系统，第八章介绍了测试和验收的基本内容，第九章是完整的网络综合布线案例。其中每章按照项目描述、相关知识、项目实施等内容展开，充分突出基于项目的学习方式。

本书图文并茂、主次分明、项目具体，可作为高等职业院校相关专业的教材或教学参考书，也可供从事网络综合布线系统集成的设计人员、施工人员和管理人员参考阅读。

图书在版编目（CIP）数据

网络综合布线 / 何胤，游祖会主编. -- 北京 : 中国水利水电出版社，2016.1（2024.2 重印）
高等职业教育“十三五”规划教材. 网络工程课程群
ISBN 978-7-5170-4048-4

Ⅰ. ①网… Ⅱ. ①何… ②游… Ⅲ. ①计算机网络－布线－高等职业教育－教材 Ⅳ. ①TP393.03

中国版本图书馆CIP数据核字(2016)第020068号

策划编辑：祝智敏　　责任编辑：张玉玲　　封面设计：李　佳

书　　名	高等职业教育“十三五”规划教材（网络工程课程群） 网络综合布线
作　　者	主　编　何　胤　游祖会 副主编　王晚竹　陶洪建　罗　勇　唐丽均
出版发行	中国水利水电出版社 （北京市海淀区玉渊潭南路 1 号 D 座　100038） 网　址：www.waterpub.com.cn E-mail：mchannel@263.net（答疑） sales@mwr.gov.cn 电　话：（010）68545888（营销中心）、82562819（组稿）
经　　售	北京科水图书销售有限公司 电话：（010）68545874、63202643 全国各地新华书店和相关出版物销售网点
排　　版	北京万水电子信息有限公司
印　　刷	三河市德贤弘印务有限公司
规　　格	185mm×260mm　16 开本　15.5 印张　327 千字
版　　次	2016 年 1 月第 1 版　2024 年 2 月第 5 次印刷
印　　数	11001—12000 册
定　　价	39.00 元

丛书编委会

序言

随着《国务院关于积极推进“互联网+”行动的指导意见》的发布，标志着中国正全速开启通往“互联网+”时代的大门，我国在全功能接入国际互联网20年后达到全球领先水平。目前，中国93.5%的行政村开通宽带，网民数超过6.5亿，一批互联网和通信设备制造企业进入国际第一阵营。互联网在中国的发展，分别“+”出了网购、电商，“+”出了O2O（线上线下联动），也“+”出了OTT（微信等顶端业务），而2015年则进入“互联网+”时代，开启了融合创新。纵观全球，德国通过“工业4.0战略”让制造业再升级，美国以“产业互联网”让互联网技术优势带动产业提升。如今在中国，信息化和工业化深度融合尤其使“互联网+”被寄予厚望。

“互联网+”时代的到来，使网络技术成为信息社会发展的推动力。社会发展日新月异，新知识、新标准层出不穷，不断挑战着学校专业教学的科学性。这给当前网络专业技术人才培养提出极大的挑战，新教材的编写和新技术的更新也显得日益迫切。教育只有顺应这一时代的需求持续不断地进行革命性的创造变化，才能走向新的境界。

在这样的背景下，中国水利水电出版社和重庆工程职业技术学院、重庆电子工程职业学院、重庆城市管理职业学院、重庆工业职业技术学院、重庆信息技术职业学院、重庆工商职业学院、浙江金华职业技术学院、中兴通讯股份有限公司、星网锐捷网络有限公司、杭州华三通信技术有限公司等示范高职院校、网络产品和方案提供商联合，一起组织来自企业的专业工程师、部分院校一线教师，协同规划和开发了本系列教材。全系列以网络工程实用技术为脉络，依托来自企业多年积累的工程项目案例，将目前行业发展中最实用、最新的网络专业技术汇集进入专业方案和课程方案，编写入专业教材，传递到教学一线，以期为各高职院校的网络专业教学提供更多的参考与借鉴。

一、整体规划全面系统 紧贴技术发展和应用要求

本系列课程的规划和内容的选择都与传统的网络专业教材有很大的区别，选编知识具有体系化、全面化的特征，能体现和代表当前最新的网络技术发展方向。为帮助读者建立直观的网络印象，书中引入来自企业真实网络工程项目，让读者身临其境地了解发生在真实网络工程项目中的场景，了解对应的工程施工中需要的技术，学习关键网络技术应用对应的技术细节，对传统课程体系实施改革。真正做到了强化实际应用，全面系统培养人才，以尽快适应企业工作需求为教学指导思想。

二、鼓励工程项目形式教学 知识领域和工程思想同步培养

倡导以工程项目的形式开展，按项目、分小组、以团队方式组织实施；倡导各团队成员之间组织技术交流和沟通，共同解决本组工程方案的技术问题，查询相关技术资料，组织小组撰写项目方案等工程资料。把企业的工程项目引入到课堂教学中，针对工程中实际技能组织教学，重组理论与实践教学内容，让学生在掌握理论体系的同时，能熟悉网络工程实施中实际的工作技能，缩短学生未来在企业工作岗位上的适应时间。

三、同步开发教学资源 及时有效更新项目资源

为保证本系列课程在学校的有效实施，丛书编委会还专门投入了巨大的人力和物力，为系列课程开发了相应的、专门的教学资源，以有效支撑专业教学实施过程中备课授课以及项目资源的更新、疑难问题的解决，详细内容可以访问中国水利水电出版社万水分社的网站，以获得更多的资源支持。

四、培养“互联网 +”时代软技能 服务现代职教体系建设

互联网像点石成金的魔杖一般，不管“加”上什么，都会发生神奇的变化。互联网与教育的深度拥抱带来了教育技术的革新，引起了教育观念、教学方式、人才培养等方面的深刻变化。正是在这样的机遇与挑战面前，教育在尽量保持知识先进性的同时，更要注重培养人的“软技能”，如沟通能力、学习能力、执行力、团队精神和领导力等。为此，本系列课程规划过程中，一方面注重诠释技术，一方面融入了“工程”“项目”“实施”和“协作”等环节，把需要掌握的技术元素和工程软技能一并考虑进来，以期达到综合素质培养的目标。

本系列教材的推出是出版社、院校教师和企业联合策划开发的成果，希望能吸收各方面的经验，集众所长，保证规划课程的科学性。配合专业改革、专业建设的开展，丛书主创人员先后数次组织研讨会开展交流、组织修订以保证专业建设和课程建设具有科学的指向性。来自中兴通讯股份有限公司、星网锐捷网络有限公司、杭州华三通信技术有限公司的众多专业工程师和产品经理罗荣志、罗脂刚、杨毅等为全书提供了技术审核和工程项目方案的支持，并承担全书技术资料的整理和企业工程项目的审阅工作。重庆工程职业技术学院的杨智勇、李建华，重庆工业职业技术学院的王璐烽，重庆电子工程职业学院的武春岭、唐继勇，重庆城市管理职业学院的乐明于、罗勇，重庆工商职业学院的胡方霞，重庆信息技术职业学院的曾鹏，浙江金华职业技术学院的宣翠仙等都在全书成稿过程中给予了悉心指导及大力支持，在此一并表示衷心感谢！

本丛书的规划、编写与出版过程历经三年的时间，在技术、文字和应用方面历经多次的修订，但考虑到前沿技术、新增内容较多，加之作者文字水平有限，错漏之处在所难免，敬请广大读者指正。

丛书编委会

前 言

网络综合布线技术是一门新兴的综合性学科，涉及计算机网络技术，智能建筑和通信等领域，也是计算机类相关专业的必修课或重要的选修课。网络综合布线系统是智能建筑的基础设施，随着我国城镇化建设的快速发展和人类进入物联网时代，企业急需大批网络综合布线规划设计、安装施工、测试验收和维护管理等专业人员，满足行业对技能人才的需求。

为突出理论与工程设计相结合、实训与考核相结合的特点，全书共分为四个部分，第一章为预备知识，第二章至第七章分别讲述网络综合布线的七个子系统，第八章介绍了测试和验收的基本内容，最后一章是完整的网络综合布线案例。其中除个别理论性较强的章节外，各章按照项目描述、相关知识、项目实施等内容展开，充分突出基于项目的学习方式，强调读者的实际动手能力。

本书是由重庆工程职业技术学院各专业所开设的网络综合布线课程教学讲义与相关资料总结得来，我们对以前的教学用书进行了大面积的重新修订，重点突出了每个子系统的详细设计方法，加入较多真实案例，特别是工作区、水平子系统、垂直子系统的设计。针对现阶段的教学条件，本书更强调的是组织设计教学与可操作性，因此我们把有些施工工艺的细节或相关内容放到了“阅读材料”里面，对于不同的院校，完全可以把它们作为正文讲授或进行实验。借着我校新建校区的机会，我们将学生分成小组，对每座教学楼、宿舍楼等建筑进行网络综合布线的设计与施工，因此，在章节中我们的例子大多都是基于真实案例的。

本次修订还在以下几个方面做出了修改或增补。将以前称作预备知识的内容独立为单独一章，较大地扩充了预备知识的内容，以使读者了解网络综合布线的基本概念和整体架构、总揽全局，为各子系统的设计与施工奠定理论基础。在各子系统设计章节中，将最新的国家布线规范放到了相关知识里，而将真实的案例放到了项目实施中，使得层次更加分明，便于学生自学与教师教学。

本书由重庆工程职业技术学院联合重庆电子工程职业技术学院组织编写，其中第1、2、3章由何胤编写，第4、5章由游祖会编写，第6章由王晚竹编写，第7章由陶洪建编写，第8章由罗勇编写，第9章由唐丽均编写；全书由何胤负责统稿、审阅，何胤、游祖会负责资料整理、图片处理等。在此，要特别感谢重庆工程职业技术学院信息工程学院领导对本教材的大力支持，感谢计算机网络2013级张苏丹、张义鹏、陈小娇、汪陈彬等同学对案例编写付出的努力，还要感谢家人对我们的鼓励，没有他们的支持，我们不能完成教材的编写与修订工作。

本书是我院网络综合布线教学思路的体现，如有疏漏或不妥之处，还望各院校老师们多提意见与建议，我们会虚心接受并修正我们的教学。另外，由于网络综合布线技术的发展速度很快，且尚有不少课题需深入探讨和研究，再加上编者本身水平有限，所以书中存在遗漏、不足之处在所难免，欢迎广大教师和同学们批评指正。

2015年08月于重庆北碚

目录

CONTENTS

第 9 章 网络综合布线案例

参考文献

第1章 预备知识

1.1 网络综合布线子系统划分

在信息社会中，一个现代化的大楼内，除了具有电话、传真、空调、消防、动力电线、照明电线外，计算机网络线路也是不可缺少的。网络综合布线系统的对象是建筑物或楼宇内的传输网络，以使话音和数据通信设备、交换设备和其他信息管理系统彼此相连，并使这些设备与外部通信网络连接。它包含着建筑物内部和外部线路（网络线路、电话局线路）间的民用电缆及相关的设备连接措施。布线系统是由许多部件组成的，主要有传输介质、线路管理硬件、连接器、插座、插头、适配器、传输电子线路、电气保护设施等，并由这些部件来构造各种子系统。综合布线系统应该说是跨学科跨行业的系统工程，作为信息产业体现在以下几个方面：

- 楼宇自动化系统（BA）；
- 通信自动化系统（CA）；
- 办公室自动化系统（OA）；
- 计算机网络系统（CN）。

随着 Internet 和信息高速公路的发展，各国的政府机关、大的集团公司也都在针对自己的楼宇特点，进行综合布线，以适应新的需要。搞智能化大厦、智能化小区已成为新世纪的开发热点。理想的布线系统表现为：支持语音应用、数据传输、影像影视，而且最终能支持综合型的应用。由于综合型的语音和数据传输的网络布线系统选用的线材、传输介质是多样的（屏蔽、非屏蔽双绞线，光缆等），一般单位可根据自己的特点，选择布线结构和线材，作为布线系统，目前被划分为 7 个子系统，它们是：

1. 工作区子系统

工作区子系统又称为服务区（Coveragearea）子系统，它是由 RJ-45 跳线与信息插座所连接的设备（终端或工作站）组成。其中，信息插座有墙上型、地面型、桌上型等多种。在进行终端设备和 I/O 连接时，可能需要某种传输电子装置，但这种装置并不是工作区子系统的一部分。例如，调制解调器能为终端与其他设备之间的兼容性传输距离的延长提供所需的转换信号，但不能说它是工作区子系统的一部分。

2. 水平干线子系统

水平干线（Horizontal Backbone）子系统也称水平子系统，又称配线子系统。它是从工作区的信息插座开始到管理间子系统的配线架，结构一般为星型结构。它与垂直干线子系统的区别在于：水平干线子系统总是在一个楼层上，仅与信息插座、管理间连接。在综合布线系统中，水平干线子系统由 4 对 UTP（非屏蔽双绞线）组成，能支持大多数现代化通信设备，如果有磁场干扰或信息保密时可采用屏蔽双绞线。在高宽带应用时，可以采用光缆。从用户工作区的信息插座开始，水平布线子系统在交叉处连接，或在小型通信系统中的以下任何一处进行互连：远程（卫星）通信接线间、干线接线间或设备间。在设备间中，当终端设备位于同一楼层时，水平干线子系统将在干线接线间或远程通信（卫星）接线间的交叉连接处连接。在水平干线子系统的设计中，综合布线的设计必须具有全面介质设施方面的知识，能够向用户或用户的决策者提供完善而又经济的设计。

3. 垂直干线子系统

垂直干线子系统也称骨干（Riser Backbone）子系统，它是整个建筑物综合布线系统的一部分。它提供建筑物的干线电缆，负责连接管理间子系统到设备间子系统的子系统，一般使用光缆或选用大对数的非屏蔽双绞线。它也提供建筑物垂直干线电缆的路由。该子系统通常是在两个单元之间，特别是在位于中央节点的公共系统设备处提供多个线路设施。

4. 管理间子系统

管理间子系统（Administration Subsystem）由交连、互连和 I/O 组成。管理间为连接其他子系统提供手段，它是连接垂直干线子系统和水平干线子系统的设备，其主要设备是配线架、HUB 和机柜、电源。

5. 进线间子系统

进线间一般设置在建筑物地下层或第一层中，实现外部缆线的引入及设置电缆和光缆交接配线设备和入口设施的技术性房间。进线间是建筑物外部通信和信息管线的入口部位，并可作为入口设施和建筑群配线设备的安装场地。建筑群主干电缆和光缆、公用网和专用网电缆、光缆及天线馈线等室外缆线进入建筑物时，应在进线间成端转换成室内电缆、光缆，并在缆线的终端处可由多家电信业务经营者设置入口设施，入口设施中的配线设备应按引入的电、光缆容量配置。

6. 设备间子系统

设备间子系统也称设备（Equipment）子系统。设备间子系统由电缆、连接器和相关支撑硬件组成。它把各种公共系统设备的多种不同设备互联起来，其中包括邮电部门的光缆、同轴电缆、程控交换机等。

7. 楼宇（建筑群）子系统

楼宇（建筑群）子系统也称校园（Campus Backbone）子系统，它是将一个建筑物中的电缆延伸到另一个建筑物的通信设备和装置，通常由光缆和相应设备组成，建筑群子系统是综合布线系统的一部分，它支持楼宇之间通信所需的硬件，其中包括导线电缆、光缆以及防止电缆上的脉冲电压进入建筑物的电气保护装置。

大楼的网络综合布线系统是将各种不同组成部分构成一个有机的整体，而不是像传统的布线那样自成体系、互不相干。网络综合布线的七个子系统结构如图 1.1 所示。

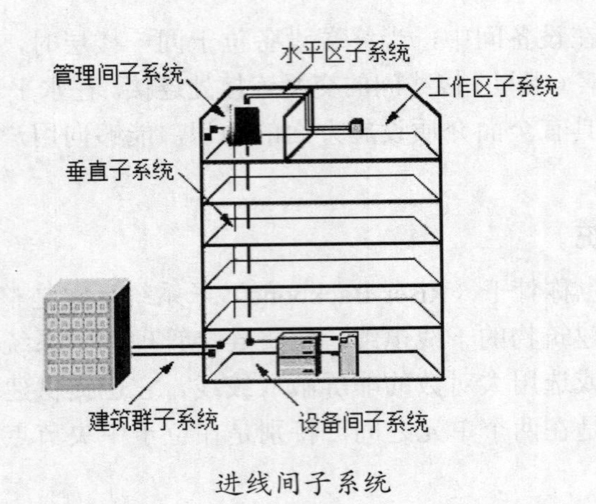

图 1.1　网络综合布线的七个子系统结构图

1.2 网络综合布线的设计等级

对于建筑物的综合布线系统，一般定为三种不同的布线系统等级。它们是：

1. 基本型综合布线系统

基本型综合布线系统方案，是一个经济有效的布线方案。它支持语音或综合型语音数据产品，并能够全面过渡到数据的异步传输或综合型布线系统。它的基本配置：

- 每一个工作区只有 1 个信息插座；
- 每一个工作区只有一条水平布线 4 对双绞线电缆；
- 采用 110A 交叉连接硬件，并与未来的附加设备兼容。

它的特性为：能够支持所有语音和数据传输应用；支持语音、综合型语音 / 数据高速传输；便于维护人员维护、管理；能够支持众多厂家的产品设备和特殊信息的传输。

2. 增强型综合布线系统

增强型综合布线系统不仅支持语音和数据的应用，还支持图像、影像、影视、视频会议等。它具有为增加功能提供发展的余地，并能够利用接线板进行管理。它的基本配置：

- 每个工作区有 2 个及以上信息插座；
- 每个信息插座均有水平布线 4 对双绞线系统；
- 具有 110A 交叉连接硬件，并与未来的附加设备兼容。

它的特点为：每个工作区至少有 2 个信息插座，灵活方便、功能齐全；任何一个插座都可以提供语音和高速数据传输；便于管理与维护；能够为众多厂商提供服务环境的布线方案。

3. 综合型综合布线系统

综合型布线系统是将双绞线和光缆均纳入建筑物布线的系统。它的基本配置：

- 在建筑、建筑群的干线或水平布线子系统中配置62.5μm的光缆；
- 在每个工作区的电缆内配有4对双绞线。

它的特点为：每个工作区有2个以上的信息插座，不仅灵活方便而且功能齐全；任何一个信息插座都可提供语音和高速数据传输；有一个很好环境，为客户提供服务。

1.3 术语与符号

1.3.1 术语

布线（cabling）：能够支持信息电子设备相连的各种缆线、跳线、接插软线和连接器件组成的系统。

建筑群子系统（campus subsystem）：由配线设备、建筑物之间的干线电缆或光缆、设备缆线、跳线等组成的系统。

电信间（telecommunications room）：放置电信设备、电缆和光缆终端配线设备并进行缆线交接的专用空间。

工作区（work area）：需要设置终端设备的独立区域。

信道（channel）：连接两个应用设备的端到端的传输通道。信道包括设备电缆、设备光缆和工作区电缆、工作区光缆。

链路（link）：一个CP链路或是一个永久链路。

永久链路（permanent link）：信息点与楼层配线设备之间的传输线路。它不包括工作区缆线和连接楼层配线设备的设备缆线、跳线，但可以包括一个CP链路。

集合点（consolidation point，CP）：楼层配线设备与工作区信息点之间水平缆线路由中的连接点。

CP链路（cp link）：楼层配线设备与集合点（CP）之间，包括各端的连接器件在内的永久性的链路。

建筑群配线设备（campus distributor）：终接建筑群主干缆线的配线设备。

建筑物配线设备（building distributor）：为建筑物主干缆线或建筑群主干缆线终接的配线设备。

楼层配线设备（floor distributor）：终接水平电缆、水平光缆和其他布线子系统缆线的配线设备。

建筑物入口设施（building entrance facility）：提供符合相关规范机械与电气特性的连接器件，使得外部网络电缆和光缆引入建筑物内。

连接器件（connecting hardware）：用于连接电缆线对和光纤的一个器件或一组器件。

光纤适配器（optical fibre connector）：将两对或一对光纤连接器件进行连接的器件。

建筑群主干电缆、建筑群主干光缆（campus backbone cable）：用于在建筑群内连接建筑群配线架与建筑物配线架的电缆、光缆。

建筑物主干缆线（building backbone cable）：用于连接建筑物配线设备至楼层配线设备及建筑物内楼层配线设备之间的缆线。建筑物主干缆线可为主干电缆和主干光缆。

水平缆线（horizontal cable）：楼层配线设备到信息点之间的连接缆线。

永久水平缆线（fixed horizontal cable）：楼层配线设备到 CP 的连接缆线，如果链路中不存在 CP 点，为直接连至信息点的连接缆线。

CP 缆线（cp cable）：连接集合点（CP）至工作区信息点的缆线。

信息点（Telecommunications Outlet，TO）：各类电缆或光缆终接的信息插座模块。

设备电缆、设备光缆（equipment cable）：通信设备连接到配线设备的电缆、光缆。

跳线（jumper）：不带连接器件或带连接器件的电缆线对与带连接器件的光纤，用于配线设备之间进行连接。

缆线（cable）：包括电缆、光缆。在一个总的护套里，由一个或多个同一类型的缆线线对组成，并可包括一个总的屏蔽物。

光缆（optical cable）：由单芯或多芯光纤构成的缆线。

电缆、光缆单元（cable unit）：型号和类别相同的电缆线对或光纤的组合。电缆线对可有屏蔽物。

线对（pair）：一个平衡传输线路的两个导体，一般指一个双绞线对。

平衡电缆（balanced cable）：由一个或多个金属导体线对组成的对称电缆。

屏蔽平衡电缆（screened balanced cable）带有总屏蔽和（或）每线对均有屏蔽物的平衡电缆。

非屏蔽平衡电缆（unscreened balanced cable）：不带有任何屏蔽物的平衡电缆。

接插软线（patch cable）：一端或两端带有连接器件的软电缆或软光缆。

多用户信息插座（multi-user telecommunications outlet）：在某一地点，若干信息插座模块的组合。

交接（cross-connect，交叉连接）：配线设备和信息通信设备之间采用接插软线或跳线上的连接器件相连的一种连接方式。

互连（interconnect）：不用接插软线或跳线，使用连接器件把一端的电缆、光缆与另一端的电缆、光缆直接相连的一种连接方式。

1.3.2 符号

符号与缩略词如表 1.1 所示。

表 1.1 符号与缩略词表

英文缩写	英文名称	中文名称或解释
ACR	Attenuation to Crosstalk Ratio	衰减串音比
BD	Building Distributor	建筑物配线设备
CD	Campus Distributor	建筑群配线设备
CP	Consolidation Point	集合点
dB	dB	电信传输单元：分贝
d.c.	direct current	直流
EIA	Electronic Industries Association	美国电子工业协会
ELFEXT	Equal Level Far End Crosstalk Attenuation(loss)	等电平远端串音衰减
FD	Floor Distributor	楼层配线设备
FEXT	Far End Crosstalk Attenuation(loss)	远端串音衰减（损耗）
IEC	International Electrotechnical Commission	国际电工技术委员会
IEEE	The Institute of Electrical and Electronics Engineers	美国电气及电子工程师学会
IL	Insertion Loss	插入损耗
IP	Internet Protocol	因特网协议
ISDN	Integrated Services Digital Network	综合业务数字网
ISO	International Organization for Standardization	国际标准化组织
LCL	Longitudinal to differential Conversion Loss	纵向对差分转换损耗
OF	Optical Fibre	光纤
PSNEXT	Power Sum NEXT attenuation(loss)	近端串音功率和
PSACR	Power Sum ACR	ACR 功率和
PS ELFEXT	Power Sum ELFEXT attenuation(loss)	ELFEXT 衰减功率和
RL	Return Loss	回波损耗
SC	Subscriber Connector(optical fibre connector)	用户连接器（光纤连接器）
SFF	Small Form Factor connector	小型连接器
TCL	Transverse Conversion Loss	横向转换损耗
TE	Terminal Equipment	终端设备
TIA	Telecommunications Industry Association	美国电信工业协会
UL	Underwriters Laboratories	美国保险商实验所安全标准
Vr.m.s	Vroot.mean.square	电压有效值

1.4 网络综合布线系统的构成

网络综合布线系统基本构成应符合图 1.2 的要求，网络综合布线子系统构成应符合图 1.3（a）（b）的要求，网络综合布线系统入口设施及引入缆线构成应符合图 1.4 的要求。

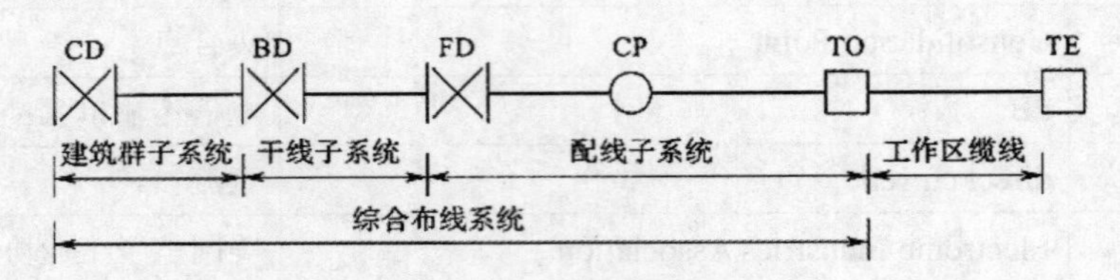

图 1.2 网络综合布线系统基本构成图

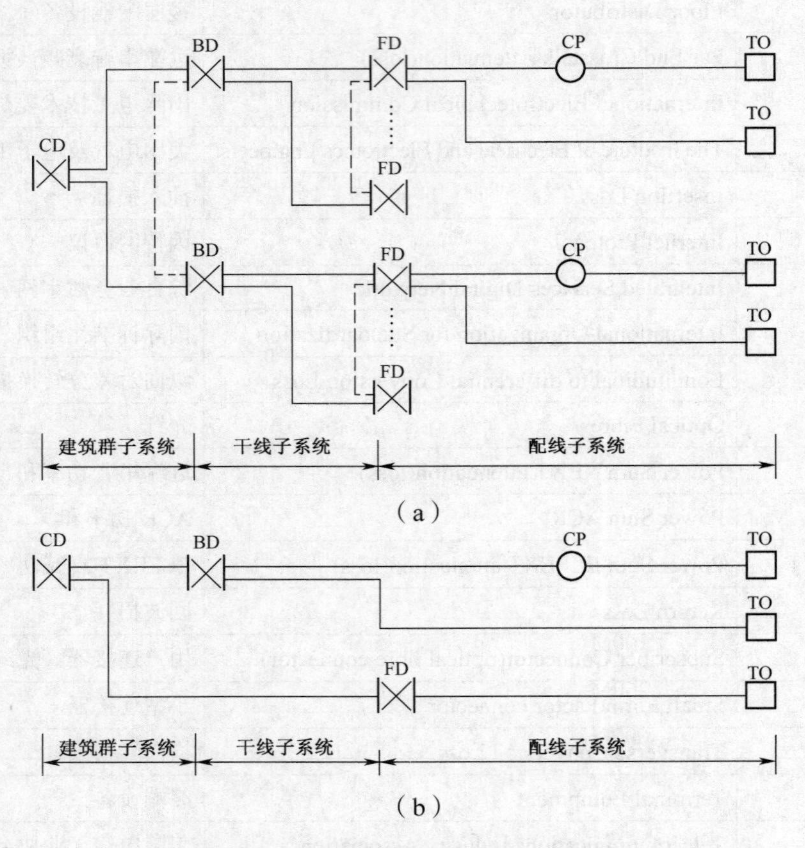

图 1.3 网络综合布线子系统构成图

注意

① 图中的虚线表示 BD 与 BD 之间，FD 与 FD 之间可以设置主干缆线。

② 建筑物 FD 可以经过主干缆线直接连至 CD，TO 也可以经过水平缆线直接连至 BD。

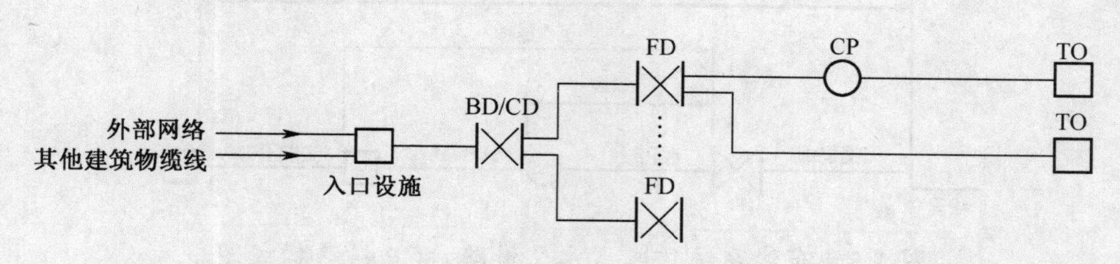

图 1.4 网络综合布线系统入口设施及引入缆线构成图

注意

对设置了设备间的建筑物，设备间所在楼层的 FD 可以和设备中的 BD/CD 及入口设施安装在同一场地。

1.5 系统分级与信道构成

网络综合布线铜缆系统的分级与类别划分应符合表 1.2 的要求。

表 1.2 铜缆布线系统的分级与类别

系统分级	支持带宽 (Hz)	支持应用器件	
		电缆	连接硬件
A	100k		
B	1M		
C	16M	3 类	3 类
D	100M	5/5e 类	5/5e 类
E	250M	6 类	6 类
F	600M	7 类	7 类

注意

3 类、5/5e 类（超 5 类）、6 类、7 类布线系统应能支持向下兼容的应用。

网络综合布线系统双绞线信道应由最长 90m 的水平缆线、最长 10m 的跳线和设备缆线及最多 4 个连接器件组成，永久链路则由 90m 水平缆线及 3 个连接器件组成。连接方式如图 1.5 所示。

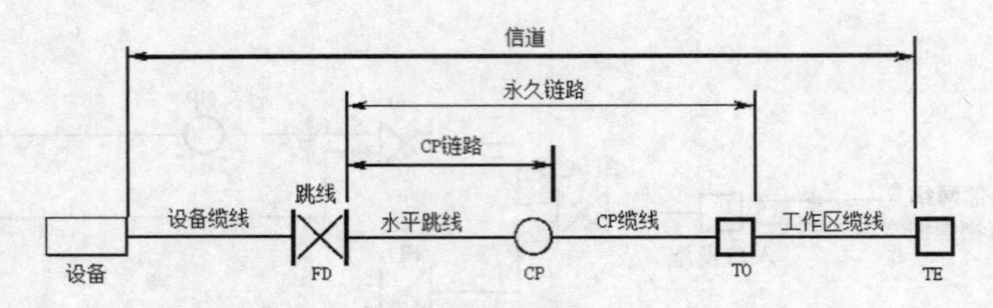

图 1.5　布线系统信道、永久链路、CP 链路构成图

光纤信道分为 OF-300、OF-500 和 OF-2000 三个等级，各等级光纤信道支持的应用长度不应小于 300m、500m 及 2000m。

光纤信道构成方式应符合以下要求：

（1）水平光缆和主干光缆至楼层电信间的光纤配线设备经过光纤跳线连接构成，如图 1.6 所示。

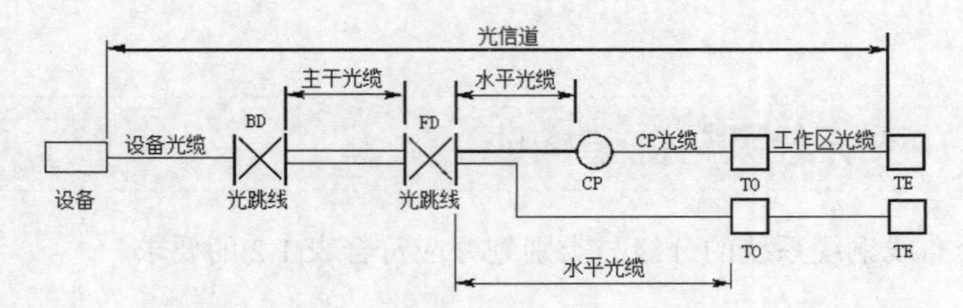

图 1.6　光纤信道构成（一）（光缆经电信间 FD 光跳线连接）

（2）水平光缆和主干光缆在楼层电信间端接（熔接或机械连接）构成，如图 1.7 所示。

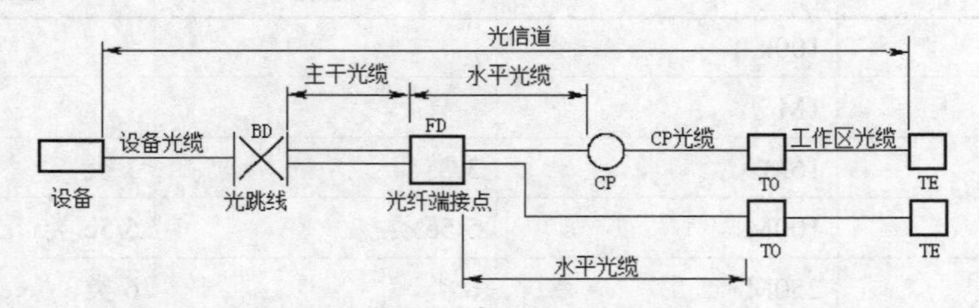

图 1.7　光纤信道构成（二）（光缆在电信间 FD 做端接）

注意

FD 只设光纤之间的连接点。

（3）水平光缆经过电信间直接连至大楼设备间光配线设备，如图 1.8 所示。

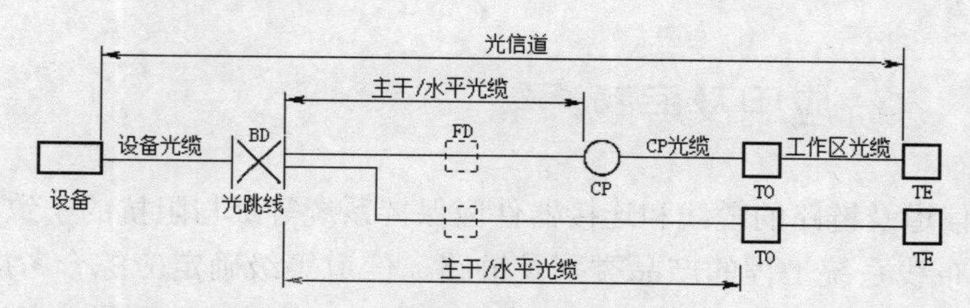

图 1.8 光纤信道构成（三）（光缆经电信间 FD 直接连接至设备间 BD）

FD 安装于电信间，只作为光缆路径的场合。

除此之外，当工作区用户终端设备或某区域网络设备需直接与公用数据网进行互通时，宜将光缆从工作区直接布放至电信入口设施的光配线设备。

1.6 缆线长度划分

网络综合布线系统水平缆线与建筑物主干缆线及建筑群主干缆线之和所构成信道的总长度不应大于 2000m。

建筑物或建筑群配线设备之间（FD 与 BD、FD 与 CD、BD 与 BD、BD 与 CD 之间）组成的信道出现 4 个连接器件时，主干缆线的长度不应小于 15m。

水平子系统各缆线长度应符合图 1.9 的划分并符合下列要求：

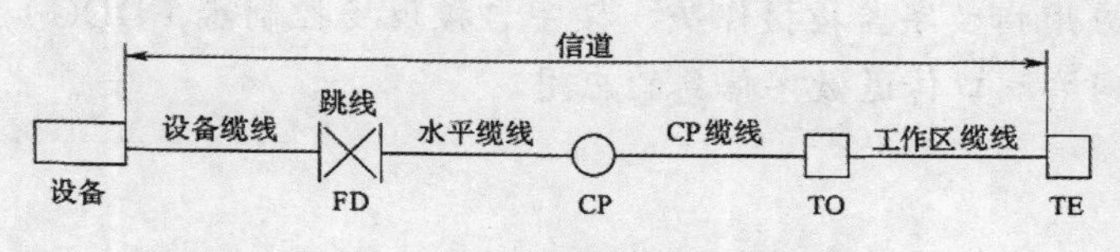

图 1.9 水平子系统缆线划分图

（1）配线子系统信道的最大长度不应大于 100m。

（2）工作区设备缆线、电信间配线设备的跳线和设备缆线之和不应大于 10m，当大于 10m 时，水平缆线长度（90m）应适当减少。

（3）楼层配线设备（FD）跳线、设备缆线及工作区设备缆线各自的长度不应大于 5m。

1.7 系统应用及屏蔽系统

同一布线信道及链路的缆线和连接器件应保持系统等级与阻抗的一致性。

网络综合布线系统工程的产品类别及链路、信道等级确定应综合考虑建筑物的功能、应用网络、业务终端类型、业务的需求及发展、性能价格、现场安装条件等因素，并符合表 1.3 的要求。

表 1.3 布线系统等级与类别的选用表

业务种类	配线子系统		干线子系统		建筑群子系统	
	等级	类别	等级	类别	等级	类别
语音	D/E	5e/6	C	3（大对数）	C	3（室外大对数）
数据	D/E/F	5e/6/7	D/E/F	5e/6/7（4 对）		
	光纤（多模或单模）	62.5μm 多模 /50μm 多模 /<10μm 单模	光纤	62.5μm 多模 /50μm 多模 /<10μm 单模	光纤	62.5μm 多模 /50μm 多模 /<1μm 单模
其他应用	可采用 5e/6 类 4 对双绞电缆和 62.5μm 多模 /50μm 多模 /<10μm 多模、单模光缆					

注意

其他应用指数字监控摄像头、楼宇自控现场控制器（DDC）、门禁系统等采用网络端口传送数字信息的应用。

网络综合布线系统光纤信道应采用标称波长为 850nm 和 1300nm 的多模光纤及标称波长为 1310nm 和 1550nm 的单模光纤。

单模和多模光缆的选用应符合网络的构成方式、业务的互通互连方式及光纤在网络中的应用传输距离。楼内宜采用多模光缆，建筑物之间宜采用多模或单模光缆，需直接与电信业务经营者相连时宜采用单模光缆。

为保证传输质量，配线设备连接的跳线宜选用产业化制造的各类跳线，在电话应用时宜选用双芯对绞电缆。

工作区信息点为电端口时，应采用 8 位模块通用插座（RJ-45），光端口宜采用 SFF（小型光纤连接器件）及适配器。

FD、BD、CD 配线设备应采用 8 位模块通用插座或卡接式配线模块（多对、25 对及回线型卡接模块）和光纤连接器件及光纤适配器（单工或双工的 ST、SC 或 SFF 光纤连接器件及适配器）。

CP 集合点安装的连接器件应选用卡接式配线模块或 8 位模块通用插座或各类光纤连接器件和适配器。

当网络综合布线区域内存在的电磁干扰场强高于 3V/m 时，宜采用屏蔽布线系统进行防护。用户对电磁兼容性有较高的要求（电磁干扰和防信息泄漏）或有网络安全保密需要时，应该采用屏蔽布线系统。另外，对于采用非屏蔽布线系统无法满足安装现场条件对缆线的间距要求时，也宜采用屏蔽布线系统。值得一提的是，屏蔽布线系统采用的电缆、连接器件、跳线、设备电缆都应是屏蔽的，并应保持屏蔽层的连续性。

1.8 电气防护、接地与防火

网络综合布线电缆与附近可能产生高电平电磁干扰的电动机、电力变压器、射频应用设备等电器设备之间应保持必要的间距，并应符合下列规定。

网络综合布线电缆与电力电缆的间距应符合表 1.4 的规定。

表 1.4 网络综合布线电缆与电力电缆的间距表

类别	与综合布线接近状况	最小间距（mm）
380V 电力电缆＜2kV·A	与缆线平行敷设	130
	有一方在接地的金属线槽或钢管中	70
	双方都在接地的金属线槽或钢管中①	10 ①
380V 电力电缆 2 ～ 5kV·A	与缆线平行敷设	300
	有一方在接地的金属线槽或钢管中	150
	双方都在接地的金属线槽或钢管中②	80
380V 电力电缆 >5kV·A	与缆线平行敷设	600
	有一方在接地的金属线槽或钢管中	300
	双方都在接地的金属线槽或钢管中②	150

注意

①当 380V 电力电缆 <2kV·A，双方都在接地的线槽中，且平行长度 ≤ 10m 时，最小间距可为 10mm。②双方都在接地的线槽中，系指两个不同的线槽，也可在同一线槽中用金属板隔开。

网络综合布线系统缆线与配电箱、变电室、电梯机房、空调机房之间的最小净距宜符合表 1.5 的规定。

表 1.5　网络综合布线缆线与电气设备的最小净距表

名称	最小净距 (m)	名称	最小净距 (m)
配电箱	1	电梯机房	2
变电室	2	空调机房	2

墙上敷设的网络综合布线缆线及管线与其他管线的间距应符合表 1.6 的规定。当墙壁电缆敷设高度超过 6000mm 时，与避雷引下线的交叉间距应按下式计算：

$$S \geqslant 0.05L \tag{1.1}$$

式中，

S：交叉间距（mm）；

L：交叉处避雷引下线距地面的高度（mm）。

表 1.6　网络综合布线缆线及管线与其他管线的间距表

其他管线	平行净距（mm）	垂直交叉净距（mm）
避雷引下线	1000	300
保护地线	50	20
给水管	150	20
压缩空气管	150	20
热力管（不包封）	500	500
热力管（包封）	300	300
煤气管	300	20

网络综合布线系统应根据环境条件选用相应的缆线和配线设备，或采取防护措施，并应符合下列规定：

当网络综合布线区域内存在的电磁干扰场强低于 3V/m 时，宜采用非屏蔽电缆和非屏蔽配线设备。

当网络综合布线区域内存在的电磁干扰场强高于 3V/m 时，或用户对电磁兼容性有较高要求时，可采用屏蔽布线系统和光缆布线系统。

当网络综合布线路由上存在干扰源，且不能满足最小净距要求时，宜采用金属管线进行屏蔽，或采用屏蔽布线系统及光缆布线系统。

在电信间、设备间及进线间应设置楼层或局部等电位接地端子板。

综合布线系统应采用共用接地的接地系统，如单独设置接地体时，接地电阻不应大于 4Ω。如布线系统的接地系统中存在两个不同的接地体时，其接地电位差不应大于 1Vr.m.s。

楼层安装的各个配线柜（架、箱）应采用适当截面的绝缘铜导线单独布线至就近的等电位接地装置，也可采用竖井内等电位接地铜排引到建筑物共用接地装置，铜导线的截面应符合设计要求。

缆线在雷电防护区交界处，屏蔽电缆屏蔽层的两端应做等电位连接并接地。

综合布线的电缆采用金属线槽或钢管敷设时，线槽或钢管应保持连续的电气连接，并应有不少于两点的良好接地。

当缆线从建筑物外面进入建筑物时，电缆和光缆的金属护套或金属件应在入口处就近与等电位接地端子板连接。

当电缆从建筑物外面进入建筑物时，应选用适配的信号线路浪涌保护器，信号线路浪涌保护器应符合设计要求。

根据建筑物的防火等级和对材料的耐火要求，网络综合布线系统的缆线选用、布放方式及安装的场地应采取相应的措施。网络综合布线工程设计选用的电缆、光缆应从建筑物的高度、面积、功能、重要性等方面加以综合考虑，选用相应等级的防火缆线。

1.9 系统配置设计

网络综合布线系统在进行系统配置设计时，应充分考虑用户近期与远期的实际需要与发展，使之具有通用性和灵活性，尽量避免布线系统投入正常使用以后，较短的时间又要进行扩建与改建，造成资金浪费。一般来说，布线系统的水平配线应以远期需要为主，垂直干线应以近期实用为主。

为了说明问题，我们以一个工程实例来进行设备与缆线的配置。例如，建筑物的某一层共设置了200个信息点，计算机网络与电话各占50%，即各为100个信息点。

1. 电话部分

（1）FD水平侧配线模块按连接100根4对的水平电缆配置。

（2）语音主干的总对数按水平电缆总对数的25%计，为100对线的需求；如考虑10%的备份线对，则语音主干电缆总对数需求量为110对。

（3）FD干线侧配线模块可按卡接大对数主干电缆110对端子容量配置。

2. 数据部分

（1）FD水平侧配线模块按连接100根4对的水平电缆配置。

（2）数据主干缆线。

① 最少量配置：以每个HUB/SW为24个端口计，100个数据信息点需设置5个HUB/SW；以每4个HUB/SW为一群（96个端口），组成了2个HUB/SW群；现以每个HUB/SW群设置1个主干端口，并考虑1个备份端口，则2个HUB/SW群需设置4个主干端口。如主干缆线采用对绞电缆，每个主干端口需设4对线，则线对的总需求量为16对；如主干缆线采用光缆，每个主干光端口按2芯光纤考虑，则光纤的需求量为8芯。

② 最大量配置：同样以每个HUB/SW为24端口计，100个数据信息点需设置5个HUB/SW；以每1个HUB/SW（24个端口）设置1个主干端口，每4个HUB/SW

考虑 1 个备份端口，共需设置 7 个主干端口。如主干缆线采用对绞电缆，以每个主干电端口需要 4 对线，则线对的需求量为 28 对；如主干缆线采用光缆，每个主干光端口按 2 芯光纤考虑，则光纤的需求量为 14 芯。

（3）FD 干线侧配线模块可根据主干电缆或主干光缆的总容量加以配置。配置数量计算得出以后，再根据电缆、光缆、配线模块的类型、规格加以选用，做出合理配置。

上述配置的基本思路，用于计算机网络的主干缆线，可采用光缆；用于电话的主干缆线，则采用大对数对绞电缆，并考虑适当的备份，以保证网络安全。由于工程的实际情况比较复杂，不可能按一种模式，设计时还应结合工程的特点和需求加以调整应用。

第 2 章
工作区子系统

2.1 工作区子系统设计

【项目描述】

工作区子系统的设计在整个网络综合布线设计中占有核心地位。我们的任务是，根据建筑物、用户需求等复杂情况，并遵从网络综合布线的规范，合理、效率、经济的利用现有资源对工作区子系统进行分析和设计，包括根据建筑物结构图得出工作区子系统信息点分布结构图、设计出工作区子系统布线方案、得到材料清单并进行预算等。

【相关知识】

2.1.1 工作区子系统结构

工作区子系统是网络综合布线七个子系统之一。在网络综合布线系统中，一个独立的需要安装终端设备的区域称为一个工作区。综合布线工作区由终端设备、与水平子系统相连的信息插座以及连接终端设备的软跳线构成，如图 2.1 所示。例如，对于计算机网络系统来说，工作区就是由计算机、RJ-45 接口信息插座及双绞线跳线构成的系统；对于电话语音系统来说，工作区就是由电话机、RJ-11 接口信息插座及电话软跳线构成的系统。

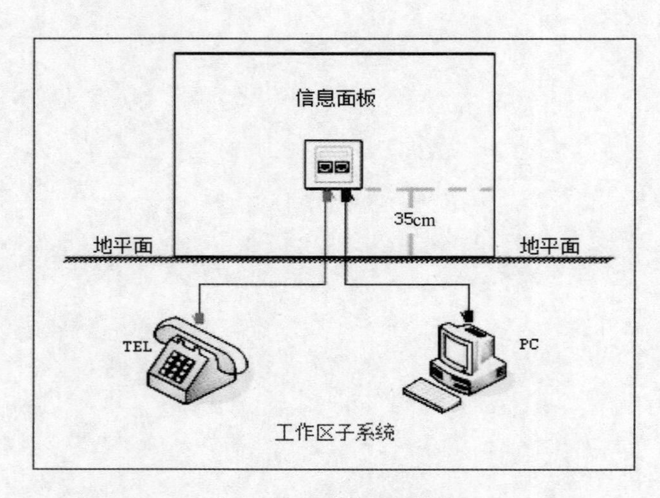

图 2.1 工作区子系统

工作区主要的设备有信息插座、软跳线。信息插座由底盒、模块、面板组成。如图 2.2 所示为常用的计算机网络模块、电话模块以及插座面板。信息插座可以安装多个模块，对应的面板应为多口面板，例如安装两个模块则应选用双口面板。用于计算机网络的信息模块根据传输性能要求分为超5类、6类模块。

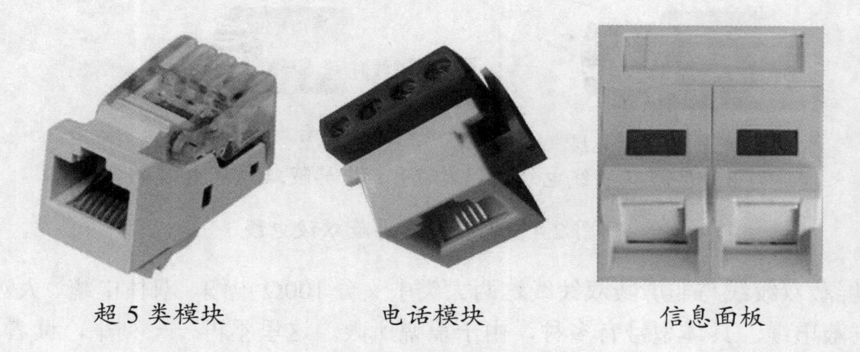

超5类模块　　电话模块　　信息面板

图2.2 信息面板和模块

根据工作区环境以及用途不同，可以选择不同规格的信息插座，如安装在墙面上的插座，安装在地板上的跳起式地面插座、反盖式地面插座，如图2.3所示。

图2.3 跳起式地面插座、反盖式地面插座

2.1.2 双绞线的基本知识

1. 双绞线的概念与分类

双绞线（Twisted Pair，TP）是网络综合布线工程中最常用的传输介质。双绞线是由两根具有绝缘保护层的铜导线组成。把两根绝缘的铜导线按一定密度互相绞在一起，可降低信号干扰的程度，每一根导线在传输中辐射出来的电波会被另一根线上发出的电波抵消。双绞线一般由两根为22号、24号或26号的绝缘铜导线相互缠绕而成，把一对或多对双绞线放在一个绝缘套管中便成了双绞线电缆。与其他传输介质相比，双绞线在传输距离、信道宽度和数据传输速度等方面均受一定限制，价格较为低廉。

目前，双绞线可分为非屏蔽双绞线（Unshielded Twisted Pair，UTP，也称无屏蔽双绞线）和屏蔽双绞线（Shielded Twisted Pair，STP），屏蔽双绞线电缆的外层由铝箔包裹着，如图 2.4 所示，它的价格相对要高一些。

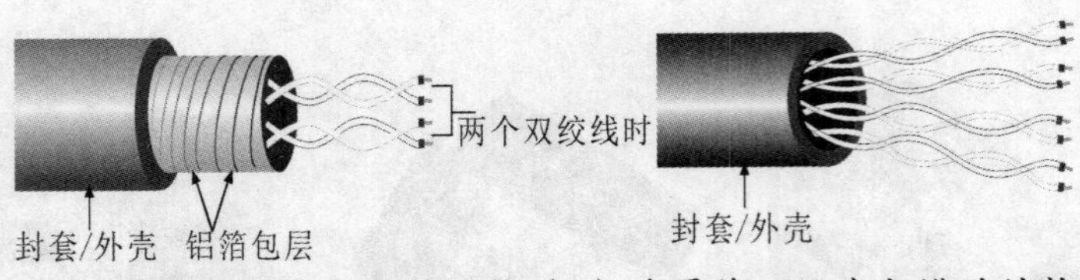

（a）屏蔽双绞线电缆的结构（b）非屏蔽双绞线电缆的结构

图 2.4 屏蔽和非屏蔽双绞电缆

在屏蔽双绞线与非屏蔽双绞线这两大类中又分 100Ω 电缆、双体电缆、大对数电缆、150Ω 屏蔽电缆。具体型号有多种，由于篇幅所限，这里不再一一列举，读者可查阅相关资料。对于一条双绞线，在外观上需要注意的是：每隔两英尺有一段文字。以 AMP 公司的线缆为例，该文字为：

"AMP SYSTEMS CABLE E138034 0100
24 AWG (UL) CMR/MPR OR C(UL) PCC
FT4 VERIFIED ETL CAT5 044766 FT 9907"

其中：

AMP：代表公司名称。

0100：表示 100Ω。

24：表示线芯是 24 号的（线芯有 22、24、26 三种规格）。

AWG：表示美国线缆规格标准。

UL：表示通过认证的标记。

FT4：表示 4 对线。

CAT5：表示 5 类线。

044766：表示线缆当前处在的英尺数。

9907：表示生产年月。

2. 双绞线的性能指标

对于双绞线（无论是 3 类、5 类，还是屏蔽、非屏蔽），用户所关心的是：衰减、近端串扰、特性阻抗、分布电容、直流电阻等。为了便于理解，我们首先解释几个名词。

衰减：衰减（Attenuation）是沿链路的信号损失度量。衰减随频率而变化，所以应测量在应用范围内的全部频率上的衰减。

近端串扰：近端串扰 NEXT 损耗（Near-End Crosstalk Loss）是测量一条 UTP 链路中从一对线到另一对线的信号耦合。对于 UTP 链路来说这是一个关键的性能指标，也是最难精确测量的一个指标，尤其是随着信号频率的增加其测量难度就更大。串扰分近端串扰和远端串扰（FEXT），测试仪主要是测量 NEXT。由于线路损耗，FEXT 的量值影响较小。在 3 类、5 类系统中忽略不计。NEXT 并不表示在近端点产生的串扰值，它只是表示在近端点测量到的串扰值。这个量值会随电缆长度不同而改变，电缆越长变得越小。同时发送端的信号也会衰减，对其他线对的串扰也相对变小。实验证明，只有在40m内测量得到的NEXT值较真实，如果另一端是远于40m的信息插座，它会产生一定程度的串扰，但测试仪可能无法测量到这个串扰值。基于这个理由，对NEXT最好在两个端点都要进行测量。现在的测试仪都配有相应设备，使得在链路一端就能测量出两端的NEXT值。

特性阻抗：与环路直接电阻不同，特性阻抗包括电阻及频率自1～100MHz的电感抗及电容抗，它与一对电线之间的距离及绝缘的电气性能有关。各种电缆有不同的特性阻抗，对双绞线电缆而言，则有100Ω、120Ω及150Ω几种。

衰减串扰比（ACR）：在某些频率范围，串扰与衰减量的比例关系是反映电缆性能的另一个重要参数。ACR有时也以信噪比（SNR）表示，它由最差的衰减量与NEXT量值的差值计算。较大的ACR值表示对抗干扰的能力更强，系统要求至少大于10dB。

电缆特性（信噪比）：通信信道的品质是由它的电缆特性（SNR，Signal-Noice Ratio）来描述的。SNR是在考虑到干扰信号的情况下，对数据信号强度的一个度量。如果SNR过低，将导致数据信号在被接收时，接收器不能分辨数据信号和噪音信号，最终引起数据错误。因此，为了使数据错误限制在一定范围内，必须定义一个最小的可接收的SNR。

3. 双绞线的型号

国际电气工业协会（EIA）为双绞线电缆定义了5种不同质量的型号，目前，计算机网络综合布线主要使用第3、4、5类。这三类分别定义为：

第3类：指目前在ANSI和EIA/TIA568标准中指定的电缆。该电缆的传输特性最高规格为16MHz，用于语音传输及最高传输速率为10Mbps的数据传输。

第4类：该类电缆的传输特性最高规格为20MHz，用于语音传输和最高传输速率为16Mbps的数据传输。

第5类：该类电缆增加了绕线密度，外套是一种高质量的绝缘材料，传输特性的最高规格为100MHz，用于语音传输和最高传输速率为100Mbps的数据传输。

在我国的2007版布线规范中，对网络综合布线铜缆系统的分级与类别划分进行了详细的说明，如表2.1所示。

表2.1 综合布线铜缆系统的分级与类别划分表

系统分级	支持带宽（Hz）	支持应用器件	
		电缆	连接硬件
A	100k		
B	1M		
C	16M	3类	3类

（续表）

系统分级	支持带宽（Hz）	支持应用器件	
		电缆	连接硬件
D	100M	5/5e 类	5/5e 类
E	250M	6 类	6 类
F	600M	7 类	7 类

2.1.3　工作区子系统中适配器的使用

1. 适配器的概念

在智能建筑中，应用系统的终端设备与水平子系统的信息插座之间通常采用接插软线进行连接，如电话机可用两端带连接插头（RJ-45）的软线直接插接到信息插座上。而有些终端设备由于插头、插座不匹配，或缆线阻抗不匹配，不能直接插到信息插座上。这就需要选择适当的适配器或平衡 / 非平衡转换器进行转换，使应用系统的终端设备与综合布线配线子系统缆线保持完整的电气兼容性。

适配器是一种使不同尺寸或不同类型的插头与水平子系统的信息插座相匹配，提供引线的重新排列，允许大对数电缆分成较小的对数，并把电缆连接到应用系统的设备接口的器件。平衡 / 非平衡适配器是一种将电气信号由平衡转换为非平衡或由非平衡转换为平衡的器件。综合布线用的适配器，目前还没有统一的国际标准，但各种产品相互兼容。可以根据应用系统的终端设备，选择适当的适配器。

2. 适配器的使用

工作区的适配器应符合以下规范：

在设备连接器采用不同信息插座的连接器时，可用专用电缆或适配器。当在单一信息插座上进行两项服务时，宜用“Y”型适配器，或者一线两用器。

在水平子系统中选用的电缆类别（介质）不同于设备所需的电缆类别（介质）时，宜采用适配器。在连接使用不同信号的数模转换或数据速率转换等相应的装置时，宜采用适配器。

对于网络规程的兼容性，可选用适配器。根据工作区内不同的电气终端设备（例如，ISDN 终端），可配备相应的终端适配器。

2.1.4　工作区子系统中信息插座类型的介绍

1. 信息插座

信息插座是终端设备与配线子系统连接的接口，也是工作区子系统的水平子系统电缆的终节点。

2. 信息插座的类型

在网络综合布线中，主要用到 9 种信息插座类型，包括电视、电话、网络类插座，由于技术的进步，在实际应用中，可能遇到各种不同的信息口组合，如图 2.5 所示。

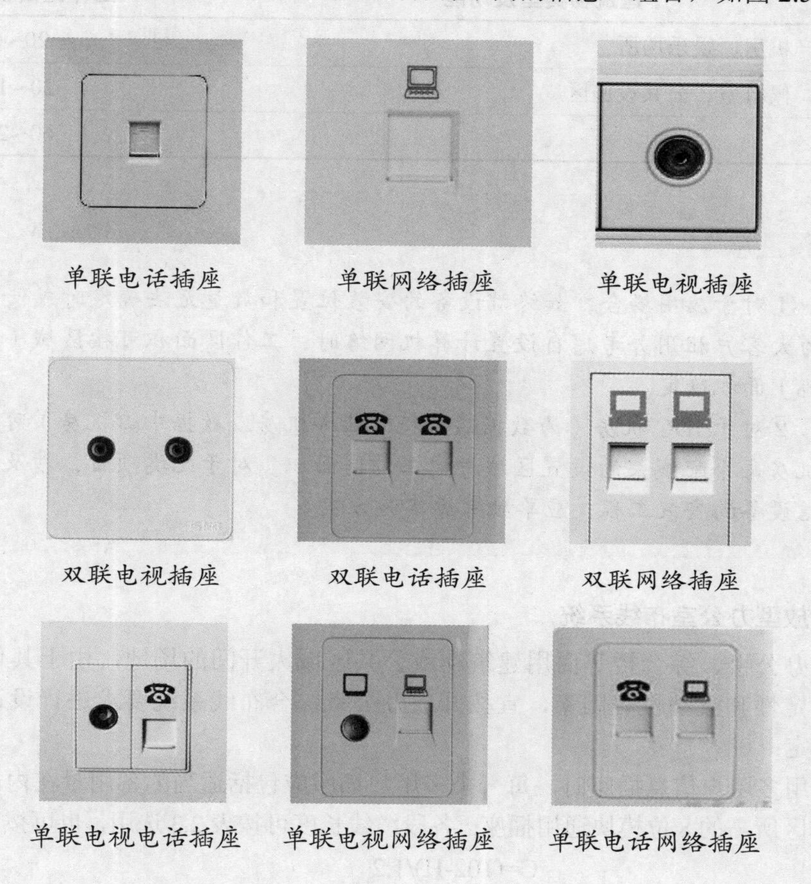

图 2.5 几种常用的信息插座

2.1.5 工作区子系统设计规范

1. 通用性设计规范

目前建筑物的功能类型较多，大体上可以分为商业、文化、媒体、体育、医院、学校、交通、住宅、通用工业等类型，因此，对工作区面积的划分应根据应用的场合做具体的分析后确定，工作区面积需求可参照表 2.2 所示内容。

表 2.2 工作区面积划分表

建筑物类型及功能	工作区面积（m^2）
网管中心、呼叫中心、信息中心等终端设备较为密集的场地	3~5
办公区	5~10
会议、会展	10~60

（续表）

建筑物类型及功能	工作区面积（m^2）
商场、生产机房、娱乐场所	20~60
体育场馆、候机室、公共设施区	20~100
工业生产区	60~200

注意

①对于应用场合，如终端设备的安装位置和数量无法确定时或使用彻底为大客户租用并考虑自设置计算机网络时，工作区面积可按区域（租用场地）面积确定。

②对于 IDC 机房（为数据通信托管业务机房或数据中心机房）可按生产机房每个配线架的设置区域考虑工作区面积。对于此类项目，涉及数据通信设备的安装工程，应单独考虑实施方案。

2. 开放型办公室布线系统

对于办公楼、综合楼等商用建筑物或公共区域大开间的场地，由于其使用对象数量的不确定性和流动性等因素，宜按开放办公室综合布线系统要求进行设计，并应符合下列规定：

①采用多用户信息插座时，每一个多用户插座应包括适当的备用量在内，宜能支持 12 个工作区所需的 8 位模块通用插座；各段缆线长度可按表 2.3 选用，也可按下式计算。

$$C=(102-H)/1.2 \tag{2.1}$$

$$W=C-5 \tag{2.2}$$

式中，

C=W+D：工作区电缆、电信间跳线和设备电缆的长度之和；

D：电信间跳线和设备电缆的总长度；

W：工作区电缆的最大长度，且 W ≤ 22m；

H：水平电缆的长度。

表 2.3　各段缆线长度限值

电缆总长度（m）	水平布线电缆 H(m)	工作区电缆 w（m）	电信间跳线和设备电缆 D（m）
100	90	5	5
99	85	9	5
98	80	13	5
97	25	17	5
97	70	22	5

②采用集合点时，集合点配线设备与FD之间水平线缆的长度应大于15m。集合点配线设备容量宜以满足12个工作区信息点需求设置。同一个水平电缆路由不允许超过一个集合点（CP）；从集合点引出的CP线缆应终接于工作区的信息插座或多用户信息插座上。

多用户信息插座和集合点的配线设备应安装于墙体或柱子等建筑物固定的位置。

【项目实施】

下面给出一个真实的案例，进行建筑物工作区子系统的设计。通过需求分析与勘察，我们需要得到以下文档。

（1）工作区子系统需求分析说明书，包括以下几个部分：

①分楼层描述的详细设计文档；

②数据点、语音点统计表；

③数据点、语音点编号表；

④材料清单及预算表；

（2）工作区子系统数据点、语音点分布结构图（每个楼层应该有一张）。

任务1　新校区第六宿舍楼工作区子系统设计需求分析说明书

1. 总体设计

（1）依据

国家、行业及地方标准和规范：

GB50311-2007 综合布线系统工程设计规范

GB50312-2007 综合布线系统工程验收规范

YD/T9262001 大楼通信综合布线系统行业标准

JGJ/T16-92 民用建筑电气设计规范

GBJ42-81 工业企业通信设计规范

GBJ79-85 工业设计通信接地设计规范

国际技术标准、规范：

ISO/IEC11801:2002 建筑物综合布线规范

EIA/TIA-568B 商务建筑物电信布线标准

EIA/TIA-569 商务建筑物电信布线路由标准

EIA/TIA-606B 商务建筑物电信基础设施管理标准

（2）楼宇的基本情况介绍

该建筑是女生公寓，一共7层楼，每层楼大致40个房间，包括寝室、值班室、洗衣间、清洁间、强电弱电间等，每一层楼都有一个网络管理间。

（3）设计等级

增强型综合布线系统

2. 分楼层详细设计

（1）材料

双绞线、电话线、RJ-45 水晶头、RJ-11 水晶头、单口面板、双口面板、暗装塑料底盒、数据模块、语音模块。

（2）分楼层计算材料的用量

第一层：6101~6137 是寝室，6138 为库房，6139 为洗衣室，6140 为值班室。每间寝室有 6 个数据点，1 个语音点；值班室有 1 个数据点，1 个语音点。共计数据点 223 个，语音点 38 个。

因此，需要数据跳线 223 根，语音跳线 38 根。设跳线长度为 5m，则需要 5eUTP 共 1115m，需要 5e 电话线 190m。需要 RJ-45 共 446 颗，RJ-11 共 76 颗。

在每个寝室房间使用 5 个单口面板，1 个双口面板，共计 185 个单口面板，37 个双口面板；在值班室使用 1 个双口面板。共计 185 个单口面板，38 个双口面板。信息点的安装采用暗装，因此需要暗装底盒 223 个。

数据模块需要 223 个，语音模块需要 38 个。

第二层：6201~6240 为寝室，6241 为学习室。每间寝室有 6 个数据点，1 个语音点；学习室有 1 个数据点，1 个语音点。共计数据点 241 个，语音点 41 个。

因此，需要数据跳线 241 根，语音跳线 41 根。设跳线长度为 5m，则需要 5eUTP 共 1205m，需要 5e 电话线 205m。需要 RJ-45 共 482 颗，RJ-11 共 82 颗。

在每个寝室房间使用 5 个单口面板，1 个双口面板，共计 200 个单口面板；在学习室使用 1 个双口面板。共计 200 个单口面板，41 个双口面板。信息点的安装采用暗装，因此需要暗装底盒 241 个。

数据模块需要 241 个，语音模块需要 41 个。

第三层、第四层：与第二层结构相同。

第五层：6501~6542 为寝室。每间寝室有 6 个数据点，1 个语音点。共计数据点 252 个，语音点 42 个。

因此，需要数据跳线 252 根，语音跳线 42 根。设跳线长度为 5m，则需要 5eUTP 共 1260m，需要 5e 电话线 210m。需要 RJ-45 共 504 颗，RJ-11 共 84 颗。

在每个寝室房间使用 5 个单口面板，1 个双口面板，共计 210 个单口面板，42 个双口面板；信息点的安装采用暗装，因此需要暗装底盒 252 个。

数据模块需要 252 个，语音模块需要 42 个。

第五层的房间结构与第二层一样，只是把学习室变成寝室，所以，它们可以在一张图纸上表示，只需在设计方案上做好材料预算即可。

第六层：6601~6626 为寝室。每间寝室有 6 个数据点，1 个语音点。共计数据点 156 个，语音点 26 个。

因此，需要数据跳线 156 根，语音跳线 26 根。设跳线长度为 5m，则需要 5eUTP

共 780m，需要 5e 电话线 130m。需要 RJ-45 共 312 颗，RJ-11 共 52 颗。

在每个寝室房间使用 5 个单口面板，1 个双口面板，共计 130 个单口面板，26 个双口面板；信息点的安装采用暗装，因此需要暗装底盒 156 个。

数据模块需要 156 个，语音模块需要 26 个。

第七层：与第六层结构相同。

3. 信息点分布表（其中第 3~40 号房间已省略）

建筑物网络和语音信息点统计表

楼层编号	房间或者区域编号								数据点数合计	语音点数合计	信息点数合计
	1		2		41		42				
	数据	语音	数据	语音	数据	语音	数据	语音			
一	6		6		0		0		223		261
		1		1		0		0		38	
二	6		6		1		0		241		282
		1		1		1		0		41	
三	6		6		1		0		241		282
		1		1		1		0		41	
四	6		6		1		0		241		282
		1		1		1		0		41	
五	6		6		1		6		252		294
		1		1		1		1		42	
六	6		6		0		0		156		182
		1		1		0		0		26	
七	6		6		0		0		156		182
		1		1		0		0		26	
合计									1510	255	1765

4. 制作信息点的编号

末位为 A 表示数据点，末位为 B 表示语音点。以第二层为例，6201 数据点为：6201-1A 表示数据点 1，6201-2A 表示数据点 2；6201 语音点为 6201-B。

信息点编号示例表

寝室号	数据点	语音点
6201	6201-1A	6021-B
	6201-2A	
	6201-3A	
	6201-4A	
	6201-5A	
	6201-6A	
6202	6202-1A	6202-B
	6202-2A	
	6202-3A	
	6202-4A	
	6202-5A	
	6202-6A	

5. 制作材料清单表格，并做出预算

材料及预算表

材料	数量	单价	总价（元）
双绞线	226.5 米	1 元 / 米	226.5
RJ-45 水晶头	91 个	0.2 元 / 个	18.2
RJ-11 水晶头	16 个	0.2 元 / 个	3.2
单口面板	38 个	2 元 / 个	76.0
双口面板	8 个	3 元 / 个	24.0
暗装底盒	46 个	4 元 / 个	184.0
数据模块	46 个	3 元 / 个	138.0
语音模块	8 个	3 元 / 个	24.0
电话线	40 米	2 元 / 米	80.0
合计			773.9

6. 根据材料清单，算出容余量

材料容余表

材料	数量	单价	总价（元）
双绞线	7550m	1 元 / 米	7550
RJ-45 水晶头	3020 个	0.2 元 / 个	604
RJ-11 水晶头	510 个	0.2 元 / 个	102
单口面板	1255 个	2 元 / 个	2510
双口面板	255 个	3 元 / 个	765
暗装底盒	1510 个	4 元 / 个	6040
数据模块	1510 个	3 元 / 个	4530
语音模块	255 个	3 元 / 个	765
电话线	1275m	2 元 / 米	2550
合计			25416

7. 材料总清单

材料总清单表

材料	数量	单价	总价（元）
双绞线	7776.5	1 元 / 米	7776.5
RJ-45 水晶头	3111	0.2 元 / 个	622.2

（续表）

材料	数量	单价	总价（元）
RJ-11水晶头	526	0.2元/个	105.2
单口面板	1293	2元/个	2586.0
双口面板	263	3元/个	789.0
暗装底盒	1556	4元/个	6224.0
数据模块	1556	3元/个	4668.0
语音模块	263	3元/个	789.0
电话线	1315	2元/米	2630.0
合计			26189.9

【阅读材料】

RJ-45数量与信息插座数量的粗略估算

在网络综合布线工程中，RJ-45水晶头的需求量一般用下述方式计算：

$$m=n\times 4+n\times 4\times 15\%$$

m：表示RJ-45的总需求量。

n：表示信息点的总量。

n×4×15%：表示留有的富余量。

信息模块的需求量一般为：

$$m=n+n\times 3\%$$

m：表示信息模块的总需求量。

n：表示信息点的总量。

n×3%：表示富余量。

要确定信息插座数量，首先必须确定单个工作区的面积大小。

在实际环境中，我们是这样来处理的：可以按每$5m^2$～$10m^2$设置一个进点，即一个工作区。不过，大多数布线系统的一个工作区面积取$9m^2$。这样插座数量M可按下式估算，即

$$M=S\div P\times N$$

其中，M：整个布线系统的信息插座数量，S：整个布线区域工作区的面积，P：单个进点（即单个工作区）所管辖的面积大小，一般取值为$9\ m^2$，N：单个进点的信息插座数，一般取值为1、2、3或4。

任务 2　新校区第一教学楼一楼工作区子系统数据点、语音点分布结构图

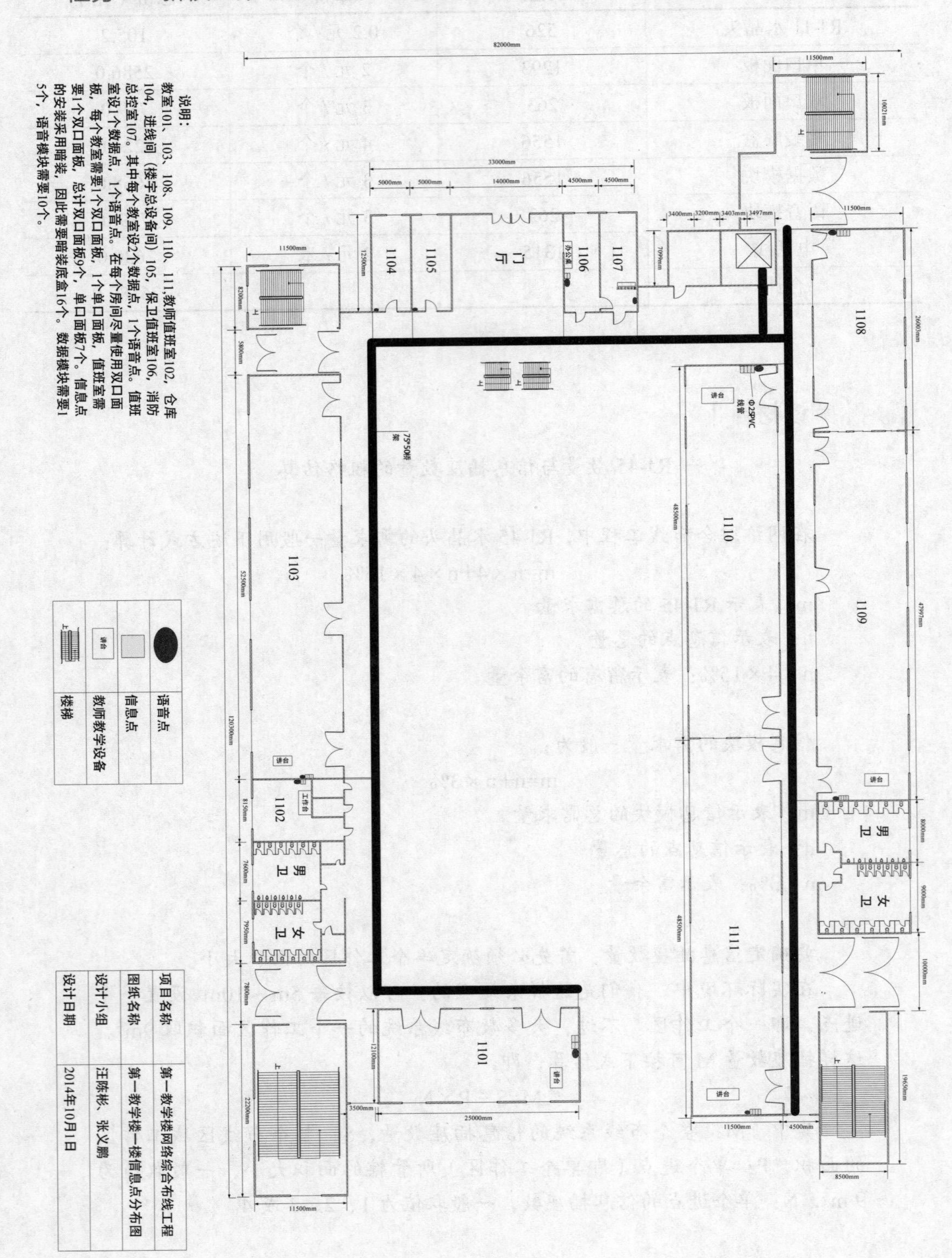

2.2 工作区子系统施工

【项目描述】

在工作区子系统设计中，我们做出了工作区子系统的需求分析，绘制了工作区子系统数据点、语音点设计图，计算了工作区子系统中所需要的各类信息模块数量等，最后给出了材料清单与预算表等。在工作区子系统的施工中，我们的主要任务是学会信息模块的压接技术和双绞线与RJ-45头的连接技术。

【相关知识】

2.2.1 施工过程中注意事项

（1）施工现场督导人员要认真负责，及时处理施工进程中出现的各种情况，协调处理各方意见。

（2）如果现场施工碰到不可预见的问题，应及时向工程单位汇报，并提出解决办法供工程单位当场研究解决，以免影响工程进度。

（3）对工程单位计划不周的问题，要及时妥善解决。

（4）对工程单位新增加的点要及时在施工图中反映出来。

（5）对部分场地或工段要及时进行阶段检查验收，确保工程质量。

（6）制订工程进度表。

在制订工程进度表时，要留有余地，还要考虑其他工程施工时可能对本工程带来的影响，避免出现不能按时完工、交工的问题。因此，建议使用工作间施工表、督导指派任务表，见表2.4、表2.5。

表2.4 工作间施工表

楼号	楼层	房号	联系人	电话	备注	施工/测试日月

注意

此表一式4份，领导、施工、测试、项目负责人各一份。

表 2.5　督导指派任务表

施工名称	质量与要求	施工人员	难度	验收人	完工日期	是否返工处理

2.2.2　施工结束时注意事项

在相关布线规范中，工程施工结束时的注意事项如下：

（1）清理现场，保持现场清洁、美观；

（2）对墙洞、竖井等交接处要进行修补；

（3）各种剩余材料汇总，并把剩余材料集中放置一处，并登记其还可使用的数量；

（4）写总结材料。

总结材料主要有：

（1）开工报告；

（2）布线工程图；

（3）施工过程报告；

（4）测试报告；

（5）使用报告；

（6）工程验收所需的验收报告。

2.2.3　信息插座接线技术总体要求

每个工作区至少要配置一个插座盒。对于难以再增加插座盒的工作区，要至少安装两个分离的插座盒。信息插座是终端（工作站）与水平子系统连接的接口，如图 2.6 所示。

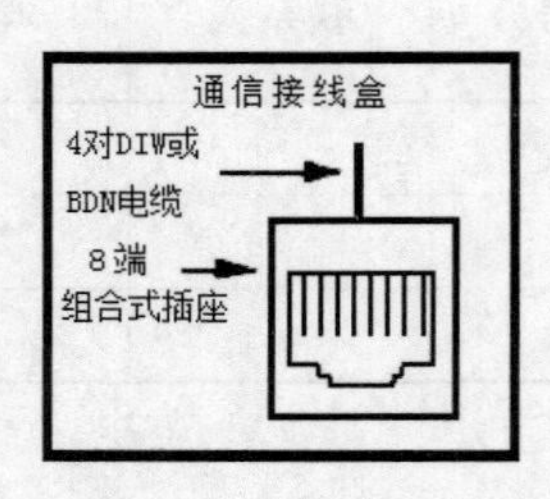

图 2.6　信息插座盒

电缆必须都终接在工作区的一个 8 脚（针）的模块化插座（插头）上。

综合布线系统可采用不同厂家的信息插座和信息插头。这些信息插座和信息插头基本上都是一样的。在终端（工作站）一端，将带有 8 针的 RJ-45 插头跳线插入网卡；在信息插座一端，将跳线的 RJ-45 头连接到插座上。

8 针模块化信息输入 / 输出（I/O）插座是为所有的综合布线系统推荐的标准 I/O 插座。它的 8 针结构为单一 I/O 配置提供了支持数据、语音、图像或三者的组合所需的灵活性。RJ-45 头与信息模块压线时有两种方式，按照 T568B 标准布线的 8 针模块化 I/O 引线与线对的分配如图 2.7 所示。

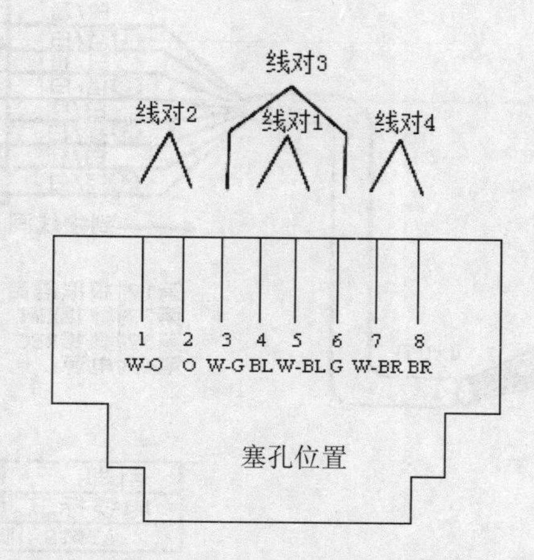

图 2.7　按照 T568B 标准信息插座 8 针引线 / 线对安排正视图

为了允许在交叉连接外进行线路管理，不同服务用的信号出现在规定的导线对上。为此，8 针引线 I/O 插座已在内部接好线。8 针插座将工作站一侧的特定引线（工作区布线）接到建筑物布线电缆（水平布线）的特定双绞线对上。I/O 引针（脚）与线对分配如图 2.8 所示。

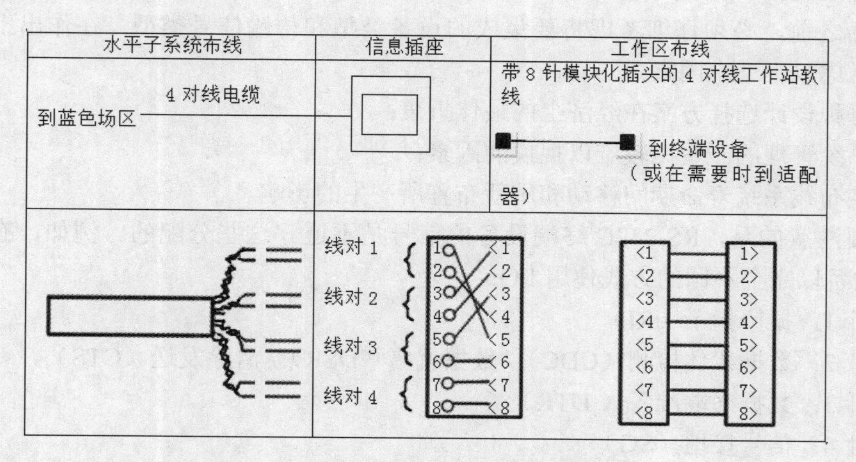

图 2.8　I/O 引针（脚）与线对分配图

对于模拟式语音终端，行业的标准作法是将触点信号和振铃信号置入工作站软线（即 4 对软线的引针 4 和 5）的两个中央导体上。

剩余的引针分配给数据信号和配件的远地电源线使用。引针 1、2、3 和 6 传送数据信号，并与 4 对电缆中的线对 2 和 3 相连。引针 7 和 8 直接连通，并留作配件电源之用。

RJ-45 与信息模块的关系如图 2.9 所示。

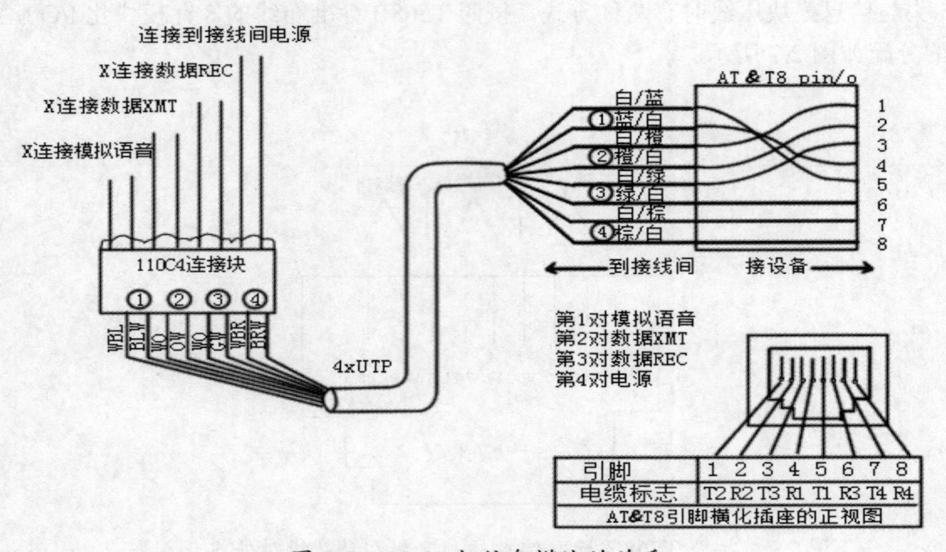

图 2.9　RJ-45 与信息模块的关系

凡未确定用户需要和尚未作出具体承诺时，我们建议在每个工作区至少安装两个 I/O。这样，在设备间或配线间的交叉连接场区不仅可灵活进行系统配置，而且也容易管理。

虽然适配器和其他设备可用在一种允许安排公共接口的 I/O 环境之中，但在作出设计承诺之前，必须仔细考虑将要集成的设备类型和传输信号类型。在作出上述决定时必须考虑以下三个因素：

- 每种设计选择方案在经济上的最佳折衷；
- 系统管理的一些比较难以捉摸的因素；
- 在布线系统寿命期间移动和重新布置所产生的影响。

需要注意的是，RS-232C 终端设备的信号是不遵守这些分配的。例如，有 3 对线的 RS 设备以完全不同的方式使用 I/O：

引针 1：振铃指示（RI）

引针 2：数据载体检测（CDC）/ 数据就绪（DSR）/ 清除发送（CTS）

引针 3：数据终端准备（ DTR）

引针 4：信号接地（SG）

引针 5：接收数据（RD）

引针 6：发送数据（TD）

引针 7 和引针 8：在需要控制时，分别用作清除发送（CTS）和请求发送（RTS）。按照标准端接信息插座线对颜色如表 2.6 所示。

表 2.6 颜色标准表

导线种类	颜色	缩写
线对 1	白色 - 蓝色 * 蓝色	W-BLBL
线对 2	白色 - 橙色 * 橙色	W-OO
线对 3	白色 - 绿色 * 绿色	W-GG
线对 4	白色 - 棕色 * 棕色	W-BRBR

2.2.4 EIA/TIA 568A 和 EIA/TIA 568B 的相关知识

信息模块的压接分 EIA/TIA 568A 和 EIA/TIA 568B 两种方式。EIA/TIA 568A 信息模块的物理线路分布如图 2.10 所示，EIA/TIA 568B 信息模块的物理线路分布如图 2.11 所示。

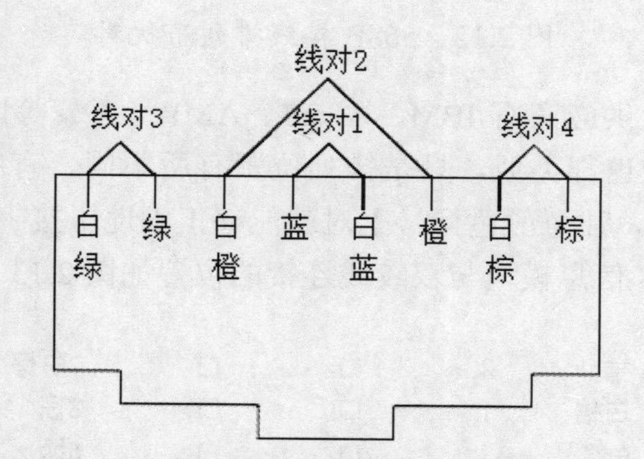

图 2.10 EIA/TIA 568A 物理线路接线方式

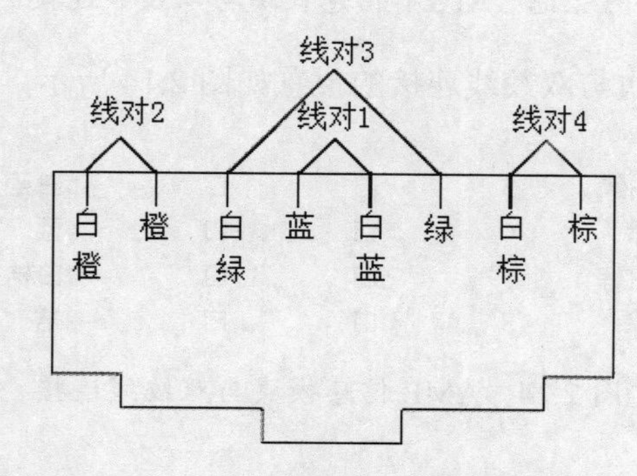

图 2.11 EIA/TIA 568B 物理线路接线方式

无论是采用 568A 还是采用 568B，均在一个模块中实现，但它们的线对分布不一样，减少了产生的串扰对。在一个系统中只能选择一种，即要么是568A，要么是568B，不可混用。在实际应用中，我们通常使用的是568B标准。

568A第2对线（568B第3对线）把3和6颠倒，可改变导线中信号流通的方向排列，使相邻的线路变成同方向的信号，减少串扰对，如图2.12所示。

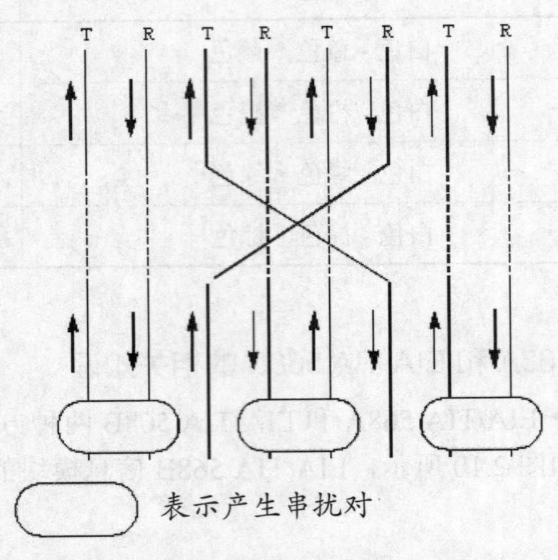

图2.12　568B接线排列串扰对

目前，信息模块的供应商有IBM、AT&T、AMP、西蒙等国外商家，国内有南京普天等公司的产品结构也都类似，只是排列位置有所不同。有的面板注有双绞线颜色标号，与双绞线压接时，注意颜色标号配对就能够正确地压接。

AT&T公司的568B信息模块与双绞线连接的位置如图2.13所示。

桔	2	□	□	7白棕
白桔	1	□	□	8棕
白绿	3	□	□	6绿
白蓝	5	□	□	4蓝

图2.13　AT&T信息模块与双绞线连接

AMP公司的信息模块与双绞线连接的位置如图2.14所示。

白绿	3	□	□	5白蓝
绿	6	□	□	4蓝
白棕	7	□	□	1白桔
棕	8	□	□	2桔

图2.14　AMP信息模块与双绞线连接

【项目实施】

1. 工作区子系统施工开工前的准备工作

网络工程经过调研，确定方案后，下一步就是工程的实施，而工程实施的第一步就是开工前的准备工作，要求做到以下几点，而大多已在工作区设计中完成：

（1）设计综合布线实际施工图，确定布线的走向位置，供施工人员、督导人员和主管人员使用。

（2）备料。网络工程施工过程需要许多施工材料，这些材料有的必须在开工前就备好料，有的则可以在开工过程中备料。主要有以下几种：

光缆、双绞线、插座、信息模块、服务器、稳压电源、集线器等落实购货厂商，并确定提货日期；

不同规格的塑料槽板、PVC 防火管、蛇皮管、自攻螺丝等布线用料就位；

如果集线器是集中供电，则准备好导线、铁管和制定好电器设备安全措施（供电线路必须按民用建筑标准规范进行）；

制定施工进度表（要留有适当的余地，在施工过程中意想不到的事情随时可能发生，并要求立即协调）。

（3）向工程单位提交开工报告。

2. 信息模块的压接技术、双绞线与 RJ-45 头的连接技术

信息模块压接时一般有两种方式：用打线工具压接；不要打线工具直接压接（免打压接）。

对信息模块压接时应注意：

（1）双绞线是成对相互拧在一处的，按一定距离拧起的导线可提高抗干扰的能力，减小信号的衰减，压接时一对一对拧开放入与信息模块相对的端口上。

（2）在双绞线压处不能拧、撕开，并防止有断线的伤痕。

（3）使用压线工具压接时，要压实，不能有松动的地方。

（4）双绞线开绞不能超过要求。

另外，RJ-45 的连接也分为 568A 与 568B 两种方式，不论采用哪种方式必须与信息模块采用的方式相同。

对于 RJ-45 插头与双绞线的连接，操作步骤如下。我们以 568A 为例简述。

（1）首先将双绞线电缆套管自端头剥去大于 20mm，露出 4 对线。

（2）定位电缆线以便它们的顺序号是 1&2，3&6，4&5，7&8，如图 2.15 所示。为防止插头弯曲时对套管内的线对造成损伤，导线应并排排列至套管内，至少 8mm 形成一个平整部分，平整部分之后的交叉部分呈椭圆形状态。

（3）为绝缘导线解扭，使其按正确的顺序平行排列，导线 6 跨过导线 4 和导线 5，在套管里不应有未扭绞的导线。

（4）导线经修整后（导线端面应平整，避免毛刺影响性能）距套管的长度 14mm，从线头（如图 2.16 所示）开始，至少 10±1mm 之内导线之间不应有交叉，导

线 6 应在距套管 4mm 之内跨过导线 4 和导线 5。

（5）将导线插入 RJ-45 头，导线在 RJ-45 头部能够见到铜芯，套管内的平坦部分应从插塞后端延伸直至初张力消除（如图 2.17 所示），套管伸出插塞后端至少 6mm。

（6）用压线工具压实 RJ-45。

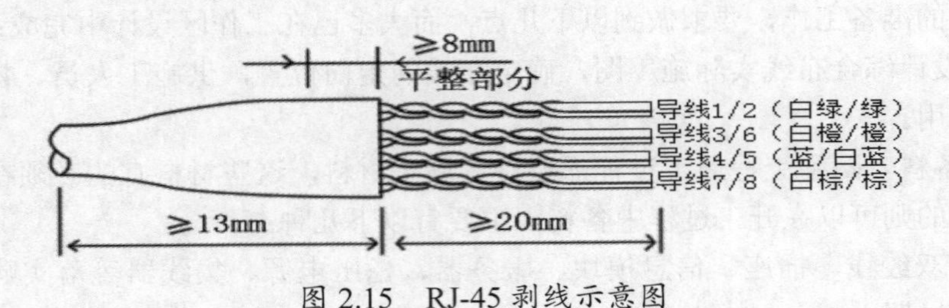

图 2.15　RJ-45 剥线示意图

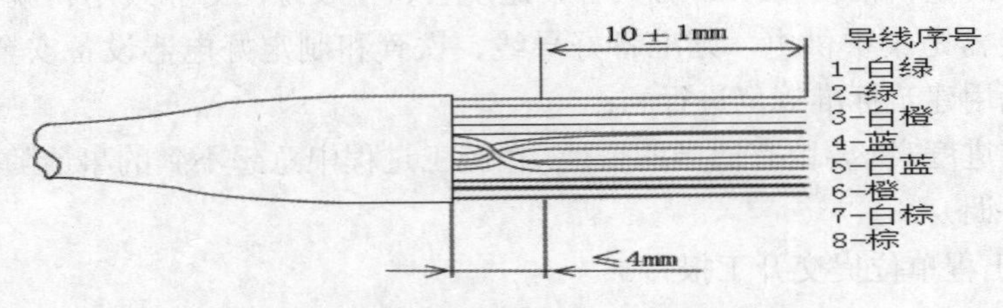

图 2.16　双绞线排列方式和必要长度

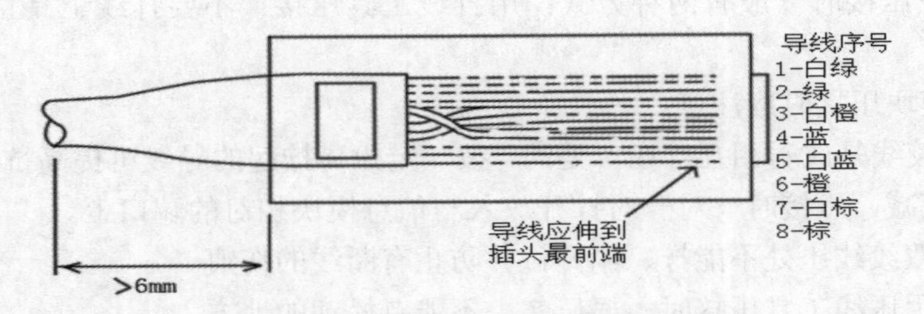

图 2.17　RJ-45 压线要求

RJ-45 插头不管是哪家公司生产的，它们的排列顺序是 1,2,3,4,5,6,7,8。端接时可能是 568A 或 568B，排线顺序如图 2.18 所示。

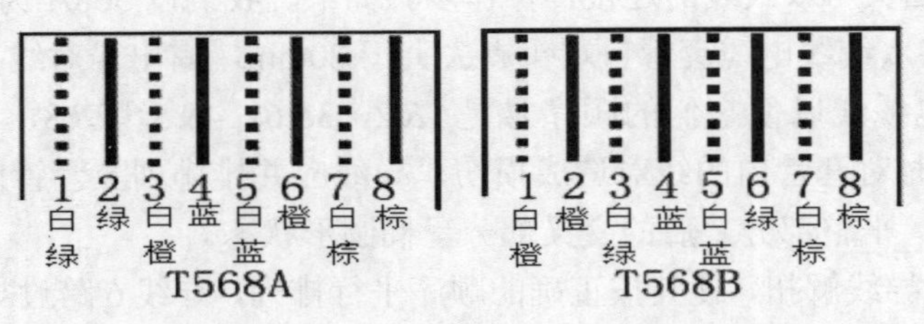

图 2.18　T568A 和 T568B 排线顺序

将双绞线与 RJ-45 连接时应注意：

（1）按双绞线色标顺序排列，不要有差错；

（2）与 RJ-45 接头点轧实；

（3）用压力钳压实。

在现场施工过程中，有时遇到 5 类线或 3 类线，与信息模块压接时出现 8 针或 6 针模块。例如，要求将 5 类线（或 3 类线）一端压在 8 针的信息模块（或配线面板）上，另一端压在 6 针的语音模块上，如图 2.19 所示。

对这样的情况，无论是 8 针信息模块，还是 6 针语音模块它们在交接处都是 8 针，只有输出时才有所不同。所以按 5 类线 8 针压接方法压接，6 针语音模块将自动放弃不用的一对棕色线。

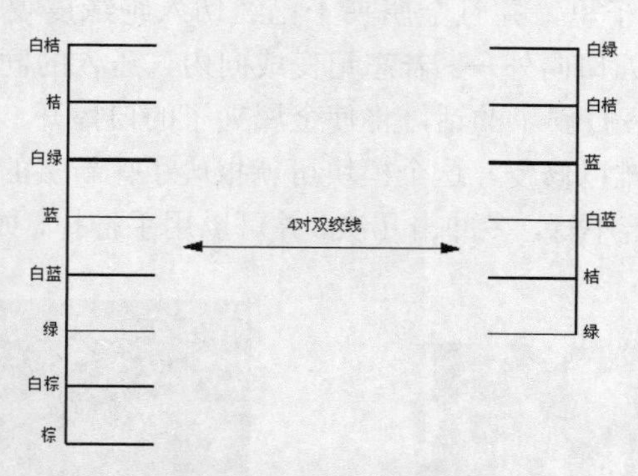

图 2.19　RJ-45 连接 6 针模块

3. 信息插座的安装

（1）需打线型 RJ-45 信息模块安装

RJ-45 信息模块前面插孔内有 8 芯线针触点分别对应着双绞线的八根线；后部两边各分列四个打线柱，外壳为聚碳酸酯材料，打线柱内嵌有连接各线针的金属夹子；有通用线序色标清晰注于模块两侧面上，分两排。A 排表示 T568A 线序模式，B 排表示 T568B 线序模式。这是最普通的需打线工具打线的 RJ-45 信息模块。

具体的制作步骤如下：

步骤 1：将双绞线从暗盒里抽出，预留 40cm 的线头，剪去多余的线。用剥线工具或压线钳的刀具在离线头 10cm 长左右将双绞线的外包皮剥去，如图 2.20 所示。

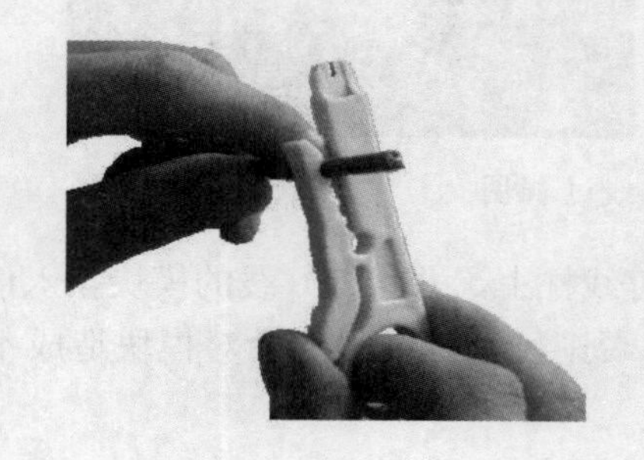

图 2.20　用剥线工具去掉线皮

步骤 2：把剥开双绞线线芯按线对分开，但先不要拆开各线对，只有在将相应线对预先压入打线柱时才拆开。按照信息模块上所指示的色标选择我们偏好的线序模式（注：在一个布线系统中最好只统一采用一种线序模式，否则接乱了，网络不通则很难查），将剥皮处与模块后端面平行，两手稍旋开绞线对，稍用力将导线压入相应的线槽内，如图 2.21 所示。

步骤 3：全部线对都压入各槽位后，就可用 110 打线工具将一根根线芯进一步压入线槽中。

110 打线工具的使用方法是：切割余线的刀口永远是朝向模块的处侧，打线工具与模块垂直插入槽位，垂直用力冲击，听到“咔嗒”一声，说明工具的凹槽已经将线芯压到位，嵌入到金属夹子里，并且金属夹子已经切入绝缘皮咬合铜线芯形成通路。这里千万注意以下两点：刀口向外——若忘记变成向内，压入的同时也切断了本来应该连接的铜线；垂直插入——打斜了的话，将使金属夹子的口撑开，再也没有咬合的能力，并且打线柱也会歪掉，难以修复，这个模块可就报废了。新买的好刀具在冲击的同时，应能切掉多条的线芯，若不行，多冲击几次，并可以用手拧掉，如图 2.22 与图 2.23 所示。

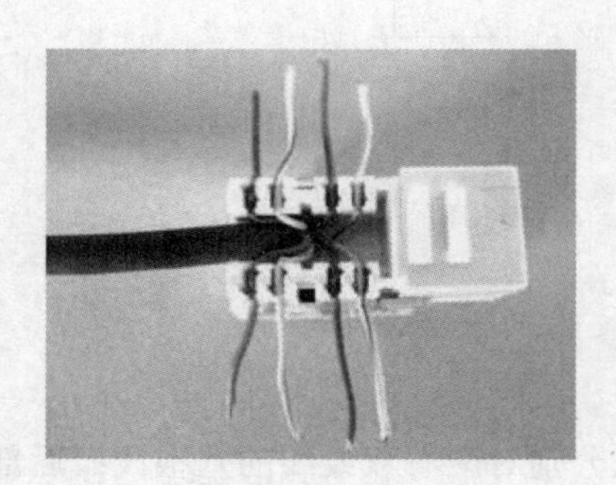

图 2.21　将双绞线安装入信息模块

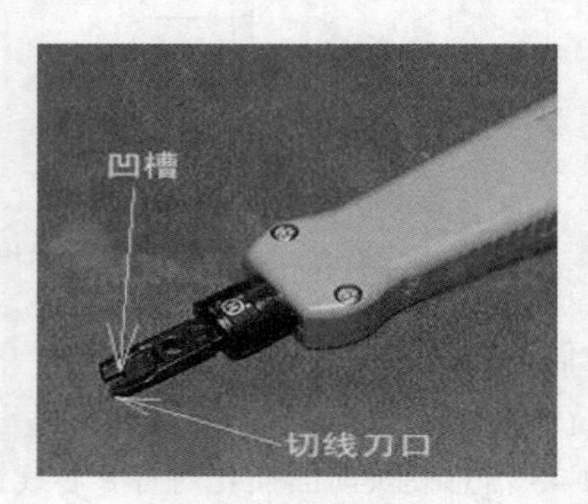

图 2.22　打线钳

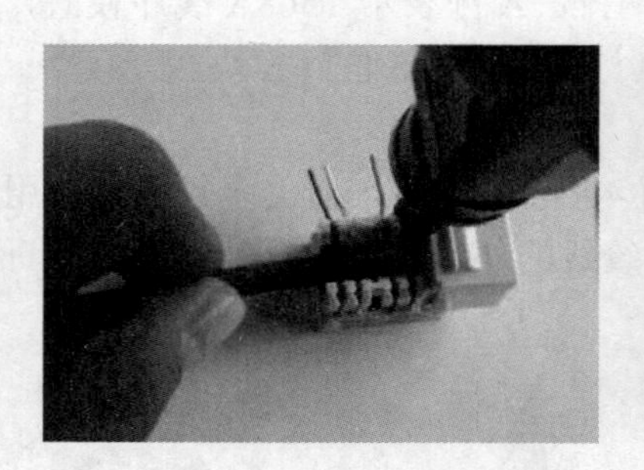

图 2.23　压线过程图

步骤 4：将信息模块的塑料防尘片扣在打线柱上，并将打好线的模块扣入信息面板上。打线时务必选用质量有保证的打线钳，否则一旦打线失败会对模块造成不必要的损失。

（2）免打线型 RJ-45 信息模块安装

免打线型 RJ-45 信息模块的设计无需打线工具即能准确快速地完成端接，没有打线柱，而是在模块的里面有两排各四个的金属夹子，锁扣机构集成在扣锁帽里，色标也标柱在扣锁帽后端。端接时，用剪刀裁出约 4cm 的线，按色标将线芯放进相应的槽位，扣上，再用钳子压一下扣锁帽即可（有些可以用手压下，并锁定）。扣锁帽确保铜线全部端接并防止滑动，多为透明，以方便观察线与金属夹子的咬合情况，如图 2.24 所示。

图 2.24　免打型信息模块

下面再对应说明RJ-45水晶头的压接方法：上面的信息模块我们按T568A标准打线，所以这里的水晶头也按 T568A 标准压接。

将 5 类双绞线外皮剥掉 2cm，绞开线对拉直，按 T568A 标准线序将各色线紧密平行在手上排列，再留约 1cm，裁平线头。左手抓住水晶头，右手小心地将排好 T568A 标准线序的网线插入水晶头，注意水晶头里有槽位的只容一条线芯通过，一线一槽才插得进去。右手要尽力插入，并同时左右摇一摇，以让线芯插到尽头，并在尽头也平整。

这一点可以从水晶头的端面看得出来，若能见到全数八根铜线的亮截面，说明已经插到尽头，否则抽出重来，并可能要再次修剪线头。当见到全数八根铜线的亮截面以后，就可以用 RJ-45 压线工具压接。压接时，也要有意识的向前顶线，压接完后，还要再看一下八根铜线的亮截面是否还能见到，见不到可能就是不成功。

第3章 水平子系统

3.1 水平子系统设计

【项目描述】

水平子系统也称为水平干线（Horizontal Backbone）子系统或配线子系统。水平干线子系统是整个布线系统中十分重要的一部分，它是指从工作区的信息插座开始到管理间子系统的配线架。水平子系统设计的主要任务是确定线路的路由、设计出水平子系统的布线方案，正确选择线缆类型及正确计算线缆长度，最终得到水平子系统布线结构图、水平子系统设计说明书、材料清单及预算表等。

【相关知识】

3.1.1 水平子系统的设计原则

水平布线，是将电缆线从管理间子系统的配线间接到每一楼层的工作区的信息输入 / 输出（I/O）插座上。设计者要根据建筑物的结构特点，从路由（线）最短、造价最低、施工方便、布线规范等几个方面考虑。但由于建筑物中的管线比较多，往往要遇到一些矛盾，所以，设计水平子系统时必须折中考虑，优选最佳的水平布线方案。一般可采用以下 3 种类型，其余都是这 3 种类型的改良型和综合型，下面将进行讨论。

- 直接埋管式；
- 先走吊顶内线槽，再走支管到信息出口的方式；
- 适合大开间及后打隔断的地面线槽方式。

1. 直接埋管线槽方式

直接埋管布线方式如图 3.1 所示，是由一系列密封在现浇混凝土里的金属布线管道或金属馈线走线槽组成。这些金属管道或金属线槽从水平间向信息插座的位置辐射。根据通信和电源布线的要求、地板厚度和占用的地板空间等条件，直接埋管布线方式可能要采用厚壁镀锌管或薄型电线管。这种方式在老式的设计中非常普遍。

现代楼宇不仅有较多的电话语音点和计算机数据点，而且语音点与数据点可能还要求互换，以增加综合布线系统使用的灵活性。因此综合布线的水平线缆比较粗，如 3 类 4 对非屏蔽双绞线外径 1.7mm，截面积 17.34mm^2，5 类 4 对非屏蔽双绞线外径 5.6mm，截面积 24.65mm^2，对于目前使用较多的 SC 镀锌钢管及阻燃高强度 PVC 管，建议容量为 70%。

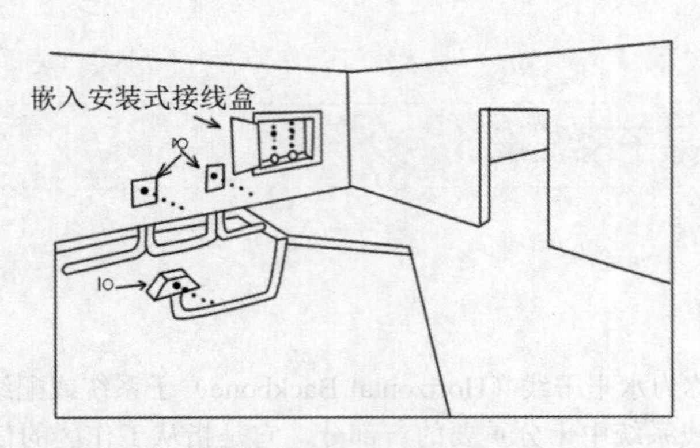

图 3.1　直接埋管布线方式

对于新建的办公楼宇，要求面积为 8～10m^2 便拥有一对语音、数据点，要求稍差的是 10～12m^2 便拥有一对语音、数据点。设计布线时，要充分考虑到这一点。

2. 先走线槽再走支管方式

线槽由金属或阻燃高强度 PVC 材料制成，有单件扣合方式和合式两种类型。

线槽通常悬挂在天花板上方的区域，用在大型建筑物或布线系统比较复杂而需要有额外支持物的场合。用横梁式线槽将电缆引向所要布线的区域。由弱电井出来的缆线先走吊顶内的线槽，到各房间后，经分支线槽从横梁式电缆管道分叉后将电缆穿过一段支管引向墙柱或墙壁，贴墙而下到本层的信息出口（或贴墙而上，在上一层楼板钻一个孔，将电缆引到上一层的信息出口）；最后端接在用户的插座上，如图 3.2 所示。

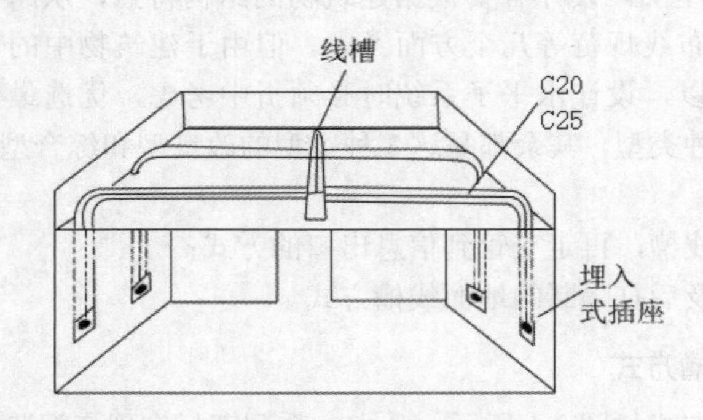

图 3.2　先走线槽再走支管布线方式

在设计、安装线槽时应多方考虑，尽量将线槽放在走廊的吊顶内，并且去各房间的支管应适当集中至检修孔附近，便于维护。如果是新楼宇，应赶在走廊吊顶前施工，这样不仅减少布线工时，还利于保护已穿线缆，不影响房内装修；一般走廊处于中间位置，布线的平均距离最短，能节约线缆费用，提高综合布线系统的性能（线越短传输的质量越高），尽量避免线槽进入房间，否则不仅费钱，而且影响房间装修，不利于以后的维护。

弱电线槽能走综合布线系统、公用天线系统、闭路电视系统（24V 以内）及楼宇自控系统信号线等弱电线缆，可降低工程造价。同时由于支管经房间内吊顶贴墙而下至信息出口，在吊顶与其他的系统管线交叉施工，减少了工程协调量。

3. 地面线槽方式

地面线槽方式就是弱电井出来的线走地面线槽到地面出线盒，或由分线盒出来的支管到墙上的信息出口，如图 3.3 所示。由于地面出线盒或分线盒或柱体直接走地面垫层，因此这种方式适用于大开间或需要打隔断的场合。

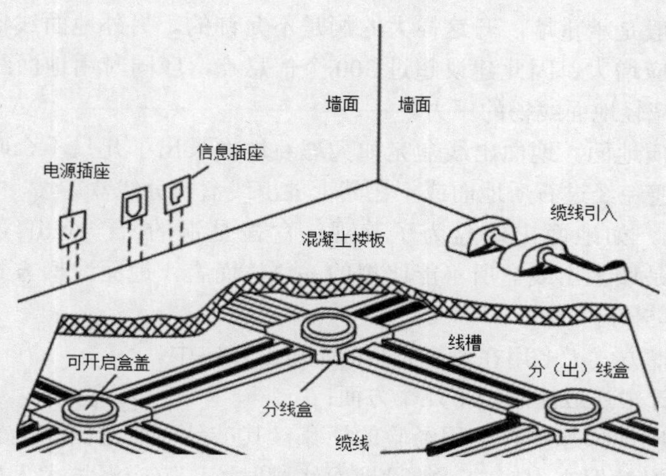

图 3.3 地面线槽方式

地面线槽方式就是将长方形的线槽打在地面垫层中，每隔 4~8m 拉一个过线盒或出线盒（在支路上出线盒起分线盒的作用），直到信息出口的出线盒。线槽有两种规格：70 型外形尺寸 70mm×25mm，有效截面 1470，占空比取 30%，可穿插 24 根水平线（3、5 类混用）；50 型外形尺寸 50mm×25mm，有效截面 960，可穿插 15 根水平线。分线盒与过线盒均有两槽或三槽分线盒拼接。

地面线槽方式有如下优点：

①用地面线槽方式，信息出口离弱电井的距离不限。地面线槽每 4~8m 接一个分线盒或出线盒，布线时拉线非常容易，因此距离不限。

强、弱电可以同路由。强、弱电可以走同路由相邻的地面线槽，而且可接到同一线盒内的各自插座。当然地面线槽必须接地屏蔽，产品质量也要过关。

②适用于大开间或需打隔断的场合。如交易大厅面积大，计算机离墙较远，用较长的线接墙上的网络出口及电源插座，显然是不合适的。这时在地面线槽的附近留一个出线盒，联网及取电都解决了。又如一个楼层要出售，需视办公家具确定房间的大小与位置来打隔断，这时离办公家具搬入和住人的时间已经比较近了，为了不影响工期，使用地面线槽方式是最好的方法。

③地面线槽方式可以提高商业楼宇的档次。大开间办公是现代流行的管理模式，只有高档楼宇才能提供这种无杂乱无序线缆的大开间办公室。

地面线槽方式的缺点也是明显的，主要体现在如下几个方面：

①地面线槽做在地面垫层中，需要至少 6.5cm 以上的垫层厚度，这对于尽量减少

档板及垫层厚度是不利的。

②地面线槽由于做在地面垫层中，如果楼板较薄，有可能在装潢吊顶过程中，被吊杆打中，影响使用。

③不适合楼层中信息点特别多的场合。如果一个楼层中有500个信息点，按70号线槽穿25根线算，需20根70号线槽，线槽之间有一定空隙，每根线槽大约占100mm宽度，20根线槽就要占2m的宽度，除门可走6~10根线槽外，还需开1.0~1.4m的洞，但弱电井的墙一般是承重墙，开这样大的洞是不允许的。另外地面线槽多了，被吊杆打中的机会也相应增大。因此建议超过300个信息点，应同时用地面线槽与吊顶内线槽两种方式，以减轻地面线槽的压力。

④不适合石质地面。地面出线盒宛如大理石地面长出了几只不合时宜的眼睛，地面线槽的路径应避免经过石质地面或不在其上放出线盒与分线盒。

⑤造价昂贵。如地面出线盒为了美观，盒盖是铜的，一个出线槽盒的售价为300~400元。这是墙上出线盒所不能比拟的。总体而言，地面线槽方式的造价是吊顶内线槽方式的3~5倍。

目前地面线槽方式大多用在资金充裕的金融业楼宇中。

在选型与设计中还应注意以下几个方面：

①选型时，应选择那些有工程经验的厂家，其产品要通过国家电气屏蔽检验，避免强、弱电同路对数据产生影响；敷设地面线槽时，厂家应派技术人员现场指导，避免打上垫层后再发现问题而影响工期。

②应尽量根据甲方提供的办公家具布置图进行设计，避免地面线槽出口被办公家具挡住，无办公家具图时，地面线槽应均匀地布放在地面出口；对有防静电地板的房间，只需布放一个分线盒即可，出线走敷设静电地板下。

③地面线槽的主干部分尽量打在走廊的垫层中。楼层信息点较多，应同时采用地面管道与吊顶内线槽两种相结合的方式。

3.1.2 计算电缆的长度

水平干线子系统的设计不仅仅是设计出一个适用的布线方案，它往往涉及到水平子系统的传输介质和部件集成，主要有6个方面：

①确定线路走向；

②确定线缆、槽、管的数量和类型；

③确定电缆的类型和长度；

④订购电缆和线槽；

⑤如果打吊杆走线槽，则需要确定用多少根吊杆；

⑥如果不用吊杆走线槽，则需要确定用多少根托架。

线路走向一般要由用户、设计人员、施工人员到现场根据建筑物的物理位置和施工难易度来确定。信息插座的数量和类型、电缆的类型和长度一般在总体设计时便已确定，但考虑到产品质量和施工人员的误操作等因素，在订购时要留有余地。

订购电缆时，必须考虑：

①确定介质布线方法和电缆走向；

②确认到设备间的接线距离；

③留有端接容差。

而电缆的计算公式有 3 种，现将 3 种方法提供给读者参考：

公式一：订货总量（总长度 m）＝所需总长＋所需总长 ×10% ＋ n×6

所需总长：指 n 条布线电缆所需的理论长度；

所需总长 ×10%：为备用部分；

n×6：为端接容差。

公式二：整幢楼的用线量＝ MC

M：楼层数；

C：每层楼用线量；C ＝ [0.55×(F ＋ N) ＋ D]×n；

F：本楼层离交接间最远的信息点距离；

N：本楼层离交接间最近的信息点距离；

n：本楼层的信息插座总数；

0.55：备用系数；

D：端接余量，常用数据是 6~15 米，根据工程实际取定。

公式三：总长度＝ A ＋ B/2×n×3.3×1.2

A：最短信息点长度；

B：最长信息点长度；

n：楼内需要安装的信息点数；

3.3：系数，将米（m）换成英尺（ft）；

1.2：余量参数（富余量）。

另外，双绞线一般以箱为单位订购，每箱双绞线长度为 305m。用线箱数＝总长度/1000 ＋ 1。设计人员可用这 3 种算法之一来确定所需线缆长度。在水平布线通道内，关于电信电缆与分支电源电缆要说明以下几点：

①屏蔽的电源导体（电缆）与电信电缆并线时不需要分隔；

②可以用电源管道障碍（金属或非金属）来分隔电信电缆与电源电缆；

③对非屏蔽的电源电缆，最小的距离为 10cm；

④在工作站的信息口或间隔点，电信电缆与电源电缆的距离最小应为 6cm。

3.1.3 槽（管）大小选择的计算方法及槽（管）可放线缆的条数计算

1. 线缆截面积计算

网络双绞线按照线芯数量分，有4对、25对、50对等多种规格。如果按照线缆直径6mm计算双绞线的截面积。

$$S=d^2\times3.14/4=6^2\times3.14/4=28.26mm^2 \quad (3.1)$$

S：表示双绞线截面积；

d：双绞线直径。

2. 线管截面积计算

线管规格一般用线管的外径表示，线管内布线容积截面积应该按照线管的内直径计算，以管径25mm PVC管为例，管壁厚1mm，管内部直径为23mm，其截面积计算如下：

$$S=d^2\times3.14/4=23^2\times3.14/4=415.265mm^2 \quad (3.2)$$

S：表示线管截面积；

d：线管的内直径。

3. 线槽截面积计算

线槽规格一般用线槽的外部长度和宽度表示，线槽内布线容积截面积计算按照线槽的内部长和宽计算，以40×20线槽为例，线槽壁厚1mm，线槽内部长38mm，宽18mm，其截面积计算如下：

$$S=L\times W=38\times18=684mm^2 \quad (3.3)$$

S：表示线管截面积；

L：线槽内部长度；

W：线槽内部宽度。

4. 容纳双绞线最多数量计算

布线标准规定，一般线槽（管）内允许穿线的最大面积为70%，同时考虑线缆之间的间隙和拐弯等因素，考虑浪费空间40%~50%。因此容纳双绞线根数计算公式如下：

N= 槽（管）截面积 ×70%×(40～50%)/ 线缆截面积 (3.4)

N：表示容纳双绞线最多数量；

70%：表示布线标准规定允许的空间；

40%~50%：表示线缆之间浪费的空间。

5. 管道缆线的布放根数

常规通用线槽内布放线缆的最大条数可以按照表3.1选择。

表 3.1 线槽规格型号与容纳双绞线最多条数表

线槽／桥架类型	线槽／桥架规格 /mm	容纳双绞线最多条数	截面利用率
PVC	20×12	2	30%
PVC	25×12.5	4	30%
PVC	30×16	7	30%
PVC	39×19	12	30%
金属、PVC	50×25	18	30%
金属、PVC	60×30	23	30%
金属、PVC	75×50	40	30%
金属、PVC	80×50	50	30%
金属、PVC	100×50	60	30%
金属、PVC	100×80	80	30%
金属、PVC	150×75	100	30%
金属、PVC	200×100	150	30%

常规通用线管内布放线缆的最大条数可以按照表 3.2 选择。

表 3.2 线管可放线缆的最大条数表

线管类型	线管规格 /mm	容纳双绞线最多条数	截面利用率
PVC、金属	16	2	30%
PVC	20	3	30%
PVC、金属	25	5	30%
PVC、金属	32	7	30%
PVC	40	11	30%
PVC、金属	50	15	30%
PVC、金属	63	23	30%
PVC	80	30	30%
PVC	100	40	30%

3.1.4 同轴电缆和光缆的基本知识

1. 同轴电缆

同轴电缆（coaxial cable）是由一根空心的外圆柱导体及其所包围的单根内导线所组成。柱体同导线用绝缘材料隔开，其频率特性比双绞线好，能进行较高速率的传输。由于它的屏蔽性能好，抗干扰能力强，多用于基带传输。

在同轴电缆网络中，一般可分为3类：主干网、次主干网、线缆。

主干线路在直径和衰减方面和其他线路不同，前者通常由防护层的电缆构成。次主干电缆的直径比主干电缆小，当在不同建筑物的层次上使用次主干电缆时，要采用高增益的分布式放大器，并要考虑沿着电缆与用户出口的接口。

目前，同轴电缆可分为工作站部分和服务器部分（如网间连接器、数据库、打印机），以及与其相关的接口部件。

同轴电缆不可绞接，各部分是通过低损耗的75Ω连接器来连接的。连接器在物理性能上与电缆相匹配。中间接头和耦合器用线管包住，以防不慎接地。若希望电缆埋在光照射不到的地方，最好把电缆埋在冰点以下的地层里。如果不想把电缆埋在地下，最好采用电杆来架设。同轴电缆每隔100m采用一个标记，以便于维修。必要时每隔20m要对电缆进行支撑。在建筑物内部安装时，要考虑便于维修和扩展，在必要的地方还要提供管道来保护电缆。

对电缆进行测试的主要参数有：

①导体或屏蔽层的开路情况；

②导体和屏蔽层之间的短路情况；

③导体接地情况；

④在各屏蔽接头之间的短路情况。

同轴电缆可分为两种基本类型：基带同轴电缆和宽带同轴电缆。目前基带常用的电缆，其屏蔽线是用铜做成网状的，特征阻抗为50Ω，如RG-8、RG-58等：宽带常用的电缆，其屏蔽层通常是用铝冲压成的，特征阻抗为75Ω，如RG-59等。

粗同轴电缆与细同轴电缆是指同轴电缆的直径大小。粗缆适用于比较大型的局部网络，它的标准距离长、可靠性高。由于安装时不需要切断电缆，因此可以根据需要灵活调整计算机的入网位置。但粗缆网络必须安装收发器和收发器电缆，安装难度也大，所以总体造价高。相反，细缆则比较简单、造价低。但由于安装过程要切断电缆，两头装上基本网络连接头（BNC），然后接在T型连接器两端，所以当接头多时容易产生接触不良的隐患，这是目前运行中的以太网所发生的最常见故障之一。为了保持同轴电缆的正确电气特性，电缆屏蔽层必须接地。同时两头要有终端来削弱信号反射作用。

无论是粗缆还是细缆均为总线拓扑结构，即一根缆上接多部机器，这种拓扑适用于机器密集的环境。但是当一触点发生故障时，故障会串联影响到整根缆上的所有机器，故障的诊断和修复都很麻烦。所以，正逐步被非屏蔽双绞线或光缆取代。当前，同轴电缆的型号一般有如下几种：

RG-8或RG-11　　50&

RG-58　　50&

RG-59　　75&

RG-62　　93&

计算机网络一般选用RG-8以太网粗缆和RG-58以太网细缆，RG-59用于电视系统，RG-62用于ARCnet网络和IBM3270网络。同轴电缆一般安装在设备与设备之间，在每一个用户位置上都装有一个连接器为用户提供接口。

2. 光缆

光导纤维是一种传输光束的细而柔韧的介质。光导纤维电缆由一捆纤维组成，简称为光缆。光缆是数据传输中最有效的一种传输介质。下面介绍光纤的结构、光纤的种类、光纤通信系统的简述和基本构成。

光纤通常是由石英玻璃制成的其横截面积很小的双层同心圆柱体，也称为纤芯，质地脆，易断裂，由于这一缺点，需要外加一层保护层。其结构如图 3.4 所示。

光纤主要有两大类，即单模 / 多模和折射率分布类。

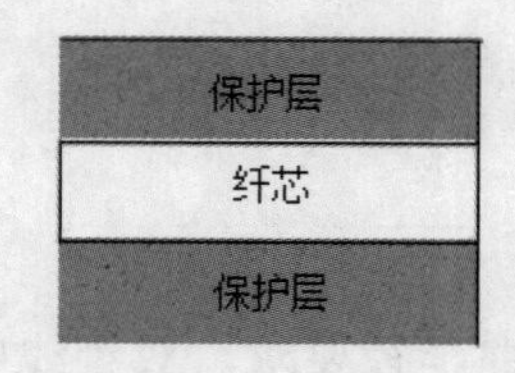

图 3.4　光纤剖面结构示意图

（1）单模 / 多模

单模光纤（SMF，Single Mode Fiber）的纤芯直径很小，在给定的工作波长上只能以单一模式传输，传输频带宽，传输容量大。光信号可以沿着光纤的轴向传播，因此光信号的损耗很小，离散也很小，传播的距离较远。单模光纤 PMD 规范建议芯径为 8～10μm，包括包层直径为 125μm。多模光纤（MMF，Multi Mode Fiber）是在给定的工作波长上，能以多个模式同时传输的光纤。多模光纤的纤芯直径一般为 50～200μm，而包层直径的变化范围为 125～230μm。计算机网络用纤芯直径为 62.5μm，包层为 125μm，也就是通常所说的 62.5μm。与单模光纤相比，多模光纤的传输性能要差。在导入波长上分单模 1310nm、1550nm，多模 850nm、1300nm。

（2）折射率分布类

折射率分布类光纤可分为跳变式光纤和渐变式光纤。跳变式光纤纤芯的折射率和保护层的折射率都是常数。在纤芯和保护层的交界面折射率呈阶梯型变化。渐变式光纤纤芯的折射率随着半径的增加按一定规律减小，到纤芯与保护层交界处减小为保护层的折射率。纤芯的折射率的变化是近似抛物线型。

有关光纤的更多详细资料读者可查阅其他相关书籍，这里不再一一列举各类光纤的信息。

3.1.5　CP 集合点的设置

如果在水平布线系统施工中，需要增加 CP 集合点时，同一个水平电缆上只允许一个 CP 集合点，而且 CP 集合点与 FD 配线架之间水平线缆的长度应大于 15m，所遵从的长度要求如图 3.5 所示。

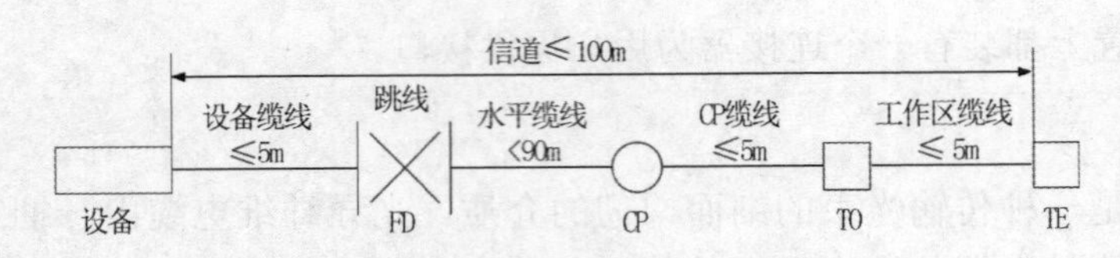

图 3.5 水平子系统缆线划分

CP 集合点的端接模块或者配线设备应安装在墙体或柱子等建筑物固定的位置，不允许随意放置在线槽或者线管内，更不允许暴露在外边。

CP 集合点只允许在实际布线施工中应用，规范了缆线端接做法，适合解决布线施工中个别线缆穿线困难时的中间接续，实际施工中尽量避免出现 CP 集合点。特别是在前期项目设计中不允许出现 CP 集合点。

3.1.6 布线弯曲半径要求

布线中如果不能满足最低弯曲半径要求，双绞线电缆的缠绕节距会发生变化，严重时，电缆可能会损坏，直接影响电缆的传输性能。例如，在铜缆系统中，布线弯曲半径直接影响回波损耗值，严重时会超过标准规定值。在光纤系统中，则可能会导致高衰减。因此在设计布线路径时，尽量避免和减少弯曲，增加电缆的拐弯曲率半径值。

缆线的弯曲半径应符合表 3.3 的规定。

表 3.3 管线敷设允许的弯曲半径表

缆线类型	弯曲半径（mm）／倍
4 对非屏蔽电缆	不小于电缆外径的 4 倍
4 对屏蔽电缆	不小于电缆外径的 8 倍
大对数主干电缆	不小于电缆外径的 10 倍
2 芯或 4 芯室内光缆	>25mm
其他芯数和主干室内光缆	不小于光缆外径的 10 倍
室外光缆、电缆	不小于缆线外径的 20 倍

当缆线采用电缆桥架布放时，桥架内侧的弯曲半径不应小于 300mm。

3.1.7 网络缆线与电力电缆的间距

在水平子系统中，经常出现综合布线电缆与电力电缆平行布线的情况，为了减少电力电缆电磁场对网络系统的影响，综合布线电缆与电力电缆接近布线时，必须保持一定的距离。GB50311-2007 规定的间距应符合表 3.4 的规定。

表 3.4　网络综合布线电缆与电力电缆的间距表

类别	与综合布线接近状况	最小间距(mm)
380V 电力电缆 %2kV·A	与缆线平行敷设	130
	有一方在接地的金属线槽或钢管中	70
	双方都在接地的金属线槽或钢管中①	10 ①
380V 电力电缆 2 ~ 5kV·A	与缆线平行敷设	300
	有一方在接地的金属线槽或钢管中	150
	双方都在接地的金属线槽或钢管中②	80
380V 电力电缆 >5kV·A	与缆线平行敷设	600
	有一方在接地的金属线槽或钢管中	300
	双方都在接地的金属线槽或钢管中②	150

注意

①当 380V 电力电缆 <2kV·A，双方都在接地的线槽中，且平行长度 ≤10m 时，最小间距可为 10mm。②双方都在接地的线槽中，系指两个不同的线槽，也可在同一线槽中用金属板隔开。

3.1.8　缆线设计

1. 暗装敷设

水平子系统缆线的路径，在新建筑物设计时宜采取暗埋管线。暗管的转弯角度应大于 90 度，在路径上每根暗管的转弯角度不得多于 2 个，并不应有 S 弯出现，有弯头的管段长度超过 20m 时，应设置管线过线盒装置；在有 2 个弯时，不超过 15m 应设置过线盒。

设置在墙面的信息点布线路径宜使用暗埋钢管或 PVC 管，对于信息点较少的区域，管线可以直接敷设到楼层的设备间机柜内，对于信息点比较多的区域，先将每个信息点管线分别敷设到楼道或者吊顶上，然后集中进入楼道或者吊顶上安装的线槽或者桥架。

新建公共建筑物墙面暗埋管的路径一般有两种做法，第一种做法是从墙面插座向上垂直埋管到横梁，然后在横梁内埋管到楼道本层墙面出口，如图 3.6 所示；第二种做法是从墙面插座向下垂直埋管到横梁，然后在横梁内埋管到楼道下层墙面出口，如图 3.7 所示。

如果同一个墙面单面或者两面插座比较多时，水平插座之间串联布管，如图 3.6 所示。这两种做法管线拐弯少，不会出现U型或者S型路径，土建施工简单。土建中不允许沿墙面斜角布管。

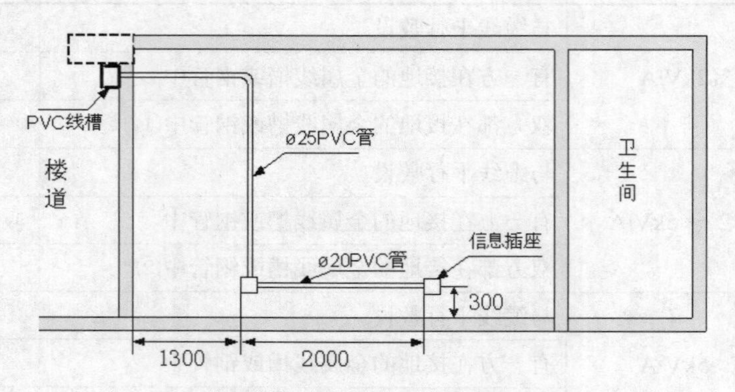

图 3.6 同层水平子系统暗埋管

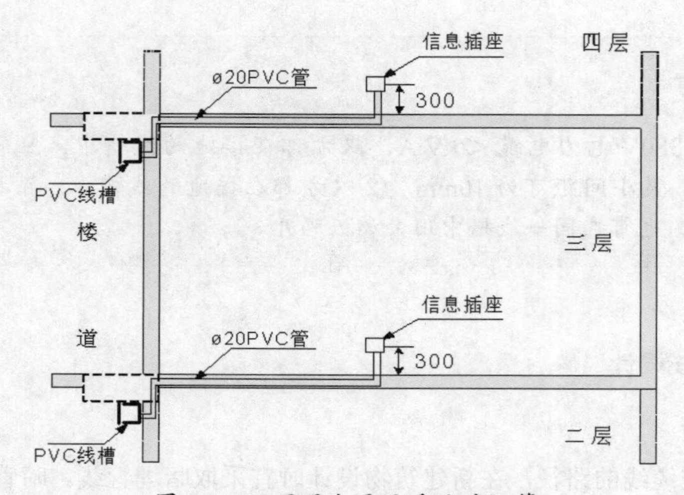

图 3.7 不同层水平子系统暗埋管

2. 缆线的明装设计

住宅楼、老式办公楼、厂房进行改造或者需要增加网络布线系统时，一般采取明装布线方式。学生公寓、教学楼、实验楼等信息点比较密集的建筑物一般也采取隔墙暗埋管线、楼道明装线槽或者桥架的方式（工程上也叫暗管明槽方式）。

住宅楼增加网络布线常见的做法是，将机柜安装在每个单元的中间楼层，然后沿墙面安装PVC线管或者线槽到每户入户门上方的墙面固定插座，如图3.8所示。使用线槽外观美观、施工方便，但是安全性比较差，使用线管安全性比较好。

楼道明装布线时，宜选择PVC塑料线槽，线槽盖板边缘最好是直角，特别在北方地区不宜选择斜角盖板，因为斜角盖板容易落灰，影响美观。

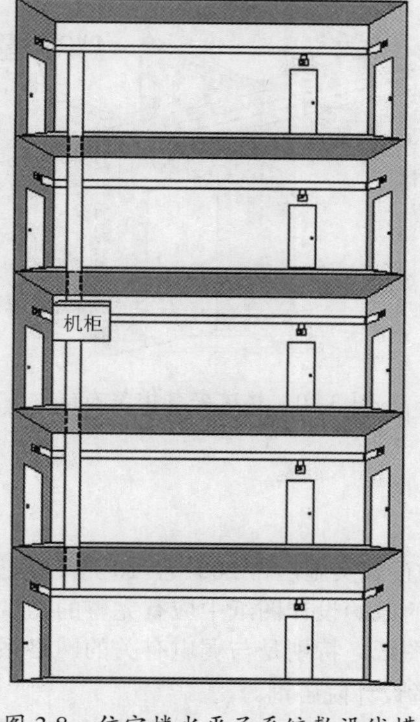

图 3.8　住宅楼水平子系统敷设线槽

采取暗管明槽方式布线时，每个暗埋管在楼道的出口高度必须相同，这样暗管与明装线槽直接连接，布线方便、美观，如图 3.9 所示。

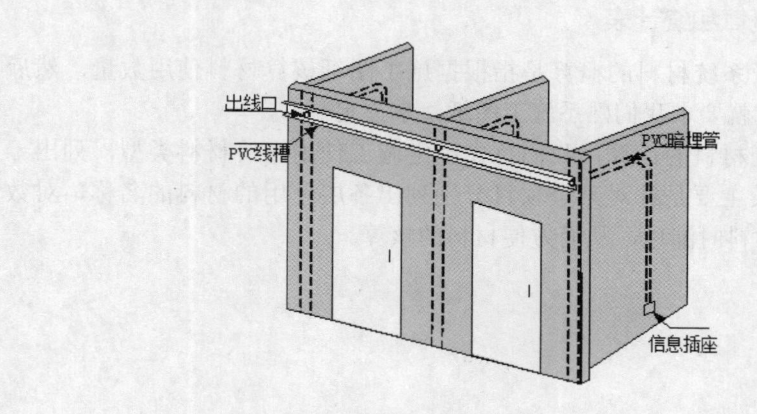

图 3.9　楼道内敷设明装 PVC 线槽

楼道采取金属桥架时，桥架应该紧靠墙面，高度低于墙面暗埋管口，直接将墙面出来的线缆引入桥架，如图 3.10 所示。

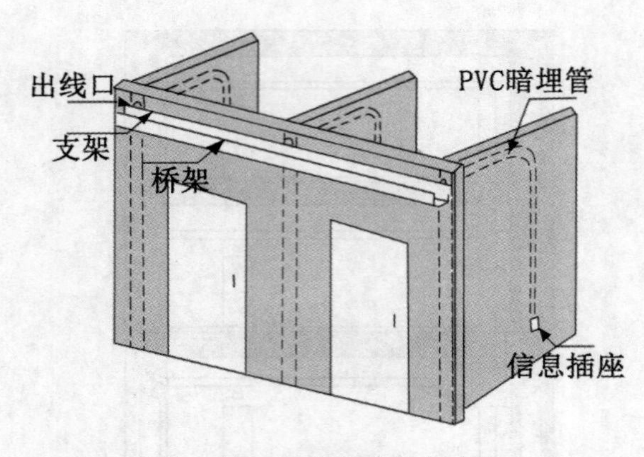

图 3.10　楼道安装桥架布线

3.1.9　图纸设计

随着 GB50311-2007 的正式实施，自 2007 年 10 月 1 日起新建筑物必须设计网络综合布线系统，因此建筑物的原始设计图纸中应有完整的初步设计方案和网络系统图。必须认真研究和读懂设计图纸，特别是与弱电有关的网络系统图、通信系统图、电气图等，虚心向项目经理或者设计院咨询。

如果土建工程已经开始或者封顶时，必须到现场实际勘测，并且与设计图纸对比。

新建建筑物的水平管线宜暗埋在建筑物的墙面，一般使用金属或者 PVC 管。

3.1.10　材料概算和统计表

综合布线水平子系统材料的概算是指根据施工图纸核算材料使用数量，然后根据定额计算出造价，这就要求我们熟悉施工图纸，掌握定额。

对于水平子系统材料的计算，我们首先确定施工使用布线材料类型，列出一个简单的统计表，统计表主要是针对某个项目分别列出各层使用的材料的名称，对数量进行统计，避免计算材料时漏项，从而方便材料的核算。

【项目实施】

1. 勘测路由

两点间最短的距离是直线，但对于布线缆来说，它不一定就是最好、最佳的路由。在选择最容易布线的路由时，要考虑便于施工、便于操作，即使花费更多的线缆也要这样做。对一个有经验的安装者来说，“宁可使用额外的 1000m 线缆，也不使用额外的 100 工时”，通常线要比劳力费用便宜。

如果我们要把“25 对”线缆从一个配线间牵引到另一个配线间，采用直线路由，要经天花板布线，路由中要多次分割，钻孔才能使线缆穿过并吊起来；而另一条路由是将线缆通过一个配线间的地板，然后再通过一层悬挂的天花板，再通过另一个配线间的地板向上，如图 3.11 所示。采用何种方式？这就要我们来选择。

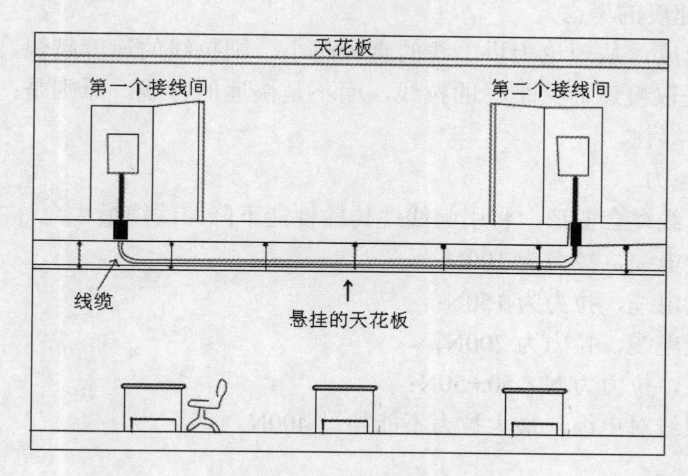

图 3.11 路由选择

有时如果第一次所做的布线方案并不是很好，则可以选择另一种布线方案。但在某些场合，又没有更多的选择余地。例如：一个潜在的路径可能被其他的线缆塞满了，第二路径又要通过天花板，也就是说，这两种路径都是不希望使用的。因此，考虑较好的方案是安装新的管道，但由于成本费用问题，用户又不同意，这时，只能采用布明线，将线缆固定在墙上和地板上。总之，如何布线要根据建筑结构及用户的要求来决定。选择好的路径时，布线设计人员要考虑以下几点。

（1）了解建筑物的结构

对布线施工人员来说，需要彻底了解建筑物的结构，由于绝大多数的线缆是走地板下或天花板内，故对地板和吊顶内的情况要了解得很清楚。就是说，要准确地知道，什么地方能布线，什么地方不易布线并向用户方说明。

现在绝大多数的建筑物设计是规范的，并为强电和弱电布线分别设计了通道，利用这种环境时，也必须了解走线的路由，并用粉笔在走线的地方做出标记。

（2）检查拉（牵引）线

在一个现存的建筑物中安装任何类型的线缆之前，必须检查有无拉线。拉线是某种细绳，它沿着要布线缆的路由（管道）安放好，必须是路由的全长。绝大多数的管道安装者要给后继的安装者留下一条拉线，使布线缆容易进行，如果没有，则要考虑穿接线问题。

（3）确定现有线缆的位置

如果布线的环境是一座旧楼，则必须了解旧线缆是如何布放的，用的是什么管道（如果有的话），这些管道是如何走的。了解这些，有助于为新的线缆建立路由。在某些情况下也能使用原来的路由。

（4）提供线缆支撑

根据安装情况和线缆长度，要考虑使用托架或吊杆槽，并根据实际情况决定使用托架吊杆，使其加在结构上的质量不致于超重。

（5）拉线速度的考虑

拉线缆的速度，从理论上讲，线的直径越小，则拉线的速度越快。但是，有经验的安装者往往采取慢速而又平稳的拉线，而不是快速的拉线。原则是：快速拉线会造成线的缠绕或被绊住。

（6）最大拉力

拉力过大，线缆会变形，将引起线缆传输性能下降。线缆最大允许的拉力如下：

一根4对线电缆，拉力为100N；

两根4对线电缆，拉力为150N；

三根4对线电缆，拉力为200N；

N根线电缆，拉力为N×50+50N；

不管多少根线对电缆，最大拉力不能超过400N。

2. 案例

下面我们对2.1节任务实施中的案例进行水平子系统设计，假设都使用双绞线系统布线、且设有楼宇FD与BD。我们需要得到以下文档。

（1）水平子系统设计方案书，包括以下几个部分：

①路由设计与总体设计，包括主设备间或垂井的位置、布线方法、房间内部走线图；

②分楼层计算线管规格和长度，包括线槽规格计算、主干线槽长度计算、分支线槽长度计算；

③双绞线的规格及用量计算；

④材料清单及预算表。

（2）水平子系统布线结构图（每个楼层应该有一张）。

任务1　新校区第六宿舍楼水平子系统设计方案书

1. 总体设计

（1）依据

国家、行业及地方标准和规范：

GB50311-2007 综合布线系统工程设计规范

GB50312-2007 综合布线系统工程验收规范

YD/T9262001 大楼通信综合布线系统行业标准

JGJ/T16-92 民用建筑电气设计规范

GBJ42-81 工业企业通信设计规范

GBJ79-85 工业设计通信接地设计规范

国际技术标准、规范：
ISO/IEC11801:2002 建筑物综合布线规范
EIA/TIA-568B 商务建筑物电信布线标准
EIA/TIA-569 商务建筑物电信布线路由标准
EIA/TIA-606B 商务建筑物电信基础设施管理标准

（2）楼宇的基本情况介绍

该建筑是女生公寓，一共7层楼，每层楼大致40个房间，包括寝室、值班室、洗衣间、清洁间、电强弱间等，每一层楼都有两个网络管理间。

（3）设计等级

数据与语音都采用D类设计级别。

2. 主要材料

双绞线，电话线，线槽，线管。

3. 路由设计

（1）主设备间或垂井的位置

主设备间和垂井在一楼6104旁边，二楼的管理间和垂井在6204旁边，三楼的管理间和垂井在6304旁边，四楼的管理间和垂井在6404旁边，五楼的管理间和垂井在6504旁边，六楼和七楼的管理间和垂井在6604旁边。

（2）布线方法

走廊采用天花板内布线方法，房间里面采用墙面PVC线管布线方法。

（3）房间内部走线图

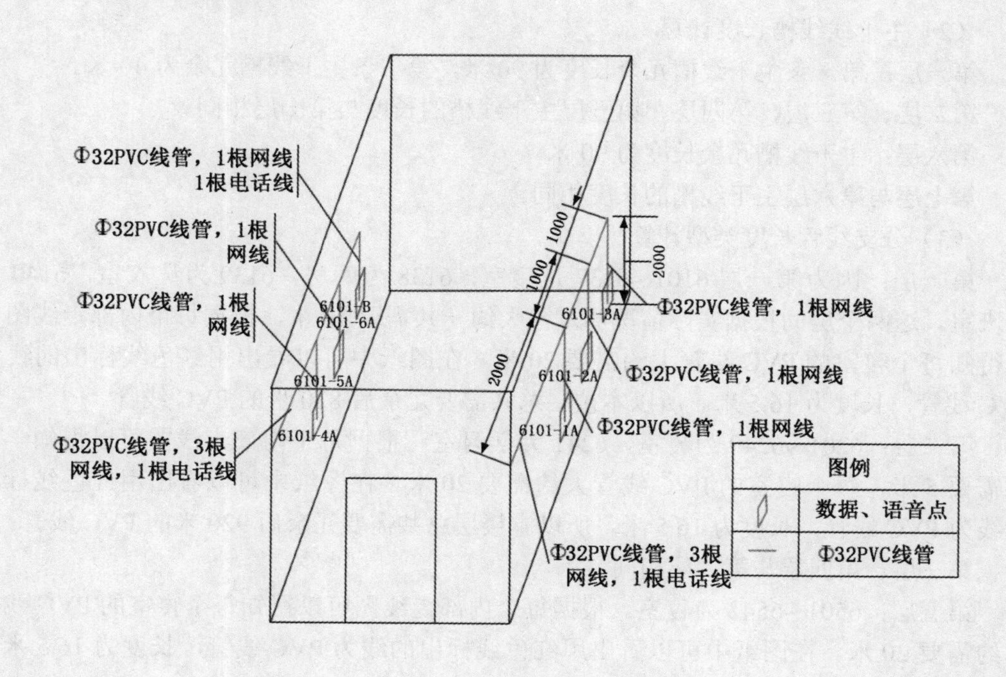

4. 计算每一层楼的线管规格和双绞线的长度

（1）线槽规格计算

第一层：6101～6137 是寝室，6138 为库房，6139 为洗衣室，6140 为值班室。每间寝室有 6 个数据点，1 个语音点；值班室有 1 个数据点，1 个语音点。共计数据点 223 个，语音点 38 个。

主干线槽分为两种，180 根数据线的使用规格为 150*100 长 90 米和 43 根数据线的使用规格为 60*60 长 40 米的桥架。分支到每个房间的线管用规格为 ϕ32PVC 的线管。

第二层：6201～6240 为寝室，6241 为学习室。每间寝室有 6 个数据点，1 个语音点；学习室有 1 个数据点，1 个语音点。共计数据点 241 个，语音点 41 个。

主干线槽分为两种，180 根数据线的使用规格为 150*100 长 90 米和 61 根数据线的使用规格为 51*100、长 40 米的桥架。分支到每个房间的线管用规格为 ϕ32PVC 的线管。

第三层、第四层和第二层相同。

第五层：房间结构与第二层一样，只是把学习室变成寝室。每间寝室有 6 个数据点，1 个语音点。共计数据点 252 个，语音点 42 个。

主干线槽分为两种，180 根数据线的使用规格为 150*100 长 90 米和 43 根数据线的使用规格为 55*100 长 40 米的桥架。分支到每个房间的线管用规格为 ϕ32PVC 的线管。

第六层：6601～6626 为寝室。每间寝室有 6 个数据点，1 个语音点，共计数据点 156 个，语音点 26 个。

主干线槽分为两种，180 根数据线的使用规格为 150*100 长 90 米的桥架。分支到每个房间的线管用规格为 ϕ32PVC 的线管。

第七层：与第六层相同。

（2）主干线线槽长度计算

第一层：第一条主干线槽冗余长度为 90 米，第二条主干线槽冗余为 40 米。

第二层、第三层、第四层、第五层主干线槽的长度与第一层相同。

第六层：主干线槽冗余长度为 90 米。

第七层与第六层主干线槽的长度相同。

（3）分支线管长度类型计算

第一层：因为第一层 6101～6137 是寝室，6138 为库房，6139 为洗衣室，6140 为值班室。这两个房间根据实际情况测量，大约一共需要 10 米，根据每个内部走线图可以得知每个寝室的 PVC 线管大约需要 20 米。在图纸中可以看出用红色线标出的线为 PVC 线管，长度为 16.5 米。所以本楼层总共需要冗余后 820 米的 PVC 线管。

第二层：6201～6240 为寝室，6241 为学习室。根据每个内部走线图可以得知学习室需要 5 米，每个寝室的 PVC 线管大约需要 20 米。在图纸中可以看出用红色线标出的线为 PVC 线管，长度为 16.5 米。所以本楼层总共需要冗余后 920 米的 PVC 线管。

第三层、第四层与第二层相同。

第五层：6501～6542 为寝室。根据每个内部走线图可以得知每个寝室的 PVC 线管大约需要 20 米。在图纸中可以看出用红色线标出的线为 PVC 线管，长度为 16.5 米。所以本楼层总共需要冗余后 944 米的 PVC 线管。

第六层：6601～6626 为寝室。根据每个内部走线图可以得知每个寝室的 PVC 线管大约需要 20 米。在图纸中可以看出用红色线标出的线为 PVC 线管，长度为 16.5 米。所以本楼层总共需要冗余后 636 米的 PVC 线管。

第七层：与第六层相同。

5. 双绞线的规格及用量计算

（1）数据线

据公式 C=[0.55×(L+S)+6]×n 可以算出每层楼的双绞线用量，根据水平子系统设计图纸可以得知距离垂井或者设备间

最远的数据点是：6130-3A，因此，L=83.8 米；

最近的数据点是：6103-6A，因此，S=10.3 米；

最远的语音点是：6130-B，因此，L=79.8 米；

最近的语音点是：6103-B，因此，S=10.3 米；

第一层共有 223 个数据点。

所以，第一层总共需要数据线 C=[0.55×(83.8+10.3)+6]×223=12879.365 米。

第二层至第四层，因为每层都有 241 个数据点，总共有 723 个数据点。

所以总共需要数据线 C=[0.55×(83.8+10.3)+6]×723=41756.865 米。

第五层共有 252 个数据点。

所以，第五层总共需要数据线 C=[0.55×(83.8+10.3)+6]×252=14554.26 米。

第六层、第六层结构相同，每层有 156 个数据点，共有 312 个数据点。

所以，第六层、第七层总共需要数据线 C=[0.55×(83.8+10.3)+6]×312=18019.56 米。

（2）语音线

根据水平子系统设计图纸可以得知距离垂井或者设备间

第一层共 38 个语音点，所以共需语音线 C=[0.55×(79.8+10.3)+6]×38=2111.09 米。

第二层、第三层、第四层结构相同，每层有 41 个语音点，共有 123 个语音点，所以共需语音线 C=[0.55×(79.8+10.3)+6]×123=6833.265 米。

第五层共有 42 个语音点，所以共需语音线 C=[0.55×(79.8+10.3)+6]×42=2333.31 米。

第六层、第七层结构相同，每层有 26 个语音点，共有 52 个语音点，所以共需语音线 C=[0.55×(79.8+10.3)+6]×52=2888.86 米。

综上所述，在考虑 10% 冗余情况下，第 6 宿舍楼一共需要数据线 95931 米，语音线 15583 米。

6. 材料清单

材料	桥架				ϕ32PVC 线管	5e 双绞线	5e 语音线
	55*100	150*100	60*60	51*100			
单价(元)	40	45	30	35	2	1	1
数量(米)	40	630	40	120	5796	95931	15583
合计(元)	160	28350	1200	4200	11592	95931	15583
总计(元)	157016						

任务 2　新校区第一教学楼一楼水平子系统布线结构图

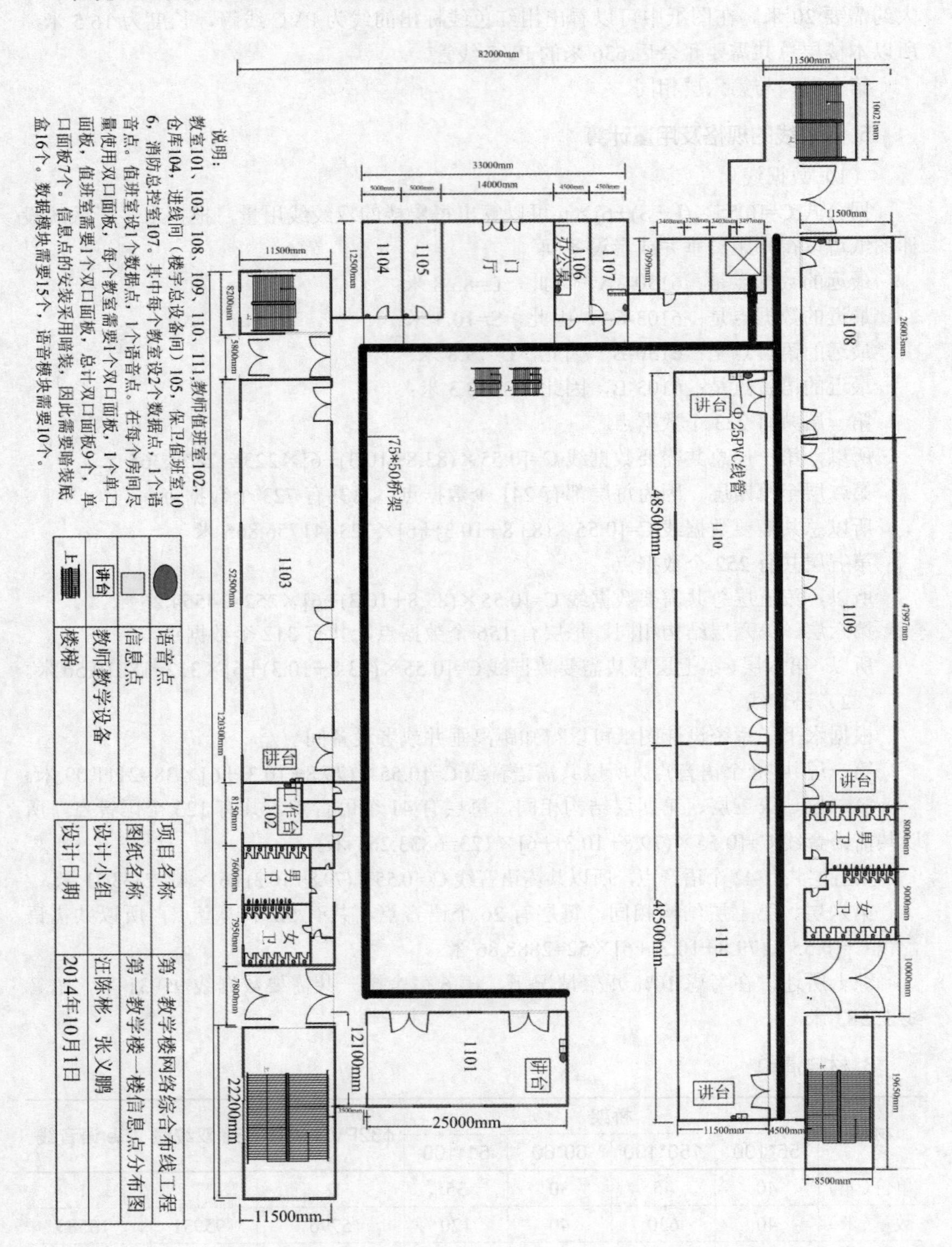

3.2 水平子系统施工

【项目描述】

水平子系统施工中的主要任务是在能识别各类线槽、线管及相应附件的基础上，熟练掌握线槽敷设技术、线缆牵引技术；能熟练完成配管的敷设、线槽配线敷设、吊顶内布线、天花板内敷设、地板下布线、墙面布线等水平子系统敷设方法。

【相关知识】

3.2.1 线槽的分类、型号及附件

金属槽由槽底和槽盖组成，每根槽一般长度为2m，槽与槽连接时使用相应尺寸的铁板和螺丝固定，槽的外型如图3.12所示。

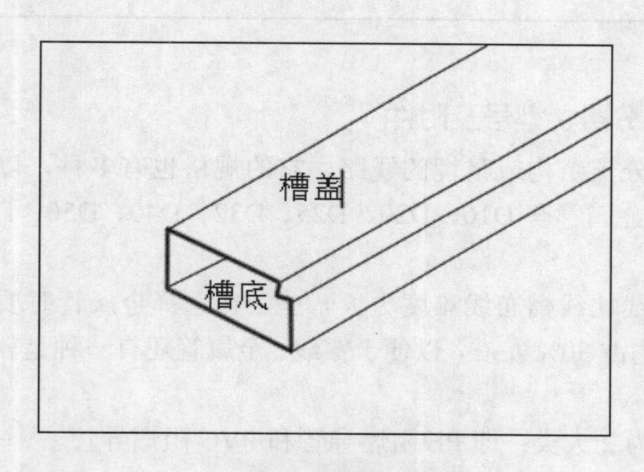

图3.12 槽的外形

在综合布线系统中一般使用的金属槽的规格有：50×100mm、100×100mm、100×200mm、100×300mm、200×400mm等多种。

塑料槽的外状与图3.12类似，但它的品种规格更多，从型号上讲：有PVC-20系列、PVC-25系列、PVC-25F系列、PVC-30系列、PVC-40系列、PVC-40Q系列等；从规格上讲：有20×12、25×12.5、25×25、30×15、40×20等。

与PVC槽配套的附件有：阳角、阴角、直转角、平三通、左三通、右三通、连接头、终端头、接线盒（暗盒、明盒）等，外型如表3.5所示。

表 3.5　槽配套附件表

产品名称	图例	产品名称	图例	产品名称	图例
阳角		平三通		连接头	
阴角		直转角		终端头	
阳角		平三通		连接头	
阴角		顶三通		终端头	
直转角		左三通		接线盒插口	
		右三通		灯头盒插口	

3.2.2　线管的分类、型号及附件

金属管是用于分支结构或暗埋的线路，它的规格也有多种，以外径 mm 为单位。工程施工中常用的金属管有 D16、D20、D25、D32、D40、D50、D63、D25、D110 等规格。

在金属管内穿线比线槽布线难度更大一些，在选择金属管时要注意管径选择大一点，一般管内填充物占 30% 左右，以便于穿线。金属管还有一种是软管（俗称蛇皮管），供弯曲的地方使用。

塑料管产品分为 2 大类：即 PE 阻燃导管和 PVC 阻燃导管。

PE 阻燃导管是一种塑制半硬导管，按外径有 D16、D20、D25、D32 等 4 种规格。外观为白色，具有强度高、耐腐蚀、挠性好、内壁光滑等优点，明、暗装穿线兼用，它还以盘为单位，每盘重为 25 公斤。

PVC 阻燃导管是以聚氯乙稀树脂为主要原料，加入适量的助剂，经加工设备挤压成型的刚性导管，小管径 PVC 阻燃导管可在常温下进行弯曲，便于用户使用。按外径有 D16、D20、D25、D32、D40、D45、D63、D25、D110 等规格。

与 PVC 管安装配套的附件有：接头、螺圈、弯头、弯管弹簧；一通接线盒、二通接线盒、三通接线盒、四通接线盒、开口管卡、专用截管器、PVC 胶合剂等。

3.2.3　PVC塑料管与塑料槽的敷设

PVC管一般用于在工作区暗埋线槽，操作时要注意两点：

- 管转弯时，弯曲半径要大，便于穿线；
- 管内穿线不宜太多，要留有50%以上的空间。

塑料槽的敷设从理论上讲类似金属槽，但操作上还有所不同，具体表现为三种方式：

- 在天花板吊顶打吊杆或托式桥架；
- 在天花板吊顶外采用托架桥架敷设；
- 在天花板吊顶外采用托架加配定槽敷设。

采用托架时，一般在1m左右安装一个托架，固定槽时一般1m左右安装固定点，固定点是指把槽固定的地方，根据槽的大小我们建议：

25×20~25×30规格的槽，一个固定点应有2~3个固定螺丝，并水平排列。

25×30以上规格的槽，一个固定点应有3~4个固定螺丝，呈梯形状，使槽受力点分散分布。

除了固定点外应每隔1m左右钻2个孔，用双绞线穿入，待布线结束后，把所布的双绞线捆扎起来。

水平干线、垂直干线布槽的方法是一样的，差别在一个是横布槽一个是竖布槽。在水平干线与工作区交接处不易施工时，可采用金属软管（蛇皮管）或塑料软管连接。

【阅读材料】

1. 槽的线缆敷设

在水平子系统施工规范中，对槽的线缆敷设一般有4种方法。

（1）采用电缆桥架或线槽和预埋钢管结合的方式

①电缆桥架宜高出地面2.2m以上，桥架顶部距顶棚或其他障碍物不应小于0.3m，桥架宽度不宜小于0.1m，桥架内横断面的填充率不应超过50%。

②在电缆桥架内缆线垂直敷设时，在缆线的上端应每间隔1.5m左右固定在桥架的支架上；水平敷设时，在缆线的首、尾、拐弯处每间隔2~3m处进行固定。

③电缆线槽宜高出地面2.2m。在吊顶内设置时，槽盖开启面应保持80mm的垂直净空，线槽截面利用率不应超过50%。

④水平布线时，布放在线槽内的缆线可以不绑扎，槽内缆线应顺直，尽量不交叉，缆线不应溢出线槽，在缆线进出线槽部位和拐弯处应绑扎固定。垂直线槽布放缆线应每间隔1.5m固定在缆线支架上。

⑤在水平、垂直桥架和垂直线槽中敷设线时，应对缆线进行绑扎。绑扎间距不宜大于1.5m，间距应均匀，松紧适度。

预埋钢管如图 3.13 所示，它结合布放线槽的位置进行。

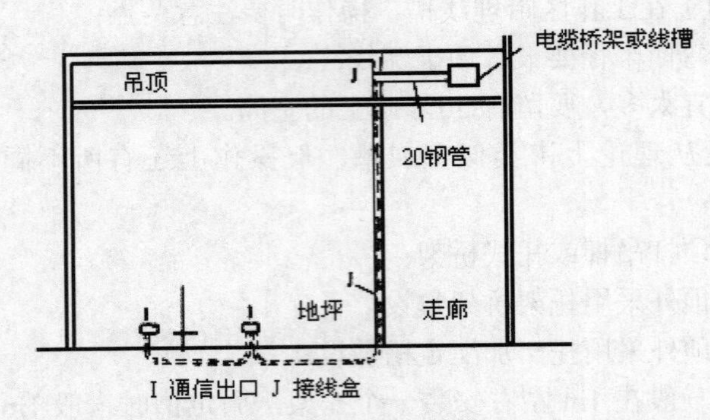

图 3.13　电缆桥架或线槽和预埋钢管结合进行的方式

设置缆线桥架和缆线槽支撑保护要求：

①水平敷设时，支撑间距一般为 1～1.5m；垂直敷设时，固定在建筑物构体上的间距宜小于 1.5m。

②金属线槽敷设时，在下列情况下设置支架或吊架：线槽接头处；间距 1～1.5m；离开线槽两端口 0.5m 处；拐弯转角处。

③塑料线槽槽底固定点间距一般为 0.8～1m。

（2）预埋金属线槽支撑保护方式

①建筑物中预埋线槽可视不同尺寸，按一层或两层设置，应至少预埋两根以上，线槽截面高度不宜超过 25mm。

②线槽直埋长度超过 6m 或在线槽路由交叉、转变时宜设置拉线盒，以便于布放缆线和维修。

③线盒盖应能开启，并与地面齐平，盒盖处应采取防水措施。

④线槽宜采用金属管引入分线盒内。

预埋金属线槽方式如图 3.14 所示。

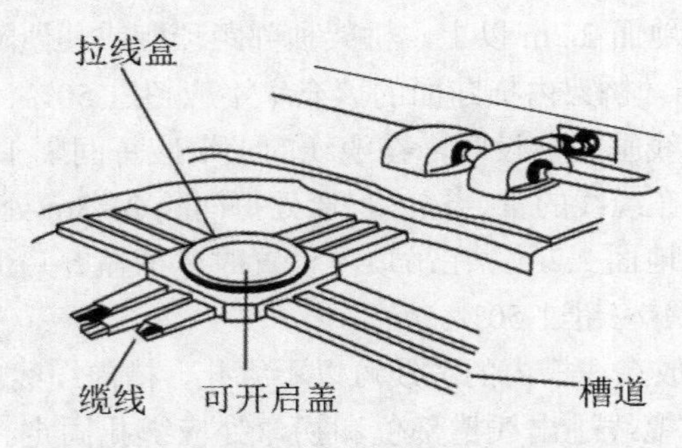

图 3.14　预埋金属线槽方式示意图

（3）预埋暗管支撑保护方式

①宜采用金属管，预埋在墙体中间的暗管内径不宜超过 50mm；楼板中的暗管内径

宜为15~25mm。在直线布管30m处应设置暗箱等装置。

②管的转弯角度应大于90℃，在路径上每根暗管的转弯点不得多于两个，并不应有S弯出现。在弯曲布管时，在每间隔15m处应设置暗线箱等装置。

③管转变的曲率半径不应小于该管外径的6倍，如暗管外径大于50mm时，不应小于10倍。

④暗管管口应光滑，并加有绝缘套管，管口伸出部位应为25~50mm。

（4）格形线槽和沟槽结合的保护方式

①沟槽和格形线槽必须勾通。

②槽盖板可开启，并与地面齐平，盖板和插座出口处应采取防水措施。

③沟槽的宽度宜小于600mm。

④格形线槽与沟槽的构成如图3.15所示。

图3.15　格形线槽与沟槽构成示意图

⑤铺设活动地板敷设缆线时，活动地板内净空不应小于150mm，活动地板内如果作为通风系统的风道使用时，地板内净高不应小于300mm。

⑥采用公用立柱作为吊顶支撑时，可在立柱中布放缆线，立柱支撑点宜避开沟槽和线槽位置，支撑应牢固。公用立柱布线方式如图3.16所示。

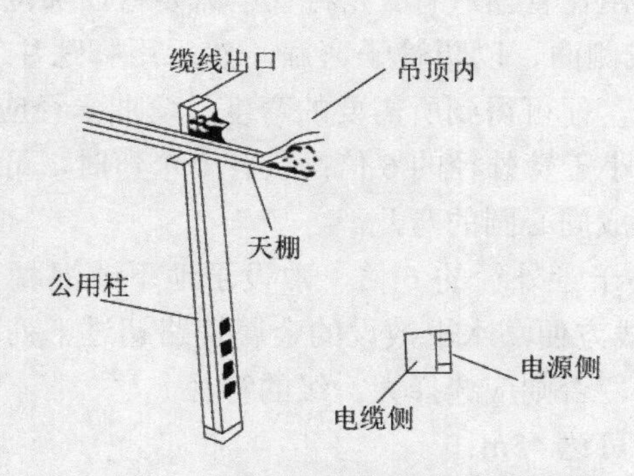

图3.16　公用立柱布线缆线方式示意图

⑦不同种类的缆线布线在金属槽内时，应同槽分隔（用金属板隔开）布放。金属线槽接地应符合设计要求。

2. 金属管的敷设

（1）金属管的加工

综合布线工程使用的金属管应符合设计文件的规定，表面不应有穿孔、裂缝和明显的凹凸不平，内壁应光滑，不允许有锈蚀。在易受机械损伤的地方和在受力较大处直埋时，应采用足够强度的管材。

金属管的加工应符合下列要求：

- 为了防止在穿电缆时划伤电缆，管口应无毛刺和尖锐棱角。
- 为了减小直埋管在沉陷时管口处对电缆的剪切力，金属管口宜做成喇叭形。
- 金属管在弯制后，不应有裂缝和明显的凹瘪现象。弯曲程度过大，将减小金属管的有效管径，造成穿设电缆困难。
- 金属管的弯曲半径不应小于所穿入电缆的最小允许弯曲半径。
- 镀锌管锌层剥落处应涂防腐漆，可增加使用寿命。

（2）金属管切割套丝

在配管时，应根据实际需要长度，对管子进行切割。管子的切割可使用钢锯、管子切割刀或电动机切管机，严禁用气割。

管子和管子连接，管子和接线盒、配线箱的连接，都需要在管子端部进行套丝。焊接钢管套丝，可用管子铰板（俗称代丝）或电动套丝机；硬塑料管套丝，可用圆丝板。

套丝时，先将管子在管子压力上固定压紧，然后再套丝。若利用电动套丝机，可提高工效。套完丝后，应随时清扫管口，将管口端面和内壁的毛刺用锉刀锉光，使管口保持光滑，以免割破线缆绝缘护套。

（3）金属管弯曲

在敷设金属管时应尽量减少弯头。每根金属管的弯头不应超过 3 个，直角弯头不应超过 2 个，并不应有 S 弯出现。弯头过多，将造成穿电缆困难。对于较大截面的电缆不允许有弯头。当实际施工中不能满足要求时，可采用内径较大的管子或在适当部位设置拉线盒，以利线缆的穿设。

金属管的弯曲一般都用弯管器进行。先将管子需要弯曲部位的前段放在弯管器内，焊缝放在弯曲方向背面或侧面，以防管子弯扁，然后用脚踩住管子，手扳弯管器进行弯曲，并逐步移动弯管器，便可得到所需要的弯度。弯曲半径应符合下面的要求。

一是明配时，一般不小于管外径的 6 倍；只有一个弯时，可不小于管外径的 4 倍；整排钢管在转弯处，宜弯成同心圆的弯儿。

二是暗配时，不应小于管外径的 6 倍，敷设于地下或混凝土楼板内时，不应小于管外径的 10 倍。为了穿线方便，水平敷设的金属管路超过下列长度并弯曲过多时，中间应增设拉线盒或接线盒，否则应选择大一级的管径。

管子无弯曲时，长度可达 45m；

管子有 1 个弯时，直线长度可达 30m；

管子有 2 个弯时，直线长度可达 20m；

管子有 3 个弯时，直线长度可达 12m；

当管子直径超过 50mm 时，可用弯管机或热煨法。

暗管管口应光滑，并加有绝缘套管，管口伸出部位应为 25~50mm。

（4）金属管的连接

金属管连接应牢固，密封应良好，两管口应对准。套接的短套管或带螺纹的管接头的长度不应小于金属管外径的 2.2 倍。金属管的连接采用短套接时，施工简单方便；采用管接头螺纹连接则较为美观，能保证金属管连接后的强度。无论采用哪一种方式均应保证牢固、密封。

金属管进入信息插座的接线盒后，暗埋管可用焊接固定，管口进入盒的露出长度应小于 5mm。明设管应用锁紧螺母或管帽固定，露出锁紧螺母的丝扣为 2~4 扣。

引至配线间的金属管管口位置，应便于与线缆连接。并列敷设的金属管管口应排列有序，便于识别。

（5）金属管暗敷

金属管暗敷应符合下列要求：

- 预埋在墙体中间的金属管内径不宜超过 50mm，楼板中的管径宜 15~25mm，直线布管 30m 处设置暗线盒。
- 敷设在混凝土、水泥里的金属管，其地基应坚实、平整，不应有沉陷，以保证敷设后的线缆安全运行。
- 金属管连接时，管孔应对准，接缝应严密，不得有水和泥浆渗入。管孔对准无错位，以免影响管路的有效管理，保证敷设线缆时穿设顺利。
- 金属管道应有不小于 0.1% 的排水坡度。
- 建筑群之间金属管的埋没深度不应小于 0.8m；在人行道下面敷设时，不应小于 0.5m。
- 金属管内应安置牵引线或拉线。
- 金属管的两端应有标记，表示建筑物、楼层、房间和长度。

（6）金属管明敷

金属管应用卡子固定。这种固定方式较为美观，且在需要拆卸时方便拆卸。金属的支撑点间距，有设计要求时应按照规定设计；无设计要求时不应超过 3m。在距接线盒 0.3m 处，用管卡将管子固定。在弯头的地方，弯头两边也应用管卡固定。

（7）光缆与电缆同管敷设时，应在暗管内预置塑料子管。将光缆敷设在子管内，使光缆和电缆分开布放。子管的内径应为光缆外径的 2.5 倍。

3. 金属槽的敷设

金属桥架多由厚度为 0.4~1.5mm 的钢板制成。与传统桥架相比，具有结构轻、强度高、外型美观、无需焊接、不易变形、连接款式新颖、安装方便等特点，它是敷设线缆的理想配套装置。

金属桥架分为槽式和梯式两类。槽式桥架是指由整块钢板弯制而成的槽形部件；梯式桥架是指由侧边与若干个横档组成的梯形部件。桥架附件是用于直线段之间、直线段与弯通之间连接所必需的连接固定或补充直线段、弯通功能部件。支、吊架是指直接支承桥架的部件，它包括托臂、立柱、立柱底座、吊架以及其他固定用支架。

为了防止金属桥架腐蚀，其表面可采用电镀锌、烤漆、喷涂粉末、热浸镀锌、镀镍锌合金纯化处理或采用不锈钢板。我们可以根据工程环境、重要性和耐久性，选择适宜的防腐处理方式。一般腐蚀较轻的环境可采用镀锌冷轧钢板桥架；腐蚀较重的环境可采用镀镍锌合金纯化处理桥架，也可采用不锈钢桥架。综合布线中所用线缆的性能，对环境有一定的要求。为此，我们在工程中常选用有盖无孔型槽式桥架（简称线槽）。

（1）线槽安装。安装线槽应在土建工程基本结束以后，与其他管道（如风管、给排水管）同步进行，也可比其他管道稍迟一段时间安装。但尽量避免在装饰工程结束以后进行安装，造成敷设线缆的困难。安装线槽应符合下列要求：

- 线槽安装位置应符合施工图规定，左右偏差视环境而定，最大不超过 50mm。
- 线槽水平度每米偏差不应超过 2mm。
- 垂直线槽应与地面保持垂直，并无倾斜现象，垂直度偏差不应超过 3mm。
- 线槽节与节间用接头连接板拼接，螺丝应拧紧。两线槽拼接处水平偏差不应超过 2mm。
- 当直线段桥架超过 30m 或跨越建筑物时，应有伸缩缝，其连接宜采用伸缩连接板。
- 线槽转弯半径不应小于其槽内的线缆最小允许弯曲半径的最大者。
- 盖板应紧固，并且要错位盖槽板。
- 支吊架应保持垂直、整齐、牢固，无歪斜现象。

为了防止电磁干扰，宜用辫式铜带把线槽连接到其经过的设备间或楼层配线间的接地装置上，并保持良好的电气连接。

（2）水平子系统线缆敷设支撑保护。预埋金属线槽支撑保护要求：

在建筑物中预埋线槽可为不同的尺寸，按一层或两层设备，应至少预埋两根以上，线槽截面高度不宜超过 25mm。

线槽直埋长度超过 15m 或在线槽路由交叉、转变时宜设置拉线盒，以便布放线缆和维护。接线盒盖应能开启，并与地面齐平，盒盖处应采取防水措施。线槽宜采用金属引入分线盒内。

设置线槽支撑保护要求：

水平敷设时，支撑间距一般为 1.5~2m；垂直敷设时，固定在建筑物构体上的间距宜小于 2m。

金属线槽敷设时，在下列情况下应设置支架或吊架。

- 线槽接头处；
- 间距 1.5~2m；
- 离开线槽两端口 0.5m 处；
- 转弯处。

塑料线槽底固定点间距一般为 1m。

（3）在活动地板下敷设线缆时，活动地板内净空不应小于150mm。如果活动地板内作为通风系统的风道使用时，地板内净高不应小于300mm。

（4）采用公用立柱作为吊顶支撑柱时，可在立柱中布放线缆。立柱支撑点宜避开沟槽和线槽位置，支撑应牢固。

（5）在工作区的信息点位置和线缆敷设方式未定的情况下，或在工作区采用地毯下布放线缆时，在工作区宜设置交接箱，每个交接箱的服务面积约为80cm^2。

（6）不同种类的线缆布放在金属线槽内，应同槽分室（用金属板隔开）布放。

（7）采用格形楼板和沟槽相结合时，敷设线缆支槽保护要求：

- 沟槽和格形线槽必须沟通。
- 沟槽盖板可开启，并与地面齐平，盖板和信息插座出口处应采取防水措施。
- 沟槽的宽度宜小于600mm。

4. 线缆牵引工艺实施

用一条拉线（通常是一条绳）或一条软钢丝绳将线缆牵引穿过墙壁管路、天花板和地板管路。所用的方法取决于要完成作业的类型、线缆的质量、布线路由的难度（例如：在具有硬转弯的管道中布线要比在直管道中布线难），还与管道中要穿过的线缆的数目有关，在已有线缆的拥挤的管道中穿线要比空管道难。

不管在哪种场合都应遵循一条规则：使拉线与线缆的连接点尽量平滑，所以要采用电工胶带紧紧地缠绕在连接点外面，以保证平滑和牢固。

（1）牵引“4对”线缆

标准的“4对”线缆很轻，通常不要求做更多的准备，只要将它们用电工带子与拉绳捆扎在一起就行了。

如果牵引多条“4对”线穿过一条路由，可用下列方法：

①将多条线缆聚集成一束，并使它们的末端对齐；

②用电工带或胶布紧绕在线缆束外面，在末端外绕50～100mm长就行了，如图3.17所示；

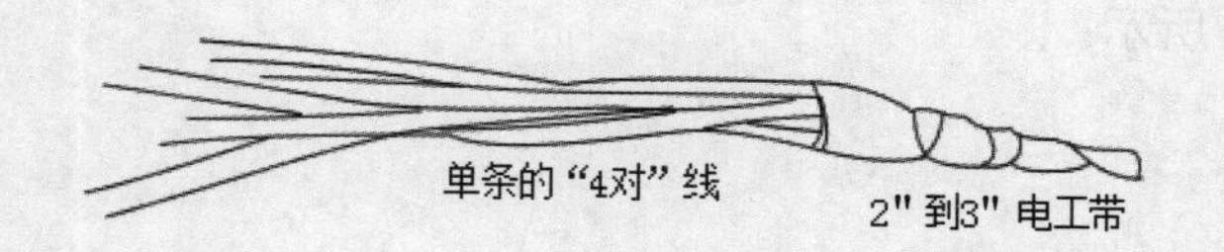

图3.17　牵引线——将多条“4对”线缆的末端缠绕在电工带上

③将拉绳穿过电工带缠好的线缆，并打好结，如图3.18所示。

如果在拉线缆过程中，连接点散开了，则要收回线缆和拉绳重新制作更牢固的连接，为此，可以采取下列一些措施：

①除去一些绝缘层以暴露出50～100mm的裸线，如图3.19所示；

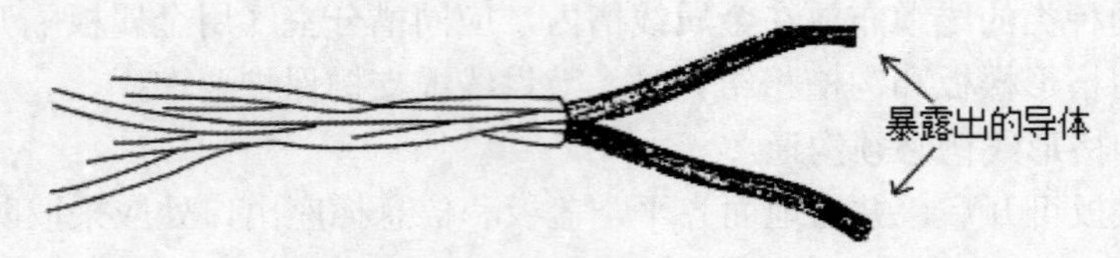

图 3.18　牵引线缆——固定拉绳

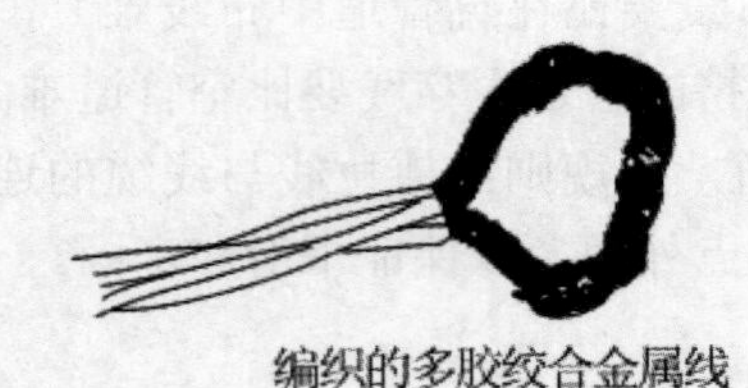

图 3.19　牵引线缆——留出裸线

②将裸线分成两条；

③将两条导线互相缠绕起来形成环，如图 3.20 所示；

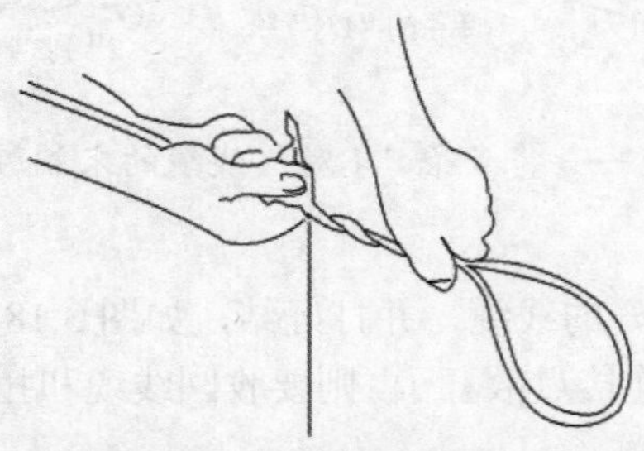

图 3.20　牵引线——编织导线以建立一个环供连接拉绳用

④将拉绳穿过此环，并打结，然后将电工带缠到连接点周围，要缠得结实和不滑。

（2）牵引单条“25 对”电缆

对于单条的“25 对”线，可用下列方法：

①将电缆向后弯曲以便建立一个环，直径约 150~300mm，并使电缆末端与电缆本身绞紧，如图 3.21 所示；

图 3.21　牵引单条线缆——建立环

②用电工带紧紧地缠在绞好的电缆上，以加固此环，如图 3.22 所示；

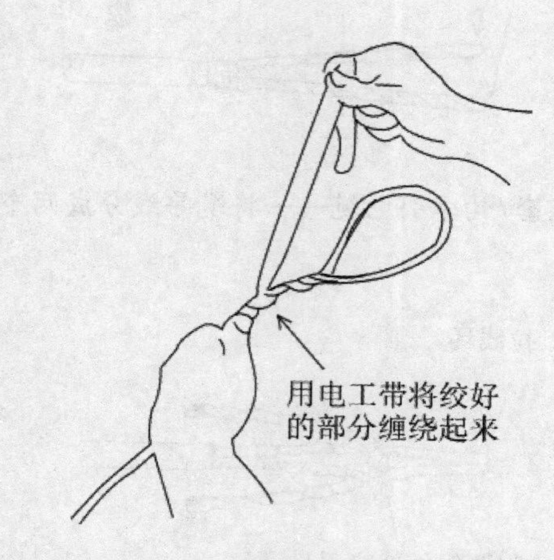

图 3.22　牵引单条线缆——用电工带加固环

③把拉绳拉接到缆环上，如图 3.23 所示；

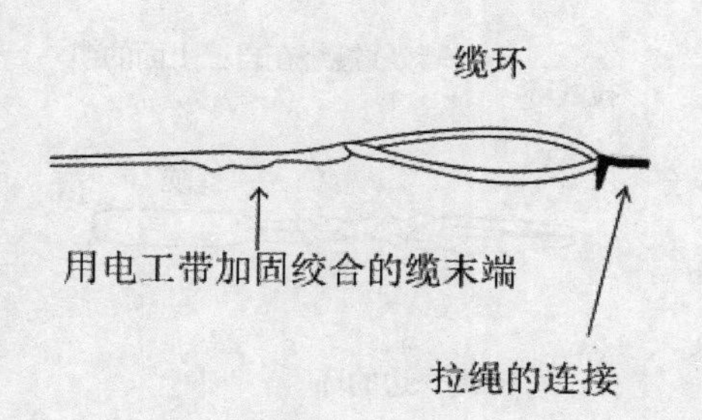

图 3.23　牵引单条线缆——将拉绳连接到缆环上去

④用电工带紧紧地将连接点包扎起来。

（3）牵引多条“25 对”或“更多对”线缆

这可采用一种称为芯（a core kiteh）的连接，这种连接是非常牢固的，它能用于“几百对”的缆上，为此执行下列过程：

①剥除约 30cm 的缆护套，包括导线上的绝缘层；

②使用针口钳将线切去，留下约 12 根（一打）；

③将导线分成两个绞线组，如图 3.24 所示；

④将两组绞线交叉地穿过拉绳的环，在缆的那侧建立一个闭环，如图 3.25 所示；

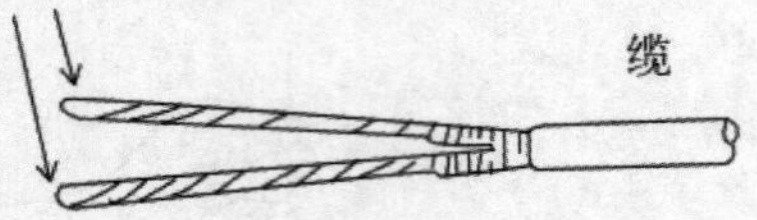

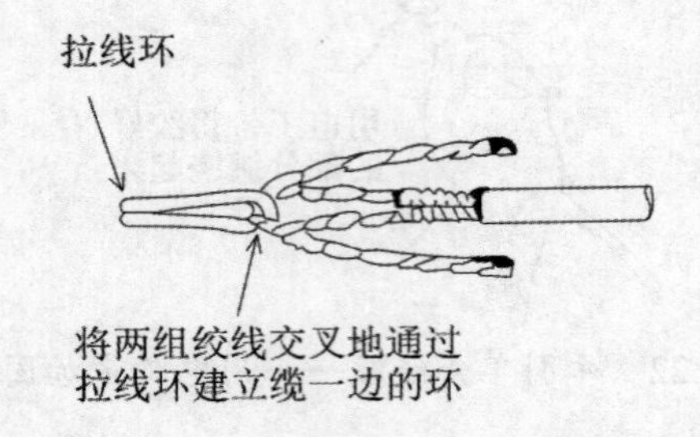

图 3.24　用一个芯套/钩牵引电缆——将缆导线分成两个均匀的绞线组

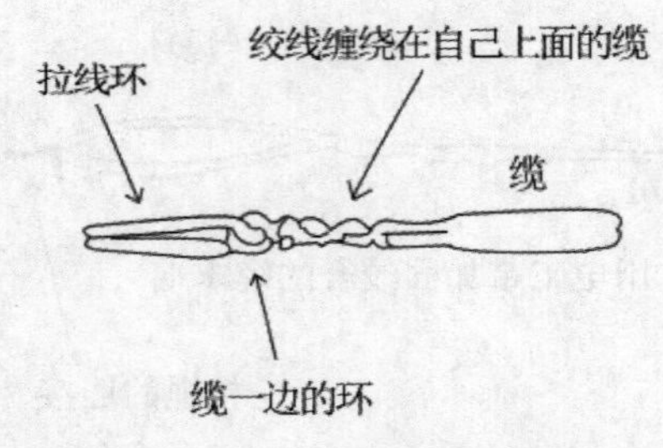

图 3.25　用一个芯套/钩牵引电缆——通过拉线环馈送绞线组

⑤将缆一端的线缠绕在一起以使环封闭，如图 3.26 所示；

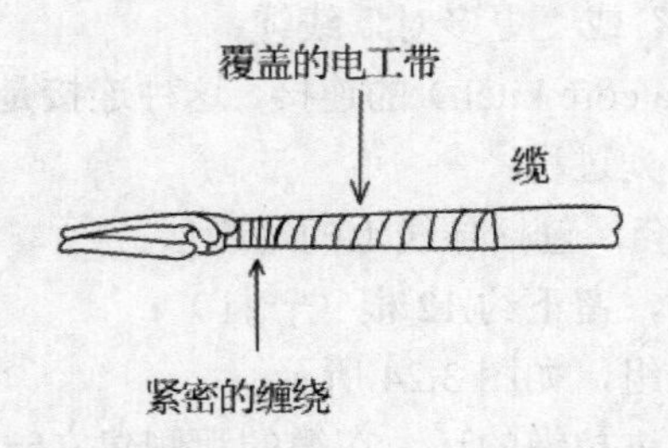

图 3.26　用一个芯套/钩牵引电缆——用绞线缠绕在自己上面的方法来关闭缆环

⑥用电工带紧紧地缠绕在缆周围，覆盖长度约是环直径的 3~4 倍，然后继续再绕上一段，如图 3.27 所示。

图 3.27　用一个芯套/钩牵引电缆——用电工带紧密缠绕建立的芯套/钩

在某些重缆上装有一个牵引眼：在缆上制作一个环，以使拉绳固定在它上面。对于没有牵引眼的主缆，可以使用一个芯/钩或一个分离的缆夹，如图 3.28 所示。将夹子分开缠到缆上，在分离部分的每一半上都有一个牵引眼。当吊缆已经缠在缆上时，可同时牵引两个眼，使夹子紧紧地保持在缆上。

图 3.28 牵引缆——用牵引缆分离吊缆夹

5. 水平子系统中的主要安装工艺实施

（1）线槽配线

如图 3.29 所示，地面线槽方式是将连接间出来的线缆走地面线槽到地面出线盒或由分线盒引出支管到墙上的信息插座。由于地面出线盒和分线盒不依赖于墙或柱体而直接走地面垫层，适合于大开间或需要打隔断的场所。线槽埋设在地面垫层中（垫层厚度应≥ 6.5cm）；每隔 4m~8m 设置一个分线盒或出线盒，强、弱电可以走同路由相邻的线槽，而且可以接到同一出线盒的各自插座。这种方式多用于高档办公楼。

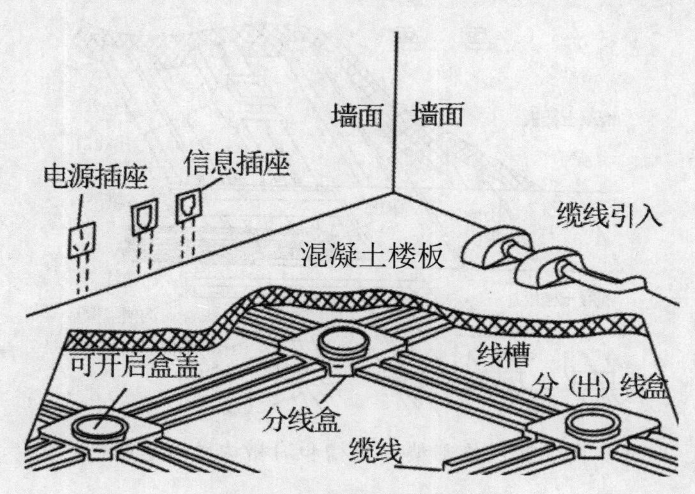

图 3.29 地面金属线槽

预埋暗敷金属线槽的截面利用率应不超过 40%，线槽的数量宜为 2~3 根，宜单层设置，总宽度不宜超过 300mm，截面高度不宜超过 25mm。直线埋设长度超过 6m 或线槽在敷设路由上交叉分支或转弯时，宜设置拉线盒。金属线槽和拉线盒盒盖的表面应与地面齐平，不得凸起高出地面，盒盖及其周围应采取防水和防潮措施，并有一定的抗压功能。与墙壁暗嵌式配线接续设备（如通信引出端的连接）之间应采用金属套管连接法。

对于明敷的线槽或桥架，通常采用粘合剂粘贴或螺钉固定。当线槽（桥架）水平敷设时，应整齐平直，直线段的固定间距不大于 3m，一般为 1.5m~2.0m；垂直敷设时，应排列整齐，横平竖直，紧贴墙体，间距一般宜小于 2m。在线槽（桥架）的接头处、转弯处、离线槽两端的0.5m（水平敷设）或0.3m（垂直敷设）处，应设置支撑构件或悬吊架，以保证线槽（桥架）安装稳定。

金属线槽内有缆线引出管时，引出管材可采用金属管、塑料管或金属软管。金属线槽至通信引出端间的缆线，宜采用金属软管敷设。线槽的屋内距地面1.8m以下部分，应加金属盖板保护。

为了适应不同类型的缆线在同一个金属线槽中的敷设需要，应采用同槽分室敷设方式，用金属板隔开形成不同的空间，在这些空间分别敷设缆线。金属线槽不得在穿越楼板的洞孔或墙体内进行连接，对线槽经过的楼板或墙壁的洞孔应采取防火堵塞密封措施。

金属线槽应有良好的接地系统，并应符合设计要求。线槽间应采用螺栓固定法连接，在线槽的连接处应焊接跨接线。

（2）格形楼板线槽和沟槽相结合

如图3.30所示，格形楼板线槽必须与沟槽沟通，相连成网，适用于大开间或需隔断的场所。沟槽内电缆为主干布线路由，分束引入各预埋线槽，再从线槽上的出口处安装信息插座。不同类型的线缆应分槽或同槽分室（用金属板隔开）布放。

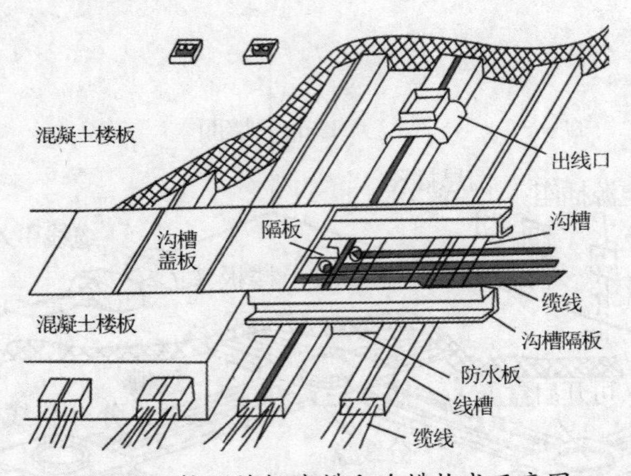

图3.30　格形楼板线槽和沟槽构成示意图

线槽高度不宜超过25mm，宽度不宜过宽，一般不宜大于600mm，主线线槽宽度一般宜在200mm左右；支线线槽宽度不宜小于70mm。沟槽的盖板采用金属材料，可以开启，但必须与地面齐平，其盖板面不得高起凸出地面，盖板四周和通信引出端（信息插座）出口处，应采取防水和防潮措施，以保证通信安全。

（3）吊顶内布线

如图3.31所示，选走吊顶线槽、管道，再走墙体内暗管布线法，用于大型建筑物或布线系统较复杂的场所。尽量将线槽放在走廊的吊顶内，到房间的支管应适当集中在检修孔附近。由于楼层内总是走走廊吊顶，综合布线施工不影响室内装修，且一般走廊处在建筑物的中间位置，布线平均距离最短。

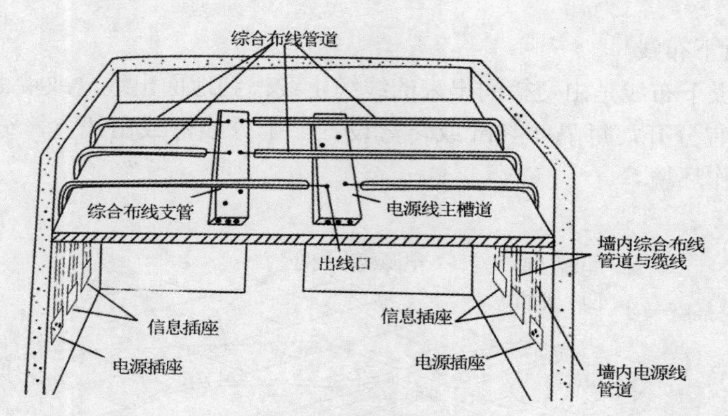

图 3.31 吊顶内布线

（4）天花板内敷设

如图 3.32 所示，天花板上的缆线宜用金属管道或硬质阻燃 PVC 管保护，使用管道时将影响其灵活性。

图 3.32（a）是在天花板内设置集合点（转接点）的分区布线，适用于大开间工作环境，通过集合点将线缆布至各信息插座，集合点宜设在维修孔附近，便于更改与维护。集合点距楼层交接间的距离应大于 15m，其端口数不得超过 12 个。从交接间至集合点的缆线可根据信息插座的数量，用多根 4 对双绞线电缆扎成束。

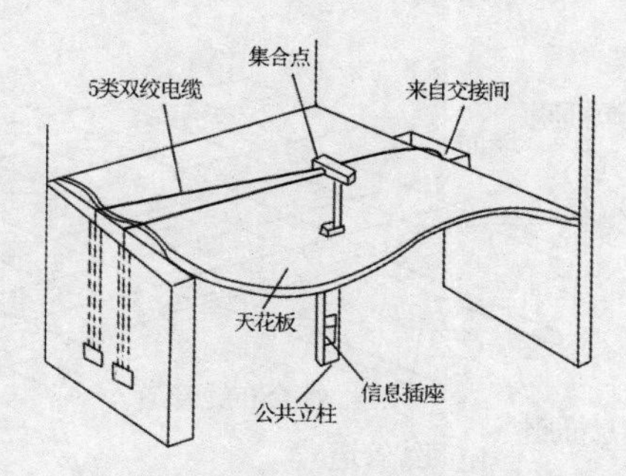

图 3.32（a） 在天花板内设置集合点的分区布线图

图 3.32（b）是在天花板内直接从交接间将一根 5 类双绞线电缆布至各信息插座，可消除来自同一电缆护套中混合信号的干扰，适用于楼层面积不大、信息点不多的一般办公室和家居布线。

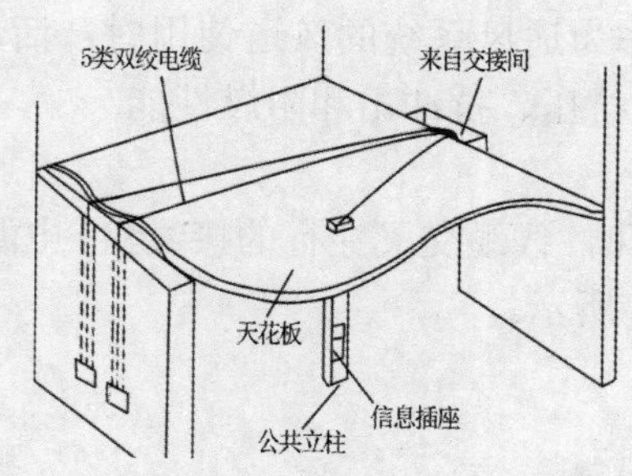

图 3.32（b） 在天花板内直接从交接间将双绞电缆布至各插座

（5）地板下布线

图3.33地板下布线是由交接间出来的线缆走线槽到地面出线盒或墙上的信息插座，强、弱电线槽宜分开，每隔4~8m或转弯设置一个分线盒或出线盒，适用于大型建筑物或大开间工作环境。

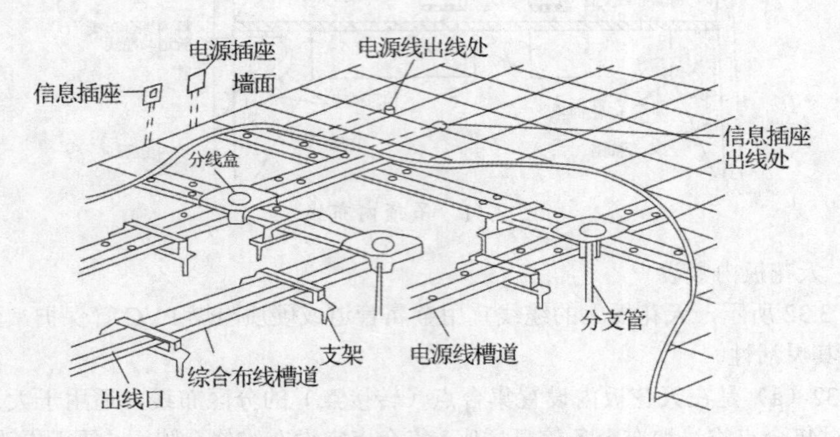

图3.33　地板下布线——线槽布线

图3.34地板下管道布线法适用于普通办公室和家居布线。

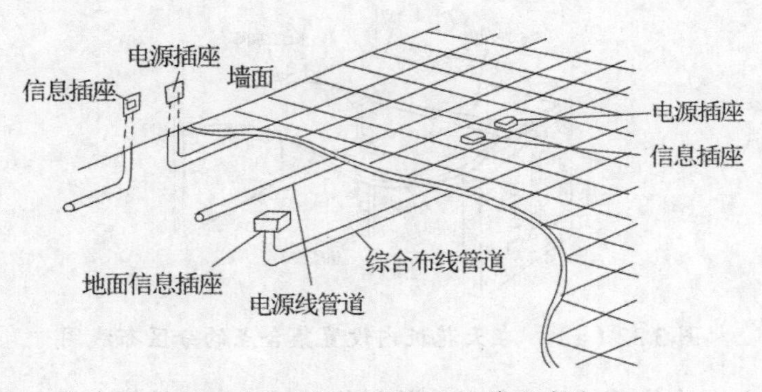

图3.34　地板下布线——管道布线

图3.35活动地板布线降低了房间净空高度，用于机房布线，信息插座和电源插座一般安装在墙面，必要时也可安装于地面或桌面。活动地板内的净空高度应不小于150mm，如活动地板内作为通风系统的风道使用时，活动地板内的净空高度不小于300mm。活动地板块应具有抗压、抗冲击和阻燃性能。

（6）墙面布线

该布线系统由管道或线槽、线缆交叉穿行的接线盒、电源和信息出线盒及配件组成。墙面布线通道剖面如图3.36所示。

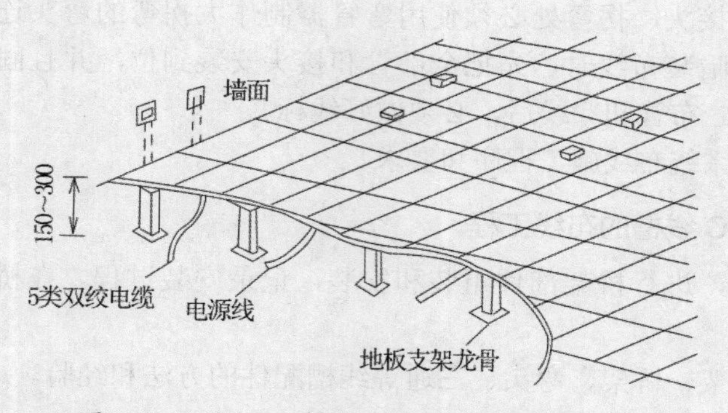

图 3.35 地板下布线——活动地板布线

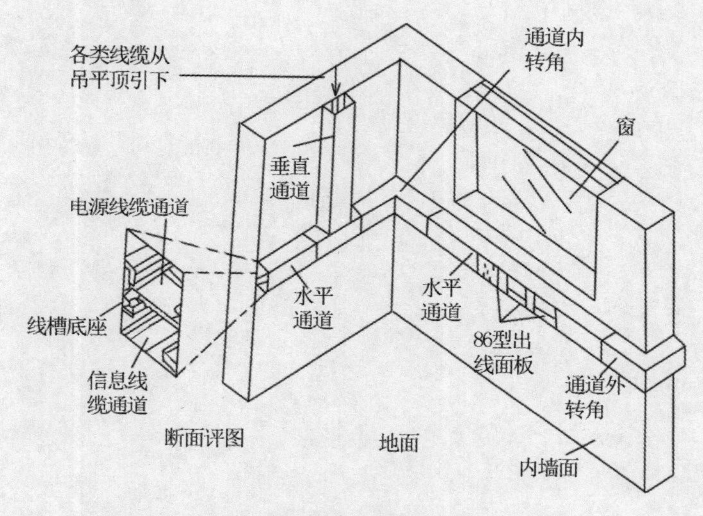

图 3.36 墙面布线通道剖面示意图

【项目实施】

任务 1 制作复杂永久链路

画出要制作的复杂永久链路图。

制作 4 根网络跳线，一端插在测试仪口中，另一端插在配线架 RJ-45 口中。

完成4个网络永久链路的测试，排除出现的开路、短路、跨接等故障，记录测试结果、故障排除情况。

任务 2 PVC 线管的布线工程

根据上节的设计图纸，首先在需要的位置安装管卡。然后安装 PVC 管，两根 PVC

管连接处使用管接头，拐弯处必须使用弯管器制作大拐弯的弯头连接。明装布线时，边布管边穿线。暗装布线时，先把全部管和接头安装到位，并且固定好，然后从一端向另外一端穿线。布管和穿线后，必须做好线标。

总结水平子系统布线施工程序和要求。

任务 3　PVC 线槽的布线工程

按照设计图，进行桥架部件组装和安装，记录安装过程。在桥架内布线，边布线边装盖板。

总结安装支架、桥架、弯头、三通等线槽配件的方法和经验。

第 4 章
垂直子系统

4.1 垂直子系统设计

【项目描述】

本章的主要任务是能够根据实际情况正确选择干线电缆的类型，较好地设计出垂直子系统的路由方案及布线方法，并选择楼层交接间与二级交接间的结合方法，得到网络综合布线总体结构图，还要求能正确计算出干线电缆的长度与类型。

【相关知识】

4.1.1 垂直子系统的设计原则及相关规范

垂直子系统也称骨干（Riser Backbone）子系统或干线子系统，它提供建筑物的干线电缆，负责连接管理间子系统到设备间子系统的子系统，一般使用光缆或大对数的非屏蔽双绞线。

干线子系统的功能是通过建筑物内部的传输电缆，把各个服务接线间的信号传送到设备间，直到传送到最终接口，再通往外部网络。它既要满足当前的需要，又要适应今后的发展。

干线子系统提供建筑物垂直干线电缆的路由。该子系统通常是在两个单元之间，特别是在位于中央节点的公共系统设备处提供多个线路设施。该子系统由所有的布线电缆组成，或由导线和光缆以及将此光缆连到其他地方的相关支撑硬件组合而成。传输介质可能包括一幢多层建筑物的楼层之间垂直布线的内部电缆或从主要单元如计算机房或设备间和其他干线接线间来的电缆。为了与建筑群的其他建筑物进行通信，干线子系统将中继线交叉连接点和网络接口（由电话局提供的网络设施的一部分）连接起来。网络接口通常放在设备相邻的房间。

干线子系统包括两个方面，一是供各条干线接线间之间的电缆走线用的竖向或横向通道，二是主设备间与计算机中心间的电缆。

设计时主要考虑以下几点，我们将在接下来的任务实施中详细谈到：

- 确定每层楼的干线要求；
- 确定整座楼的干线要求；
- 确定从楼层到设备间的干线电缆路由；
- 确定干线接线间的接合方法；
- 选定干线电缆的长度；

- 确定敷设附加横向电缆时的支撑结构。

另外，在敷设电缆时，对不同的介质电缆要区别对待。

1. 光纤电缆

- 光纤电缆敷设时不应该绞结；
- 光纤电缆在室内布线时要走线槽；
- 光纤电缆在地下管道中穿过时要用 PVC 管；
- 光纤电缆需要拐弯时，其曲率半径不能小于 30cm；
- 光纤电缆的室外裸露部分要加铁管保护，铁管要固定牢固；
- 光纤电缆不要拉得太紧或太松，并要有一定的膨胀收缩余量；
- 光纤电缆埋地时，要加铁管保护。

2. 同轴粗电缆

- 同轴粗电缆敷设时不应扭曲，要保持自然平直；
- 粗缆在拐弯时，其弯角曲率半径不应小于 30cm；
- 粗缆接头安装要牢靠；
- 粗缆布线时必须走线槽；
- 粗缆的两端必须加终接器，其中一端应接地；
- 粗缆上连接的用户间隔必须在 2.5m 以上；
- 粗缆室外部分的安装与光纤电缆室外部分安装相同。

3. 双绞线

- 双绞线敷设时线要平直，走线槽，不要扭曲；
- 双绞线的两端点要标号；
- 双绞线的室外部分要加套管，严禁搭接在树干上；
- 双绞线不要拐硬弯。

4. 同轴细缆

同轴细缆的敷设与同轴粗缆有以下几点不同：

- 细缆弯曲半径不应小于 20cm；
- 细缆上各站点距离不小于 0.5m；
- 一般细缆长度为 183m，粗缆为 500m。

4.1.2 垂直子系统中的术语

在接下来的任务实施中，我们将频繁用到以下几个基本概念：干线、水平线、节点、拓扑结构、转接点、访问点等。

综合布线系统是由主配线架（BD 或 CD）、分配线架（FD）和信息插座（TO）等基本单元经缆线连接组成。主配线架放在设备间，分配线架放在楼层交接间，信息插座安装在工作区。规模比较大的建筑物，在分配线架与信息插座之间也可设置中间交叉配线架。中间交叉配线架安装在二级交接间。连接主配线架和分配线架的缆线称为干线，连接中间交叉配线架和信息插座的缆线称为水平线。

在综合布线系统中，基本单元定义为节点，节点之间的连接缆线称为链路，节点和链路组成的几何图形就是综合布线拓扑结构。

在综合布线系统中，共有转接点和访问点两类节点。设备间、楼层交接间、二级交接间内的配置管理点或有源设备等属于转接点，转接点的作用是在系统中转接、交换和传送信息。而设备间的系统集成中心设备和信息插座属于访问点，它们是信息传送的源节点和目标节点。目标节点通常和工作区的终端设备（话音、数据、图像设备或传感器件）连接在一起。

4.1.3 主干缆线路由设计

干线子系统有垂直型的，也有水平型的。尽管在大多数建筑物里，干线子系统都是垂直型的，因为大多数楼宇都是向高空发展的，但是在某些情况下，建筑物呈水平主干型也是很常见的（主要是不要与水平布线子系统相混淆）。这就意味着，在一个楼层里可以有几个分配线架（也即楼层配线架）。因为，我们应该把楼层配线架理解为逻辑上的楼层配线架（即每个楼层配线架覆盖一定数量的信息插座，不同的楼层配线架可以在同一个楼层上），而不要理解为物理上的楼层配线架（不同的楼层配线架在不同的楼层上）。因为，主干线缆路由既可能是垂直型通道，也可能是水平型通道，或是两者的综合。

1. 确定干线子系统通道规模

干线子系统是建筑物内的主馈电缆。在大型建筑物内，通常使用的干线子系统通道是由一连串穿过交接间地板且垂直对准的通孔组成。穿过弱电间地板的电缆孔和电缆井，如图 4.1 所示。

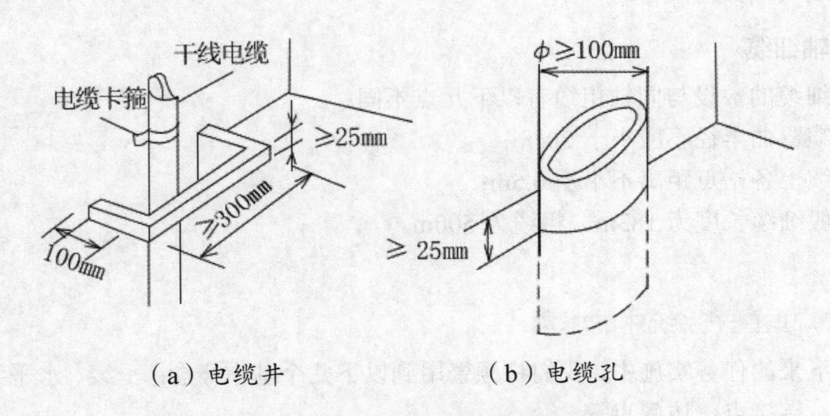

（a）电缆井　　（b）电缆孔

图 4.1　穿过弱电间地板的电缆孔和电缆井

确定干线子系统的通道规模，主要就是确定干线通道和配线间的数目。确定的依据就是布线系统所要覆盖的楼层的面积。如果给定楼层的所有信息插座都在配线间的

75m 范围之内，那么采用单干线接线系统就可以了。也就是说，采用一条垂直干线通道，且每个楼层只设置一个交接间。如果有部分信息插座超出交接间的 75m 范围，那就要采用双通道干线子系统，或者采用经分支电缆与设备间相连的二级交接间。

一般来说，同一幢大楼的交接间都是上下对齐的，如果没有对齐，可采用大小合适的电缆管道系统将其连通。

2. 确定主干缆线路由

干线子系统的路由选择与配线子系统的路由选择是不一样的，尽管选择的原则都是让路由最短、最安全、最经济。垂直干线通道（垂直通道）常用的布线方式为金属管、金属线槽、电缆孔或电缆井、电缆桥架等；而干线子系统垂直通道可选择预埋暗管或电缆桥架等方式。

（1）垂直干线通道的布线方法

①电缆孔方法：干线通道中所用的电缆孔是很短的管道，通常用直径为 10cm 的钢性金属管做成。它们嵌在混凝土地板中，且是在浇注混凝土地板时嵌入的，比地板表面高出 2.5～10cm。电缆往往捆在钢绳上，而钢绳又固定到墙上已铆好的金属条上。当配线间上下都对齐时，一般采用电缆孔方法，如图 4.2 所示。

②电缆井方法：电缆井方法常用于干线通道。电缆井是指在每层楼板上开出一些方孔，使电缆可以穿过这些方孔并从某层楼伸到相邻的楼层，如图 4.3 所示。电缆井的大小依所用电缆的数量而定。与电缆孔方法一样，电缆也是捆在或箍在支撑用的钢绳上，钢绳靠墙上金属条或地板三角架固定住。离电缆井很近的墙上的立式金属架可以支撑很多电缆。电缆井的选择性非常灵活，可以让粗细不同的各种电缆以任何组合方式通过。电缆井方法虽然比电缆孔方法灵活，但在原有建筑物中开电缆井安装电缆造价较高，它的另一个缺点是使用的电缆井很难防火。如果在安装过程中没有采取措施去防止损坏楼板支撑件，则楼板的结构完整性将受到破坏。

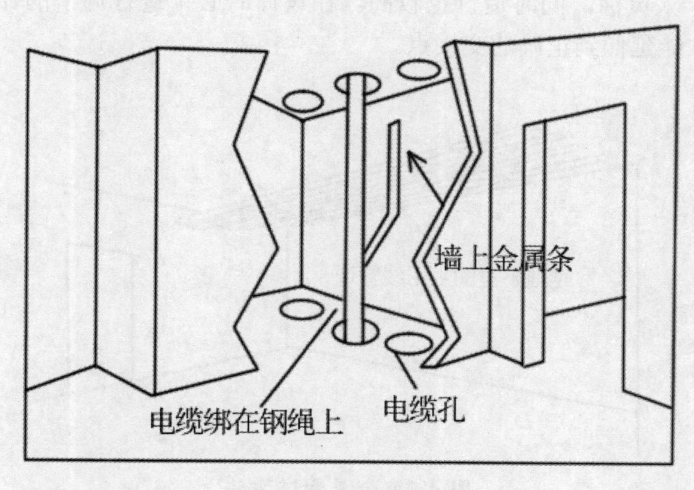

图 4.2　电缆孔方法

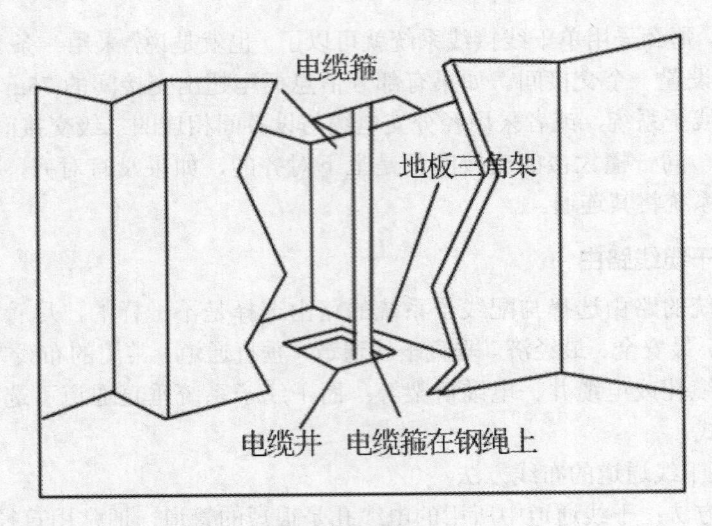

图 4.3　电缆井方法

在多层楼房中，经常需要使用干线电缆的横向通道才能从设备间连接到干线通道，以及在各个楼层上从二级交接间连接到任何一个配线间。请记住，横向走线需要寻找一个易于安装的方便通道，因为两个端点之间很少是一条直线。

（2）水平干线通道的布线方法

水平干线通道有如下两种选择：

①金属管道方法：这种方法是将水平干线缆线放在管道中，用金属管道来保护电缆，如图 4.4 所示。由于相邻楼层上的干线交接间存在水平方向的偏距，因此，出现了垂直的偏离通路，而金属管道允许把电缆拉入这些垂直的偏离通路。在开放式通道和横向干线走线系统中（如穿越地下室），管道对电缆起机械保护作用。管道不仅能防火，而且为电缆提供了密封和坚固的空间，使电缆能安全地敷设到目的地。但管道很难重新布置，因而不太灵活，同时造价也较高。在设计时必须进行周密的计划，以保证管道精细合适，并能延伸到正确的交接点。

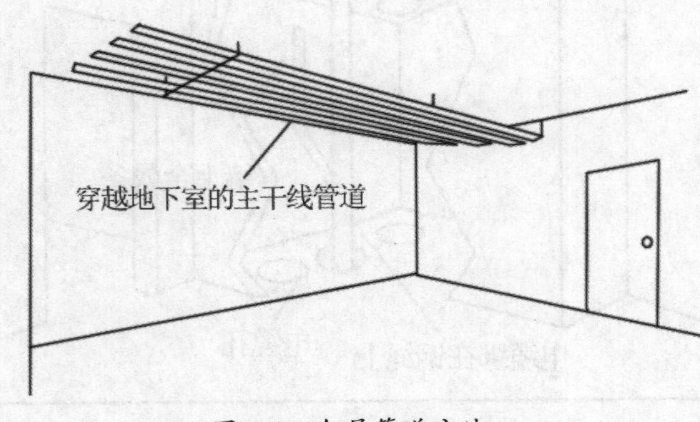

图 4.4　金属管道方法

②电缆托架方法：电缆托架也叫电缆托盘，它是铝制或钢制外形像梯子的部件。这种托架既可安装在建筑物前面上或吊顶内，也可安装在天花板上，都能供水平干线走线。电缆铺在托架内，由水平支撑件固定住，如图 4.5 所示。必要时还要在托架下方安装电线交接盒，以保证在托架上方已装有其他电缆时可以再接入电缆。托架方法最适合电缆数量较多的情况。托架的尺寸由待安装的电缆粗细和数量决定。托架非常便于安装电缆，省去了将电缆穿过管道的麻烦。但托架及支撑件有成本较贵、电缆可能外露、防火较难、不美观等缺点。

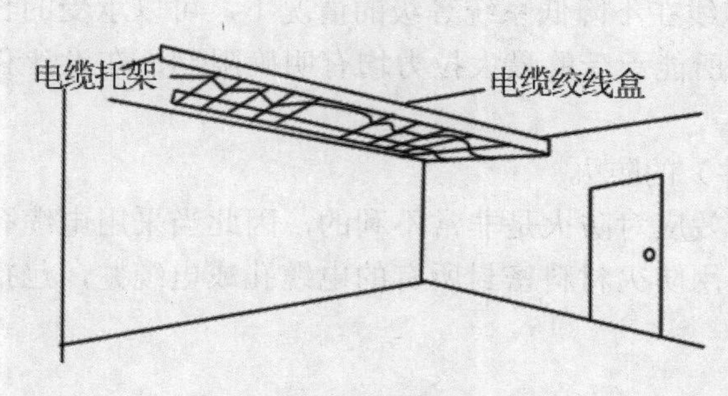

图 4.5　电缆托架方法

干线子系统的各种布线方法（包括垂直干线通道和水平干线通道）的优缺点如表 4.1 所示。

表 4.1　干线布线方法比较

方法	优点	缺点
电缆孔	防火、安装电缆方便	穿线空间小、穿线不够灵活
管道	防火、提供机械保护、美观	灵活性差、成本高
电缆井	空间大、穿线灵活	难于防火、安装费用高、可能破坏楼板结构
电缆桥架	电缆容易安放	电缆外露、影响美观、成本高且难于防火

3. 干线路由方案设计应注意的问题

（1）不同主干缆线之间的隔离

布线设施中服务于不同功能的主干缆线应尽可能分离成独立的路径。例如，话音和数据主干应在两条分离的主干（管道）系统中或两组主干套管中走线。支持视频应用的缆线和光缆应穿入相关的第三条主干管道。主干缆线分离的目的是减少不同服务线路之间电磁干扰的可能性，并为不同种类的缆线（即光缆和铜缆）提供一层物理保护。这种分离可以简化整体缆线系统管理，为缆线提供整齐的路径、封装和端接。缆线的分离可以通过以下方法完成：

- 不同的主干管道；
- 主干管道中独立的内部通道；
- 独立的主干或套管；

● 线槽内金属隔板隔离。

铜质通信缆线不能与强电缆线穿入同一路径，除非路径中有隔板分离通信线缆和电气缆线。整体绝缘结构的光缆可与其他缆线穿入同一路径，但也应尽量避免。

（2）垂直缆线的支撑

垂直主干缆线的正确支撑不仅对于系统的性能，而且对于在专用通信间中及四周工作人员的安全也是至关重要的。如果缆线过重或支撑点过少会影响系统的长期性能。

在选择垂直支撑系统时，缆线可承受的垂直距离是一个要考虑的因素，垂直距离以 m 为单位，它是缆线在不降低系统等级的情况下，可以承受的长期拉伸应力的线性函数。不同的缆线对所能承受的最大拉力均有明确限制，在设计和施工中应注意满足其要求。

（3）电缆孔（井）的防火

弱电竖井的烟囱效应对防火是非常不利的，因此当采用电缆孔、电缆井方式时，在缆线布放完后应该用防火材料密封所有的电缆孔或电缆井，包括其中有电缆的电缆孔和电缆井。

4.1.4 主干缆线长度设计

设有一栋 10 层楼宇，我们采用 6 芯多模室内光缆，支持数据信息的传输，采用 5 类 25 对非屏蔽电缆，支持语音信息的传输。每标准 UTP 25 对电缆轴 1000 英尺（305 米），400 米 ÷305 米 / 轴 =1.31 轴，订 2 轴，如表 4.2 及表 4.3 所示。

表 4.2 数据主干光纤长度统计表

楼层	层高	6 芯多模室内光缆根数	6 芯多模室内光缆长度（米）
10	27	1	42
9	24	1	39
8	21	1	36
7	18	1	33
6	15	1	30
5	12	1	27
4	9	1	24
3	6	1	21
2	3	1	18
1	0	1	15
共计		10	285

表 4.3　语音主干电缆长度统计表

楼层	层高	5类25对UTP根数	5类25对UTP长度（米）
10	27	2	67
9	24	2	61
8	21	2	55
7	18	2	49
6	15	2	43
5	12	2	37
4	9	2	31
3	6	2	25
2	3	2	19
1	0	2	13
共计		20	400

在本例中，采用的是星型拓扑结构，星型拓扑结构由一个中心节点（主配线架）向外辐射延伸到各个从节点（楼层配线架）组成。图 4.6 是将各个楼层交接间（从节点）连接到设备间（主节点）的结构。图 4.7 是从节点经楼层二级交接间转接后与楼层交接间连接，再与主节点（设备间）相连。其中 IC 指的是中间跳接（Intermediate Cross-Connect，IC），TO 指的是信息插座。

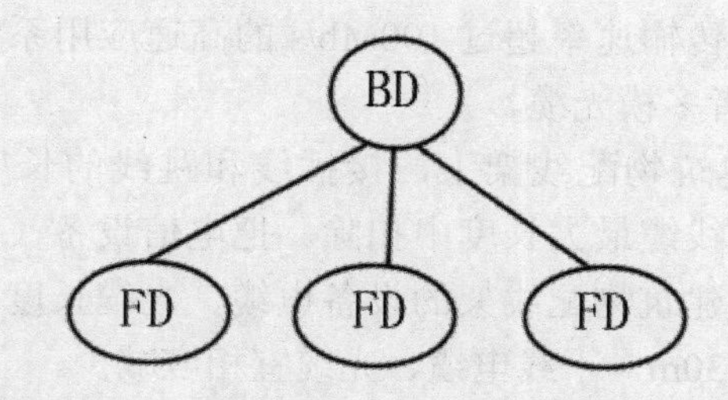

图 4.6　将各楼层交接间（从节点）连接到设备间（主节点）的结构

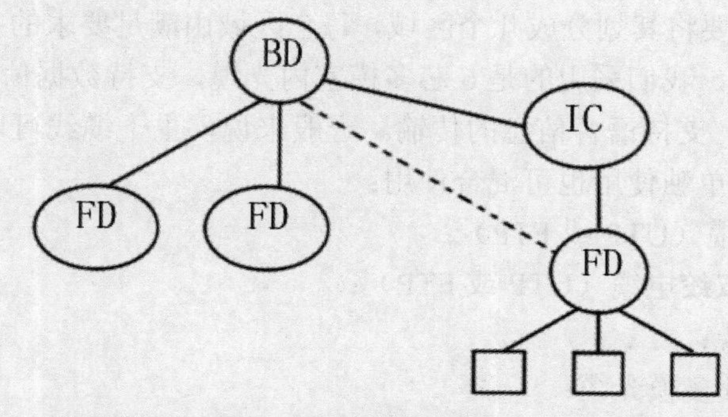

图 4.7　从节点经楼层二级交接间转接后与楼层交接间连接

在本例的智能建筑内部，计算机主干网在主节点上一般配置一台主交换机，在每个楼层的交接间设置交换机，通过水平电缆连接工作站，楼层交接间设置的交换机与主交换机相连。若布线距离超过最大允许值，可以使用集线器、中继器或网桥等延长布线的距离。星型拓扑结构由于其兼容性和稳定性能满足不同的应用要求，已成为国际标准的拓扑结构。这种拓扑结构适用多种缆线，如光缆、双绞线或同轴电缆等。

在本例即某办公大楼干线子系统布线距离的设计中，最大距离如表 4.3 所示，光纤为 42m，5 类 25 对线缆长度为 67m。符合干线子系统布线长度的要求。

干线子系统布线的最大距离一般有一定要求，如图 4.8 所示。

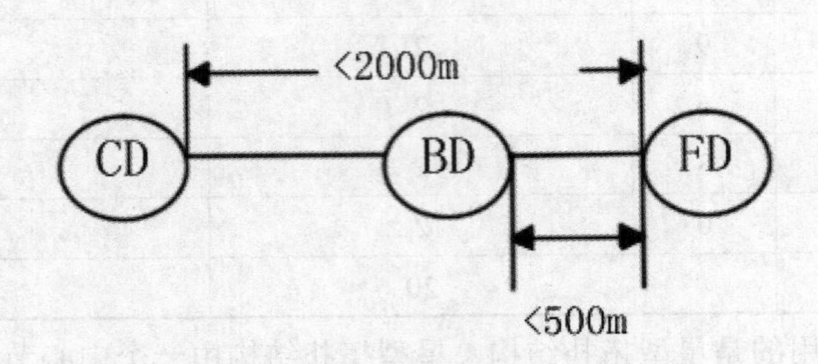

图 4.8 干线子系统布线的最大距离

一般要求建筑群配线架（CD）到楼层配线架（FD）间的距离不应超过 2000m，建筑物配线架（BD）到楼层配线架（FD）的距离不应超过 500m。

采用单模光缆时，建筑群配线架到楼层配线架的最大距离可以延伸到 3000m。采用 5 类双绞线电缆时，对传输速率超过 100Mb/s 的高速应用系统，布线距离不宜超过 90m，否则宜选用单模或者多模光缆。

在建筑群配线架和建筑物配线架上，接插线和跳线的长度不宜超过 20m，超过 20m 的长度应从允许的干线缆最大长度中扣除。把电信设备（如程控用户交换机）直接连接到建筑群配线架或建筑物配线架的设备电缆、光缆长度不宜超过 30m。如果使用的设备电缆、光缆超过 30m，干线电缆、光缆宜相应减少。

在通常情况下，将主配线架放在建筑物的中间部位，使得从设备间到各层交换间的路由距离不易超过 100m，这样就可以采用电缆作为传输链路。如果安装长度超过了规定的距离限制，就要将其划分成几个区域，每个区域由满足要求的主干布线来支持。

另外，在本例中，我们采用的是 6 芯多模室内光缆，支持数据信息的传输，以及 5 类 25 对非屏蔽电缆，支持语音信息的传输。一般来说，主干缆线可以在如下几种传输介质中做出选择，可单独使用也可混合使用：

- 4 对双绞线电缆（UTP 或 FTP）；
- 100Ω 大对数双绞电缆（UTP 或 FTP）；
- 150Ω 双绞电缆；
- 62.5μm/125μm 多模光缆；
- 8.3μm/125μm 单模光缆。

目前，针对话音传输（电话信息点）一般采用3类大对数双绞线缆（25对、50对），针对数据和图像传输采用多模光纤或5类及以上大对数双绞电缆。由于主干子系统的价格较高且发展较快，所以主干缆线通常应敷设在开放的竖井和过线槽中，必要时可予以更换和补充。因此在设计时，对主干子系统一般以满足近期需要为主，根据实际情况总体规划，分期公布实施。

在下列场合，应该首先考虑选择光缆：

- 带宽需求量大，如银行等系统的干线；
- 传输距离长，如园区或校园网主干线；
- 保密性、安全性要求较高，如保密、安全国防部门等系统的干线；
- 雷电、电磁干扰较强的场所，如工厂环境中的主干线等。

4.1.5 确定楼层交接间与二级交接间之间的结合方法

在确定楼层交接间与二级交接间的连接时，要根据建筑物结构和用户要求，选择适宜的接合方法。楼层交接间与二级交接间之间的接合方法通常有三种可供选择，即点对点端接法、分支接合法以及电缆直接端接法。

1. 点对点端接法

如图4.9所示，点对点端接法是最简单、最直接的结合方法。在这种端接法中，首先要选择一根足够粗的双绞线或光纤，其数量（电缆对数或光纤根数）足以满足一个楼层的全部信息插座的需要，而且该楼层只需设一个交接间；然后从设备间引出这根电缆，经干线通道，端接于该楼层的一个指定交接间内的连接硬件。这根电缆到此为止，不再往别处延伸。所以，这根电缆的长度取决于它要连往哪个楼层以及端接的交接间与干线通道之间的距离，也就是取决于该楼层离设备间的高度以及在该楼层上的横向走线距离。

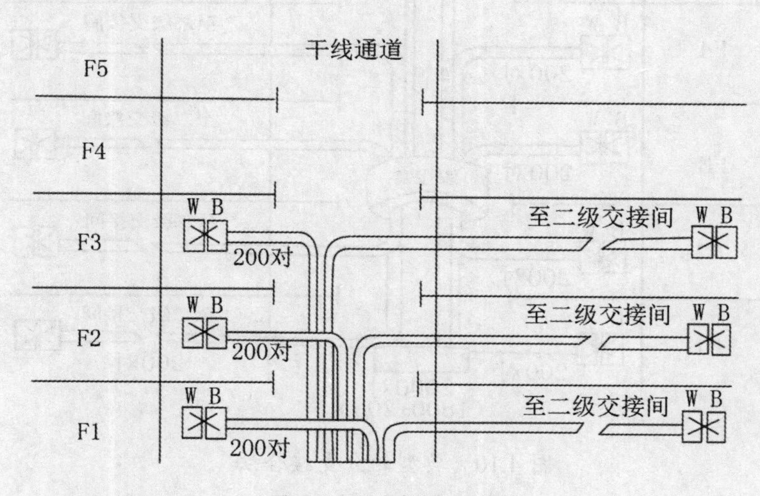

图4.9 点对点端接法

在选用点对点端接法时，可能引起干线中的各根电缆长度各不相同（每根电缆的长度要足以延伸到指定的楼层和交接间），例如，大楼第 4 层的干线电缆肯定要比第 10 层的短得多；而且粗细也可能不同。在设计阶段，电缆材料清单应反映出这一情况。此外，还要在施工图纸上详细讲明哪根电缆接到哪一层楼的哪个交接间。

点对点端接法的主要优点是可以在干线中采用较小、较轻、较灵活的电缆，不必使用昂贵的交接盒。缺点是穿过二级交接间的电缆数目较多。

2. 分支接合法

分支接合法就是让干线中的一根多对电缆支持若干个楼层交接间的通信，经过交接盒后分出若干根小电缆，分别延伸到每个交接间或每个楼层，并端接于目的地的连接硬件。分支接合法可分为单楼层和多楼层两类。

（1）单楼层接合方法

当交接间只用作通往各二级交接间的电缆的过往点时，就采用单楼层接合方法。换句话说，二级交接间里没有供端接信息差作用的连接硬件。一根电缆通过干线通道到达某个指定楼层，其容量足以支持该楼层所有交接间的信息插座。安装人员可用一个适当大小的交接盒把这根主电缆与粗细合适的若干根小电缆连接起来，以供该楼层各个二级交接间使用。

（2）多楼层接合方法

这种接合方法通常用于支持 5 个楼层的信息插座（以每 5 层为一组）。一根主电缆向上延伸到中点（第 3 层）。在该楼层的交接间内装上一个交接盒，然后把主电缆与粗细合适的各根小电缆分别连接在一起，将小电缆分别连往上两层楼和下两层楼，如图 4.10 所示。

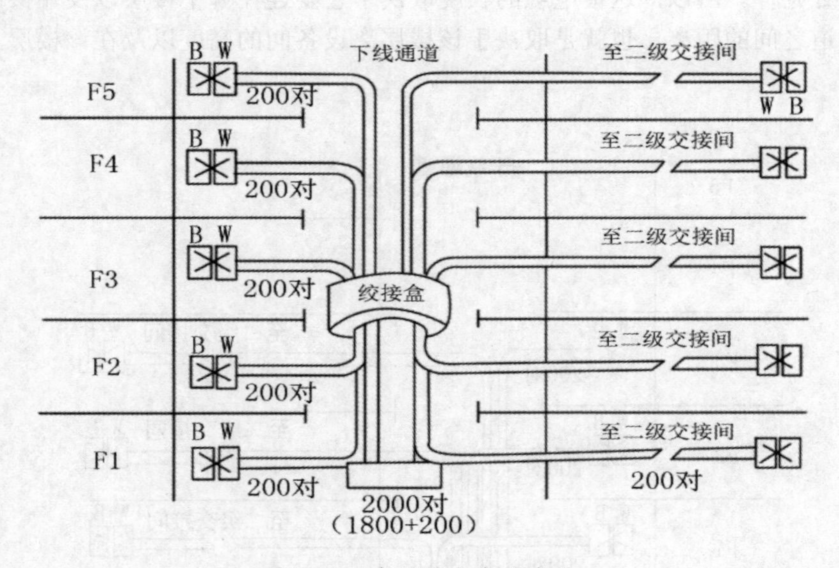

图 4.10 典型的分支接合法

综合布线推荐的方法是：一旦通过了第3层的接合点，就采用点对点端接法把其他电缆连到其他所有楼层的目标交接间。这是最经济的处理方法，但是，如果分析结果表明，这样做并不是最经济时，就继续采用分支接合法。如果第3层楼交接间兼有双重任务时，那就要把这根电缆的一小段端接于交接盒附近的连接硬件上，其他的粗细适当的电缆横向连往该楼层的各个二级交接间。

分支结合法的优点是干线中的主馈电缆总数较少，可以节省一些空间。在某些情况下，这种接合方法的成本低于点对点端接法。对一幢建筑物来说，究竟选择哪一种结合方法合适，通常要根据电缆成本和所需的工程费用通盘考虑。

（3）混合式连接

混合式连接（即端接与连接混合使用）的方法是在以下特殊情况下使用的技术：

当希望一个楼层的所有水平端接都集中在该楼层的交接间，以便能更方便地管理通道；另外是二级交接间太小无法容纳所需的全部电气设备时，虽然在二级交接间完成端接，但还是希望在交接间中实现另一套完整的端接，为达到此目的，可在交接间内安装所需的全部110型硬件，建立一个白场（W）—灰场（G）接口，并用粗细合适的电缆横向连往该楼层的各个二级交接间。混合式连接方法如图4.11所示。

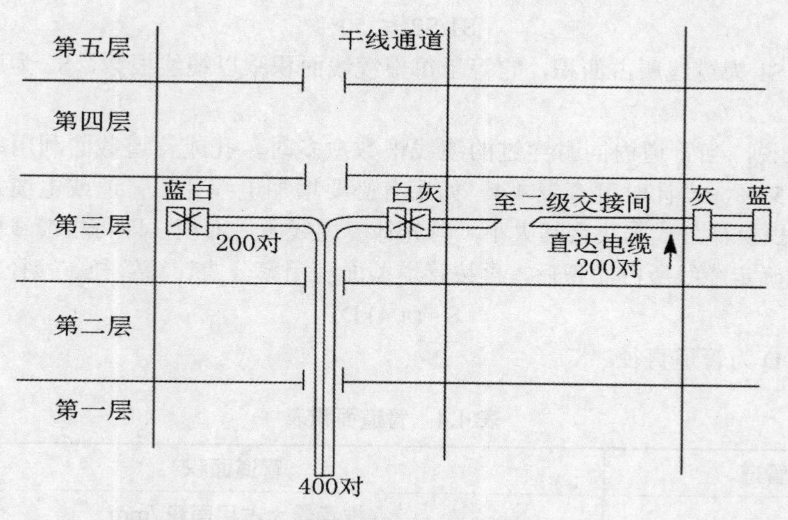

图4.11 混合式连接方法

总而言之，在设计干线时应首先选择点对点端接法。但在经过成本分析后，证明分支接合法的成本较低时，就可改用分支接合法。究竟使用哪种方法最适合一个楼层或整座建筑物的需要和结构，唯一可靠决策依据是了解这座建筑物的应用需求，并对所需的器材和工程费用进行比较。

3. 电缆直接端接法

在综合布线中，当设备间与计算机机房处于不同地点，而且需要把话音电缆连至设备间，把数据电缆连至计算机机房时，就可以采取直截了当的连接方法。即在设计中选取干线电缆的不同部分来分别满足不同应用的需要。在使用电缆直接端接法时，应考虑以下因素：

（1）在决定干线规模时，可从二级交接间的白场（W）分出两根电缆，其中一根用于传输话音信号，另一根用于传输数据。

（2）在寻常地点把电缆或电缆组引入干线，通过干线通道下降或上升到相应的目的楼层，即布放到设备间和计算机机房。

（3）在必要时可在目的楼层的干线上分出一些电缆，把它们横向敷设到各个房间，并按用户系统的要求对电缆进行端接。

（4）如果建筑物只有一层，没有垂直的干线通道，则可以把设备间内的端接点用作计算距离的起点，再估计出电缆到达交接间必须走过的距离。

（5）如果在上述路由中存在某些较大的弯道，应简要记述这些弯道的位置。

4.1.6　确定附加横向电缆所需的支撑结构

当干线电缆的数量和接合方法及干线规模确定以后，接着就可以选定干线缆线的型号，然后根据管道安装及拉伸要求，选择相应的电缆孔或管道方式。孔和管道截面利用率按 30%~50% 计算，即

$$S1/S2 \leqslant 50\%$$

式中，S1 为缆线所占面积，它等于每根缆线面积乘以缆线根数，S2 为所选管道孔的可用面积。

一般来说，当管道内同时穿过的缆线根数愈多时，孔或管道截面利用率愈大，一般为 30%~55%，设计时可查表 4.4。如果有必要增加电缆孔、管道或电缆井，也可利用直径 / 面积换算公式来决定其大小。首先计算缆线所占面积，即每根缆线面积乘以缆线根数。在确定缆线所占面积后，再按管道截面利用率公式计算管径。管径计算公式：

$$S = (\pi/4)\ D2$$

式中，D 为管道直径。

表 4.4　管道面积表

管道		管道面积		
		推荐最大占用面积 /mm²		
管径 D/mm	管径截面积 S/mm²	A 布放 1 根电缆截面利用率为 53%	B 布放 2 根电缆截面利用率为 31%	C 布放 3 根（3 根以上）电缆截面利用率为 40%
20	314	166	97	126
25	494	262	153	198
32	808	428	250	323
40	1264	670	392	506
50	1975	1047	612	790
70	3871	2052	1200	1548

【项目实施】

下面对2.1节中的案例继续作扩展，阐述干线子系统的设计过程。我们需要得到以下文档。

（1）干线子系统设计方案书，包括以下几个部分：

① BD和FD的设置、端接方式，叙述BD的位置，叙述FD在各楼层的位置，FD与BD是否垂直对齐，说明每个FD所管理的区域。注意：1楼工作区一般直接由BD管理，当然也可以由2楼或其他FD管理；

②干线线对的计算，分别对语音传输和数据传输用到的线对进行计算；

③干线线缆长度的计算，每个楼层一般取3～5m，估算具体楼房的情况，注意：在FD与BD没有对齐的情况下，应考虑横向干线系统的线缆长度；

④线槽或线管的长度类型计算，如果有横向通道，注意考虑横向通道的长度，一般来说，线槽或线管的长度和线的长度一致；

⑤材料清单及预算表，只考虑主要材料：3类大对数双绞线、5e双绞线、金属线槽、金属线管。

（2）干线子系统结构图。

任务1 新校区第六宿舍楼干线子系统设计方案书

1. 依据

国家、行业及地方标准和规范：

GB50311-2007 综合布线系统工程设计规范

GB50312-2007 综合布线系统工程验收规范

YD/T9262001 大楼通信综合布线系统行业标准

JGJ/T16-92 民用建筑电气设计规范

GBJ42-81 工业企业通信设计规范

GBJ79-85 工业设计通信接地设计规范

国际技术标准、规范：

ISO/IEC11801：2002 建筑物综合布线规范 EIA/TIA-568B 商务建筑物电信布线标准

EIA/TIA-569 商务建筑物电信布线路由标准

EIA/TIA-606B 商务建筑物电信基础设施管理标准

2. BD和FD的位置

BD在一楼6104旁边的主设备间里，FD分别在6204，6304，6404，6504，6604旁边的楼层管理间里，并且FD与BD在整栋楼的情况下是对齐的。

一楼由BD管理，二楼由FD1管理，三楼由FD2管理，四楼由FD3管理，五楼和六楼由FD4管理。

3. 垂直干线线对的计算

（1）数据传输

第一层：有 223 个网络信息点，所以该层应配置 10 台 24 口交换机，每 4 台交换机组成一个集群，共有两个集群和剩余 2 台交换机组成的一个集群。可通过堆叠或级联方式连接，最后交换机群可通过一条 24 对超 5 类非屏蔽双绞线连接到 BD 主设备间；

第二层：共有 241 个网络信息点，所以该层应配置 11 台 24 口交换机，每 4 台交换机组成一个集群，共有两个集群和剩余 3 台交换机组成的一个集群。可通过堆叠或级联方式连接，最后交换机群可通过一条 24 对超 5 类非屏蔽双绞线连接到 FD1 楼层管理间；

第三、四层：结构与第二层相同，第三层交换机可通过一条 24 对超 5 类非屏蔽双绞线连接到 FD2 楼层管理间里；第四层交换机可通过一条 24 对超 5 类非屏蔽双绞线连接到 FD3 楼层管理间里；

第五层：共有 252 个网络信息点，所以该层应配置 11 台 24 口交换机，每 4 台交换机组成一个集群，共有两个集群和剩余 3 台交换机组成的一个集群。可通过堆叠或级联方式连接，最后交换机群可通过一条 24 对超 5 类非屏蔽双绞线连接到 FD4 楼层管理间；

第六、七层：因为结构相同，所以共用一个设备管理间，共有 312 个网络信息点，所以该层应配置 13 台 24 口交换机，每 4 台交换机组成一个集群，共有三个集群和剩余 1 台交换机组成的一个集群。可通过堆叠或级联方式连接，最后交换机群可通过一条 32 对超 5 类非屏蔽双绞线连接到 FD5 楼层管理间。

（2）语音传输

第一层：有 38 个语音点，按每个语音点配 1 个线对的原则和语音信号传输的要求，主干线缆可以配置一根 3 类 38 对非屏蔽大对数电缆。

考虑 10% 的容余，语音线缆配置一根 3 类 45 对非屏蔽大对数电缆。

第二层：有 41 个语音点，按每个语音点配 1 个线对的原则和语音信号传输的要求，主干线缆可以配置一根 3 类 41 对非屏蔽大对数电缆。

考虑 10% 的容余，语音线缆配置一根 50 对非屏蔽大对数电缆。

第三、四层：与第二层相同。只是第三层连接到 FD2 楼层管理间里，第四层连接到 FD3 楼层管理间里。语音线的数量与第二层相同。

第五层：有 42 个语音点，按每个语音点配 1 个线对的原则和语音信号传输的要求，主干线缆可以配置一根 3 类 42 对非屏蔽大对数电缆。

考虑 10% 的容余，语音线缆配置一根 3 类 50 对非屏蔽大对数电缆。

第六、七层：因为结构相同，所以共用一个设备管理间，共有 52 个语音点，按每个语音点配 1 个线对的原则和语音信号传输的要求，主干线缆可以配置一根 3 类 52 对非屏蔽大对数电缆。

考虑 10% 的容余，语音线缆配置一根 60 对非屏蔽大对数电缆。

4. 垂直干线线缆长度的计算

六公寓一共有七层楼，并且 FD 和 BD 是垂直对齐的，所以按照每层楼 5 米计算，垂直干线线缆长度为 35 米。

在考虑容余的情况下，垂直干线线缆的长度需求如下（6-1 表示 6 楼至 1 楼，以此类推）：

6-1：25m，需要一条 25m 的 32 对超 5 类非屏蔽双绞线和一根 25m 的 3 类 60 对非屏蔽大对数电缆，连接到 FD5 楼层管理间，

5-1：20m，需要一条 20m 的 24 对超 5 类非屏蔽双绞线和一根 20m 的 3 类 50 对非屏蔽大对数电缆，连接到 FD4 楼层管理间；

4-1：15m，需要一条 15m 的 24 对超 5 类非屏蔽双绞线和一根 15m 的 3 类 50 对非屏蔽大对数电缆，连接到 FD3 楼层管理间；

3-1：10m，需要一条 10m 的 24 对超 5 类非屏蔽双绞线和一根 10m 的 3 类 50 对非屏蔽大对数电缆，连接到 FD2 楼层管理间；

2-1：5m，需要一条 5m 的 24 对超 5 类非屏蔽双绞线和一根 5m 的 3 类 50 对非屏蔽大对数电缆，连接到 BD 主设备间。

5. 垂直子系统的端接方式

采用点对点端接法。

6. 线槽的长度类型计算

数据点共有 1510 个，在考虑容余的情况下：

2-1：高度为 5m，一根 24 对非屏蔽大对数电缆，则需规格为 30*16 的线槽。

3-1：高度为 10m，一根 24 对非屏蔽大对数电缆，则需规格为 30*16 的线槽。

4-1：高度为 15m，一根 24 对非屏蔽大对数电缆，则需规格为 30*16 的线槽。

5-1：高度为 20m，一根 24 对非屏蔽大对数电缆，则需规格为 30*16 的线槽。

6-1：高度为 25m，一根 32 对非屏蔽大对数电缆，则需规格为 39*19 的线槽。

7. 材料清单

材料清单

材料	种类	数量（米）	单价（元）	合计（元）
3 类双绞线	50 对双绞线	50	5	250
	60 对双绞线	25	5	125
5 类双绞线	24 对双绞线	50	5	250
	32 对双绞线	25	5	125
线槽	30*16	50	7	350
	39*19	25	7	175
总计（元）	1275			

任务 2　新校区第一教学楼垂直干线子系统结构图

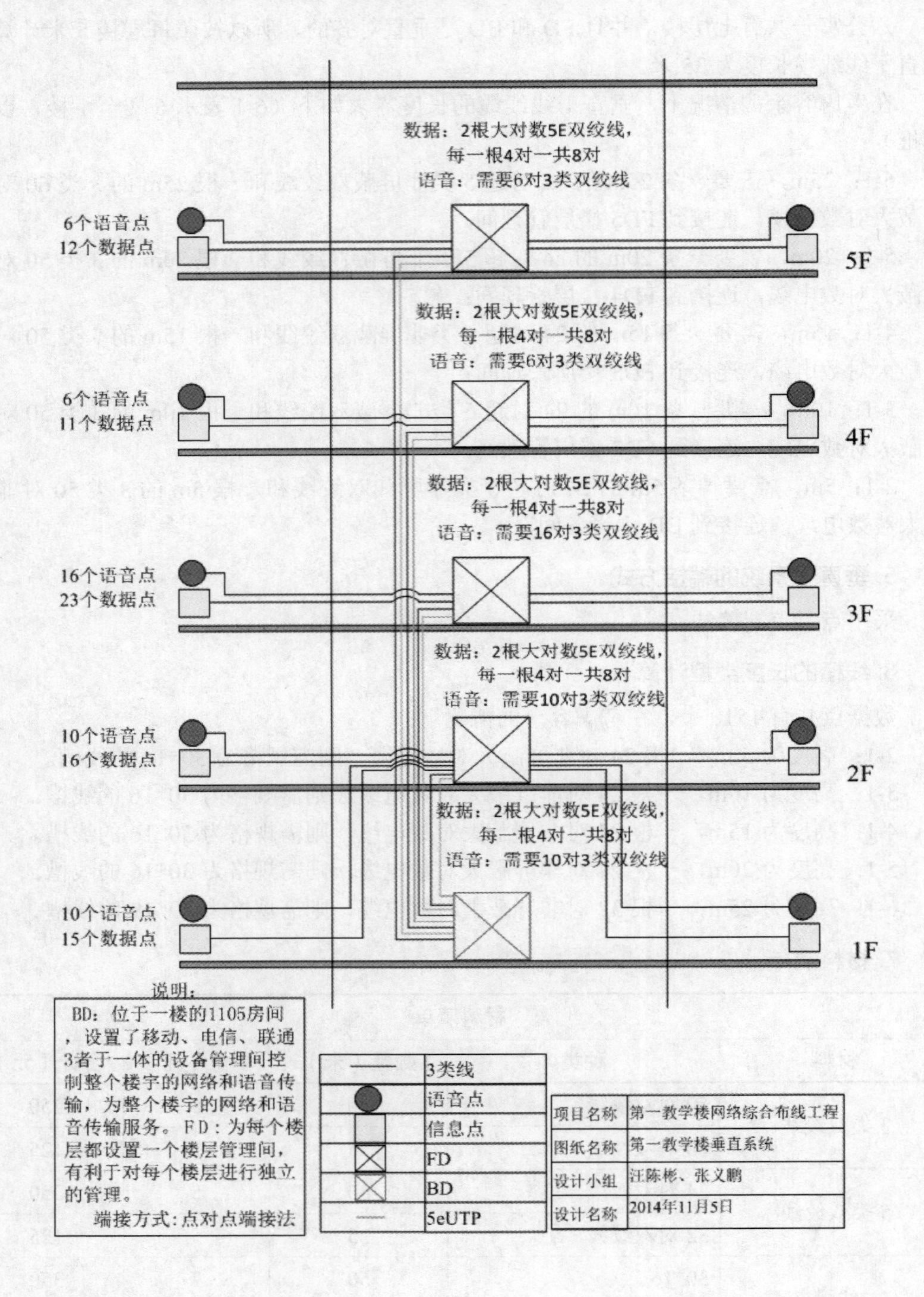

4.2 垂直子系统施工

【项目描述】

本节的主要任务是正确进行桥架的基本安装，以及掌握桥架垂直安装的两种形式和方法，并能够熟练地在竖井中向下垂放线缆和正确地通过交接间向上牵引线缆。

【相关知识】

4.2.1 桥架的基本知识

桥架是由托盘、梯架的直线段、弯通、附件以及支、吊架等构成，用以支承电缆的具有连续的刚性结构系统的总称，是应用在水平布线和垂直布线系统的安装通道。电缆桥架是使电线、电缆、管缆敷设达到标准化、系列化、通用化的电缆敷设装置。如图 4.12（a）与图 4.12（b）所示。

图 4.12（a） 一种不需要螺栓来连接的桥架

这里需要提到一个托盘的概念，很多人把桥架与托盘混为一体，认为功能大体相同，其实不然。在前面的学习情景中还讲到线槽，桥架与线槽存在很大的区别，主要有：桥架主要用于敷设电力电缆和控制电缆，线槽用于敷设导线和通信线缆；桥架相对大（200×100 到 600×200），线槽相对较小；桥架拐弯半径比较大，线槽大部分拐直角弯；桥架跨距比较大，线槽比较小；固定、安装方式不同；在某些场所，桥架没盖，线槽通常全是带盖封闭的线槽来走线，桥架则是用来走电缆的。因此，读者在选用桥架时应注意，以免选错而没有达到自己预期的目的。

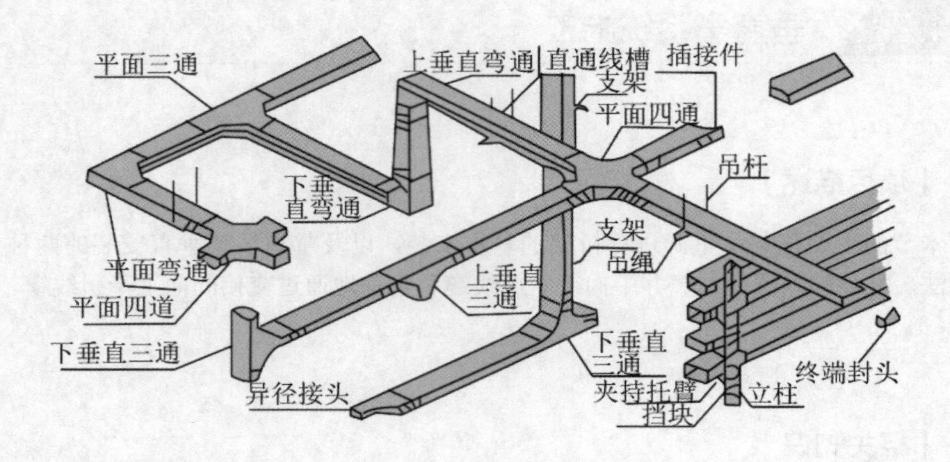

图 4.12（b） 桥架整体结构图

桥架选型不仅要能满足项目现场线缆敷设的需求及其相关规范的规定，同时还要考虑具体项目现场的安装条件，选用合适类型、合适表面处理工艺的桥架，下面我们就从桥架表面处理工艺以及桥架自身结构的不同探讨一下桥架选型。

1. 按桥架表面处理工艺分

● 电镀锌桥架：适用于一般的环境中，由于造价低廉，现场安装方便，既适用于动力电缆的安装，也适用于控制电缆的敷设，是石油、化工、轻工、电视、电讯等方面应用最广泛的一种桥架；

● 热镀锌电缆桥架：适用于环境较为恶劣的酸碱及潮湿环境中，耐腐蚀性好、使用寿命长，相对成本稍高；

● 静电粉末喷涂电缆桥架：可以根据塑粉的颜色加工成各种颜色，色泽美观，并可根据使用的环境不同采用环氧塑粉和聚酯粉，使用范围广泛，造型美观大方；

● 不锈钢桥架：高耐蚀不锈钢桥架能适用于各种化工企业的酸、碱性大气重腐蚀介质，不仅使用寿命长，而且美观、易清洁，是其他任何材料桥架产品无法替代的。

● 铝合金电缆桥架：采用铝合金型材为主要材料加工而成，具有质轻美观、防腐耐用等优点，特别适合高层建筑、现代化厂房使用；

● 玻璃钢桥架：由玻璃纤维增强塑料和阻燃剂及其他材料组成，通过复合模压料加不锈钢屏蔽网压制而成。由于其所选材料具有较低的导热系数及阻燃剂的加入使产品不仅具有耐火隔热性、自熄性，而且具有很高的耐腐蚀性，同时还具有结构轻、耐老化、安全可靠等优点，在一般环境地区，特别是在沿海多雾地区、高湿度和有腐蚀性的环境中，更能显示出它的优势。

2. 按桥架样式分

● 槽式电缆桥架：是一种全封闭型电缆桥架，它最适用于敷设计算机电缆、通信电缆、热电偶电缆，对其他高灵敏系统的控制电缆的屏蔽干扰和重腐蚀环境中电缆的防护也有较好的效果，如图 4.13 所示。

图 4.13　槽式直通桥架的一部分

● 梯级式桥架：具有重量轻、成本低、造型别具一格、安装方便、散热、透气性好等优点，特别适用于一般直径大电缆的敷设和高、低动力电缆的敷设，如图 4.14 与图 4.15 所示。

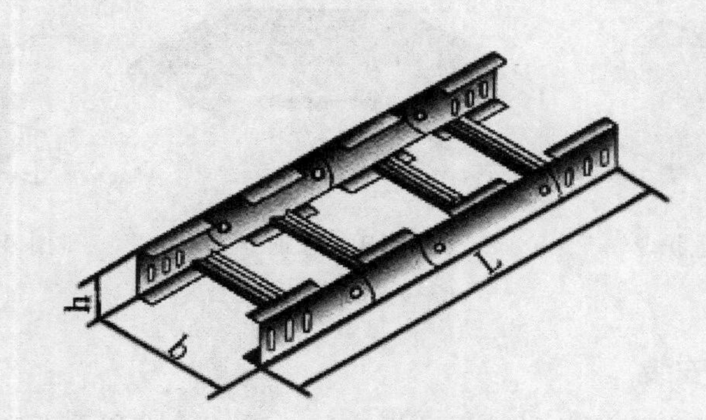

图 4.14　梯级桥架的一部分

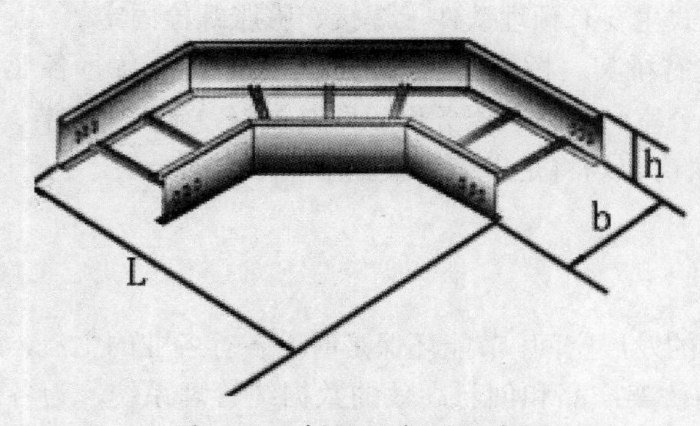

图 4.15　梯级桥架的一部分

● 托盘式电缆桥架：具有重量轻、载荷大、造型美观、结构简单、安装方便等优点，既适合用于动力电缆的安装，也适合用于控制电缆的敷设，如图 4.16 所示。

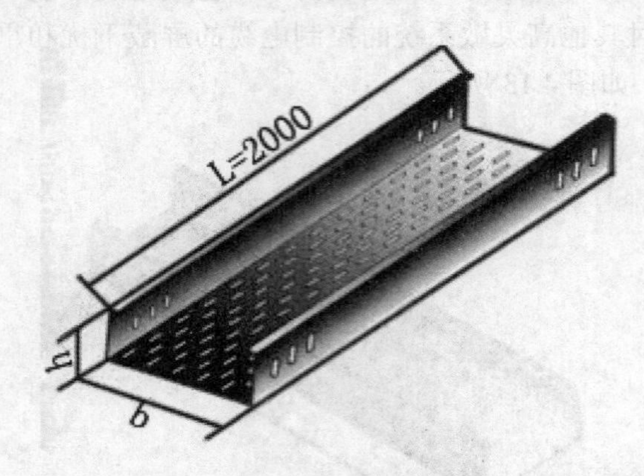

图 4.16　托盘式直通桥架的一部分

● 网格式桥架：作为一种新型的桥架，不但具有重量轻、载荷大、散热、透气性好、安装方便等优点，而且在环保节能及方便线缆管理性能等方面，较传统桥架具有不可比拟的优势，势必引领桥架领域的应用变革。

下面是一些安装支架，如图 4.17 至图 4.19 所示。

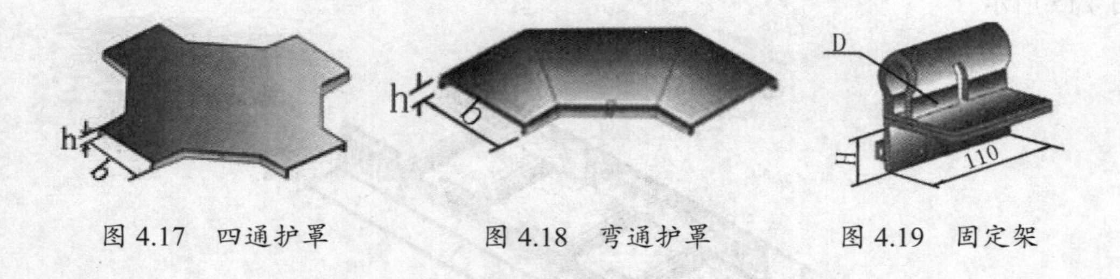

图 4.17　四通护罩　　图 4.18　弯通护罩　　图 4.19　固定架

4.2.2　桥架的安装

桥架的安装主要分以下几种：沿顶板安装、沿墙水平和垂直安装、沿竖井安装、沿地面安装、沿电缆沟及管道支架安装等。安装所用支（吊）架可选用成品或自制。支（吊）架的固定方式主要有预埋铁件上焊接、膨胀螺栓固定等。

有线缆的地方就有桥架。桥架的应用范围相当广泛，各行各业都有涉足，大多数应用在数据中心、办公室、互联网服务供应商、医院、学校 / 大学、机场及工厂等，特别是数据中心和 IT 机房市场将是未来桥架应用非常大的一块。

4.2.3　发展趋势

桥架产品有很大的发展空间。节能环保是时下各行各业的主流，如果能生产出节能、美观、方便、时尚的桥架产品和创新高效的数据缆管理系统，为各类电缆和安装人员提供最大安全保护，才是最重要的。

【项目实施】

任务1 桥架的基本安装

一般来说，水平桥架安装，主要用于水平配线系统；垂直桥架安装，在电缆竖井内用作垂直干线系统。水平桥架又分吊装和壁装等形式。

1. 桥架吊装

桥架吊装如图 4.20 所示，该图还表示了桥架与墙壁穿孔采用金属软管或 PVC 管的连接。

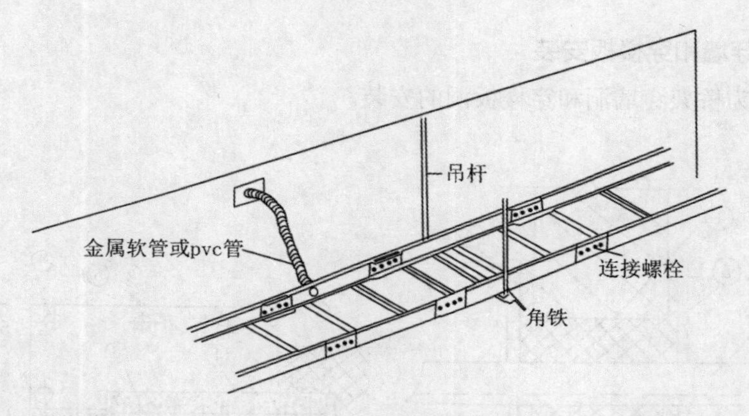

图 4.20 桥架吊装

电缆桥架吊装的方法如图 4.21（a）（b）所示。

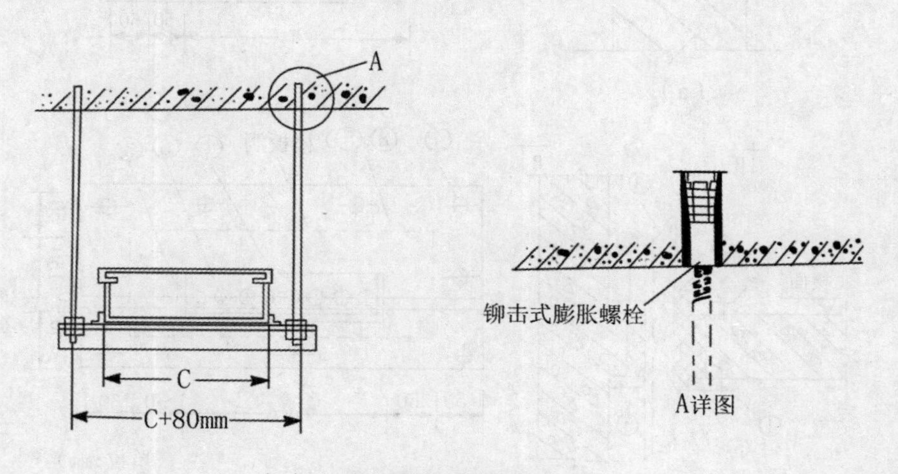

（a）电缆桥架吊装的方法（一）

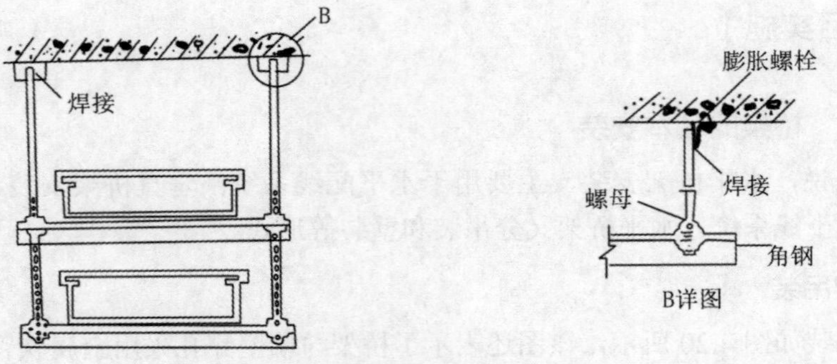

（b）电缆桥架吊装的方法（二）

图 4.21　电缆桥架吊装的方法

2. 桥架穿墙和穿楼板安装

图 4.22 为桥架穿墙洞和穿楼板洞的安装。

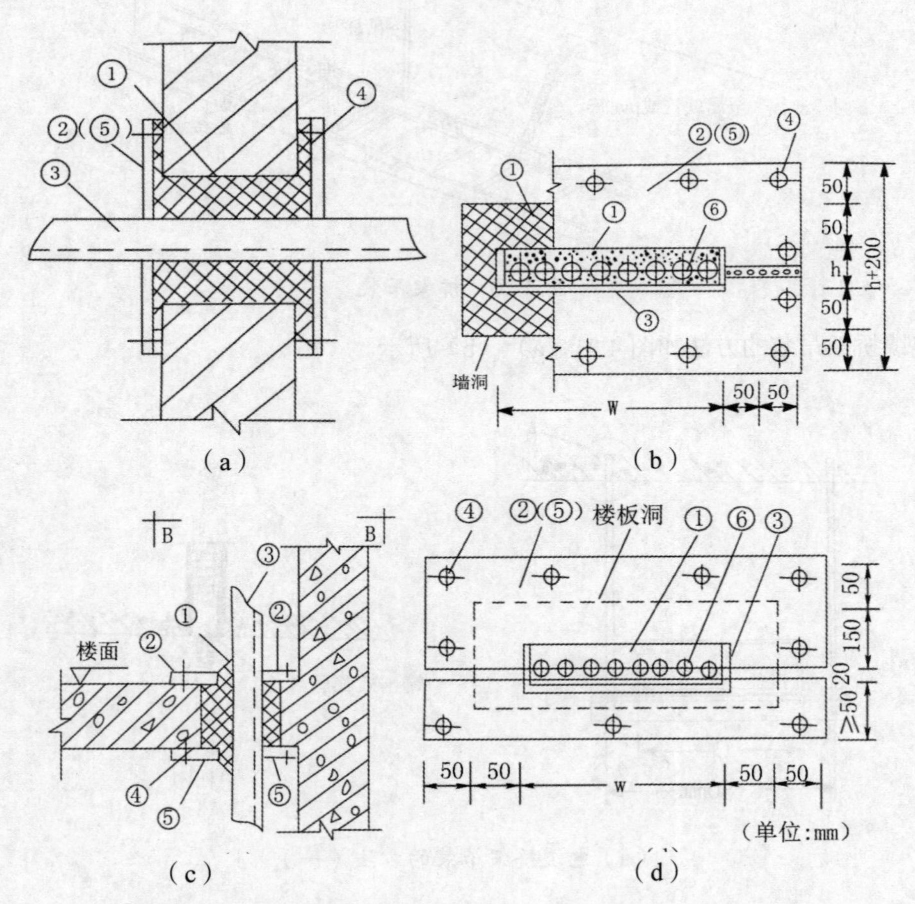

（a）　（b）　（c）　（d）

（a）（b）电缆桥架穿墙洞做法；（c）（d）电缆桥架穿楼板洞做法

图 4.22　桥架穿墙洞和穿楼板洞的安装

注意

①—防火墙料；②—防火墙板；③—电缆桥架；④—膨胀螺栓；⑤—防火墙板（钢板）；⑥—电缆。

3. 桥架转弯进房间安装

图 4.23（a）为桥架转弯并进房间吊顶安装，这种方式常用作楼道走廊吊顶桥架；图 4.23（b）表示出了桥架转弯固定位置。

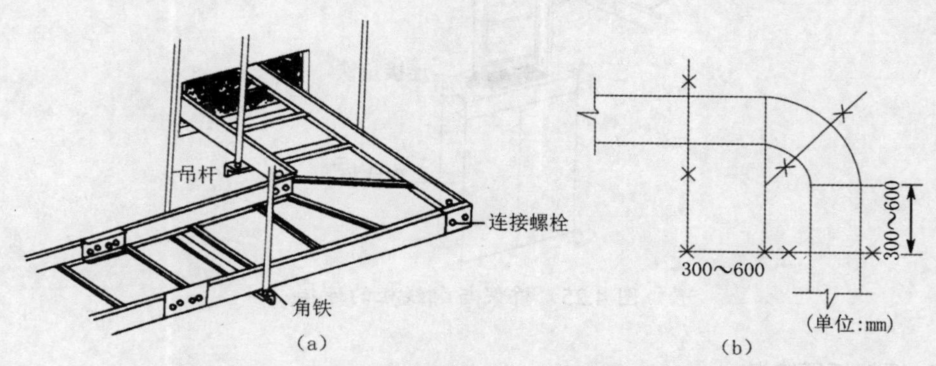

（a）桥架转弯并进房间吊顶安装；（b）电缆桥架转弯固定位置

图 4.23　桥架转弯进房间安装

4. 桥架分支连接安装

图 4.24 为桥架分支（三通）连接安装，图 4.24（a）为三通桥架，图 4.24（b）为三通桥架的固定位置（例如采用吊顶安装）。

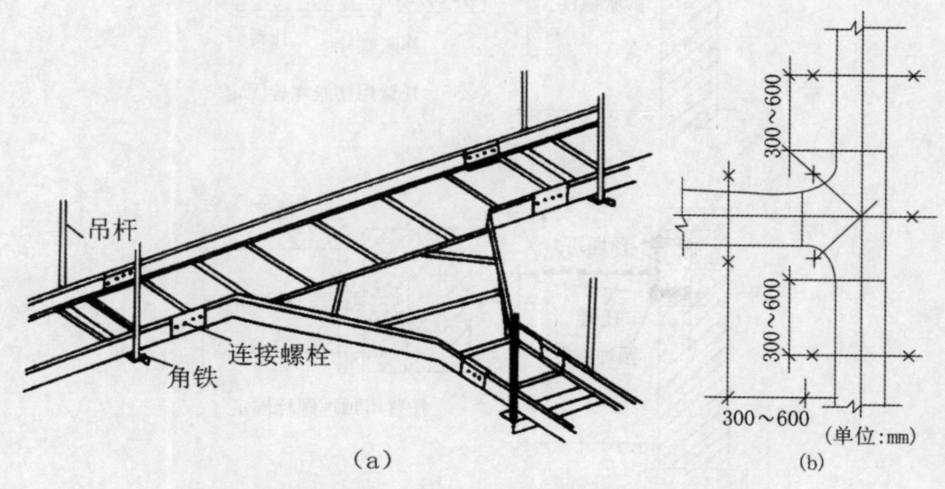

（a）三通桥架；（b）三通桥架的固定位置

图 4.24　桥架分支连接安装

5. 桥架与配线柜的连接

图 4.25 为桥架与配线柜的连接。

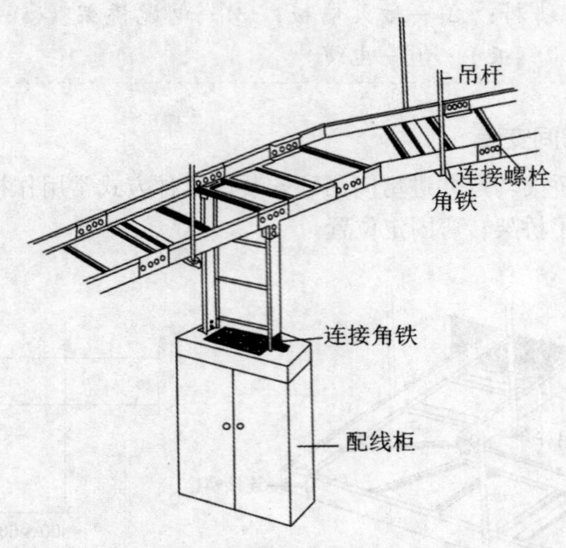

图 4.25　桥架与配线柜的连接

6. 桥架托臂安装

图 4.26 为电缆桥架托臂安装。图 4.26（a）为壁装托架支撑方式，图 4.26（b）、图 4.26（c）、图 4.26（d）为安装施工方法。

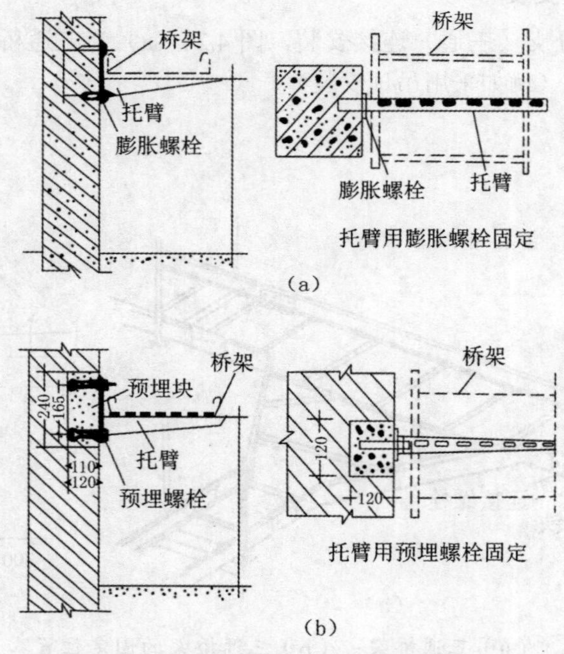

图 4.26　桥架托臂安装

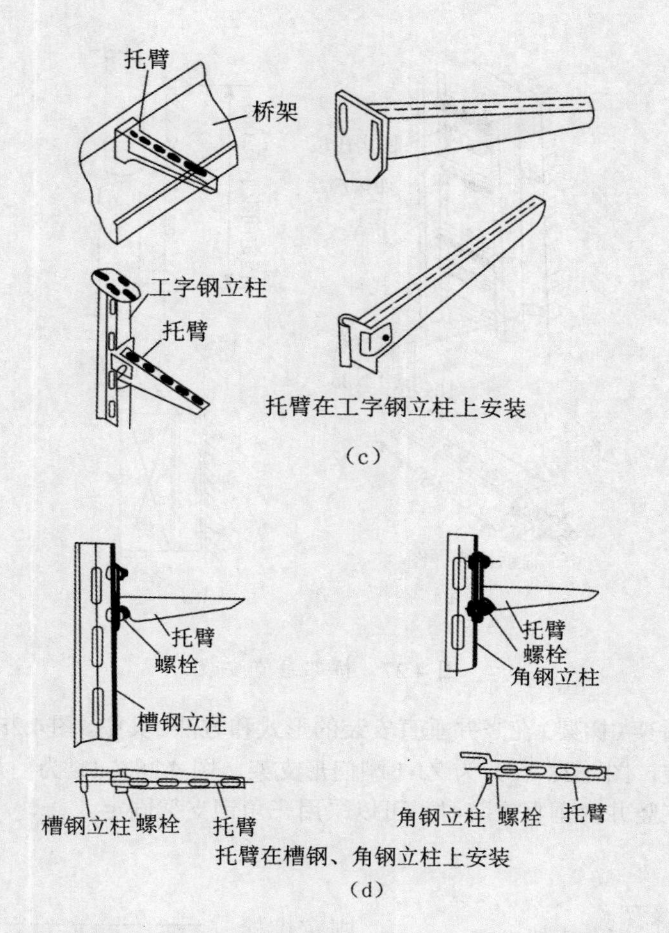

(a)壁装托架支撑方式；(b)(c)(d)安装施工方法

图 4.26　桥架托臂安装（续图）

注意

托臂加工尺寸按桥架宽窄配套制作。

任务 2　桥架垂直安装

1. 桥架垂直安装

桥架垂直安装主要是在电缆竖井中沿墙采用壁装方式，用于固定线槽或电缆垂直敷设时支撑垂直干线电缆。桥架的垂直安装方法如图 4.27 所示。

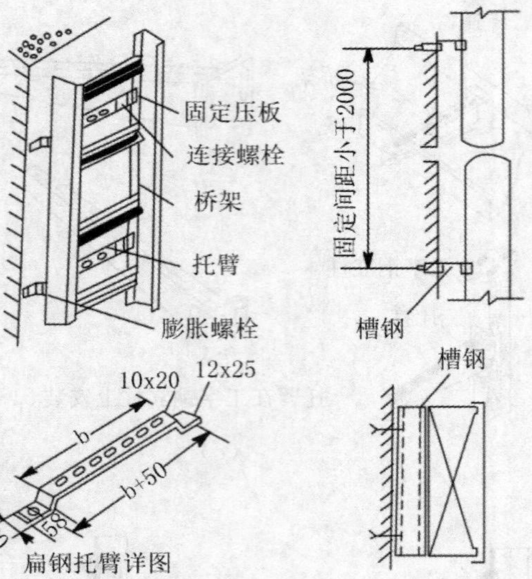

固定压板
连接螺栓
桥架
托臂
膨胀螺栓
10x20
12x25
b
b+50
60
58
扁钢托臂详图
固定间距小于2000
槽钢
槽钢

（a）　　　　（b）

图 4.27　桥架垂直安装

图 4.28 为桥架（梯架）在竖井垂直安装的形式和方法。其中，图 4.28（a）、图 4.28（b）为三角支架安装，图 4.28（c）为 ZJ-1 型门形支架，图 4.28（d）为门形钢支架安装。

电缆桥架在竖井内垂直安装时，可以采用三角钢支架固定。

电缆梯架 支架
三角支架
膨胀螺栓
螺栓
槽钢支架
膨胀螺栓
固定螺栓
电缆
防火隔板
防火堵料
固定角钢

（a）　　　　（b）

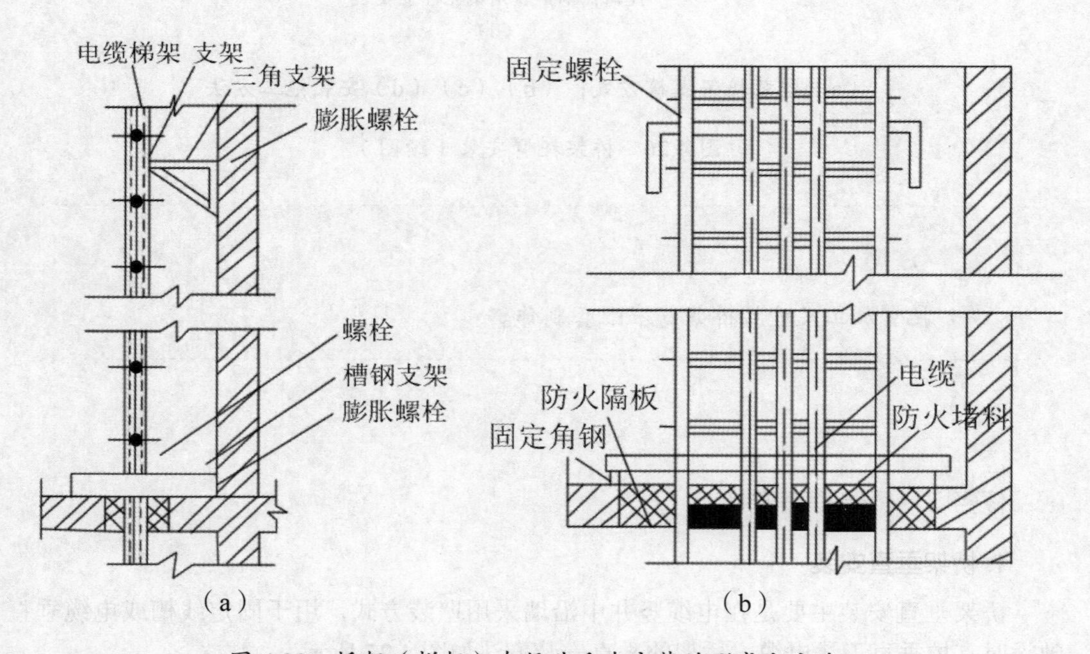

图 4.28　桥架（梯架）在竖井垂直安装的形式和方法

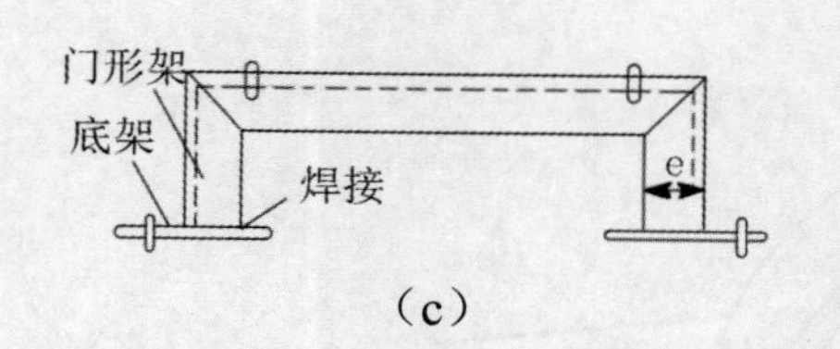

（c）

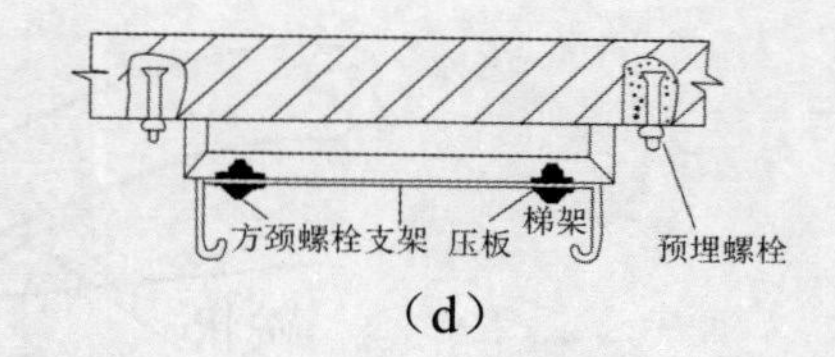

（d）

（a）（b）三角架安装；（c）ZJ-1 型门形支架；（d）门形钢支架安装

图 4.28 桥架（梯架）在竖井垂直安装的形式和方法（续图）

2. 桥架及线槽安装规范

- 桥架及线槽的安装位置应符合施工图规定，左右偏差不应超过 50mm。
- 电缆桥架宜高出地面 2.2m 以上，桥架顶部距顶棚或其他障碍物不应小于 0.3m，桥架内横断面的填充率不应超过 50%。
- 两线槽连接处水平度偏差不应超过 2mm。
- 电缆线槽宜高出地面 2.2m，在吊顶内设置时，槽盖开启面应保持 80mm 的垂直净空。
- 桥架盖板上的进出线孔应尽量靠近过线盒，桥架侧面开边孔应无毛刺。
- 金属桥架及槽道连接处应连接可靠、美观，并应压接导电连接线，在靠近地线的地方与地线相连，保证整座建筑的桥架及槽道与大地相通。
- 垂直安装桥架及线槽时应与地面保持垂直，并无倾斜现象，垂直偏差不应超过 3mm。

任务 3 在竖井中向下垂放线缆和正确地通过交接间向上牵引线缆

主干缆是建筑物的主要线缆，它为从设备间到每层楼上的管理间之间传输信号提供通路。在新的建筑物中，通常有竖井通道。

在竖井中敷设主干缆一般有两种方式，即向下垂放电缆与向上牵引电缆。相比较而言，向下垂放比向上牵引容易。

1. 向下垂放线缆

向下垂放线缆的一般步骤如下：

步骤 1：把线缆卷轴放到最顶层。

步骤 2：在离房子的开口处（孔洞处）3~4m 处安装线缆卷轴，并从卷轴顶部馈线。

步骤 3：在线缆卷轴处安排所需的布线施工人员（数目视卷轴尺寸及线缆质量而定），每层上要有一个工人以便引寻下垂的线缆。

步骤 4：开始旋转卷轴，将线缆从卷轴上拉出。

步骤 5：将拉出的线缆引导进竖井中的孔洞。在此之前先在孔洞中安放一个塑料的套状保护物，以防止孔洞不光滑的边缘擦破线缆的外皮，如图 4.29 所示。

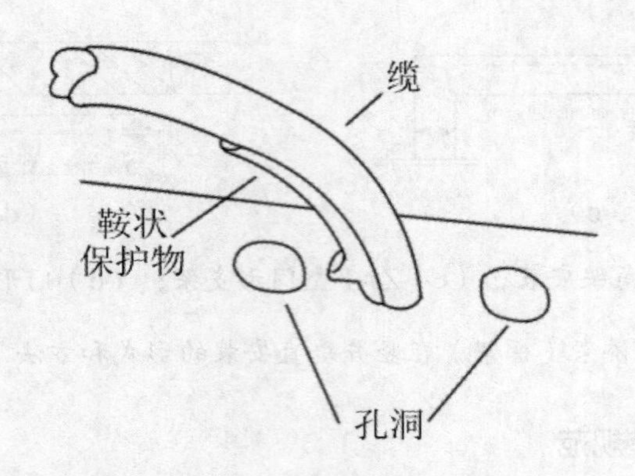

图 4.29　保护线缆的塑料靴状物

步骤 6：慢慢地从卷轴上放缆并进入孔洞向下垂放，请不要快速地放缆。

步骤 7：继续放线，直到下一层布线施工人员能将线缆引到下一个孔洞。

步骤 8：按前面的步骤，继续慢慢地放线，并将线缆引入各层的孔洞。

如果要经由一个大孔敷设垂直主干线缆，就无法使用一个塑料保护套了，这时最好使用一个滑车轮，通过它来下垂布线，为此需求做如下操作：

步骤 1：在孔的中心处装上一个滑车轮，如图 4.30 所示。

步骤 2：将缆拉出绕在滑车轮上。

步骤 3：按前面介绍的方法牵引缆穿过每层的孔，当线缆到达目的地时，把每层上的线缆绕成卷放在架子上固定起来，等待以后的端接。

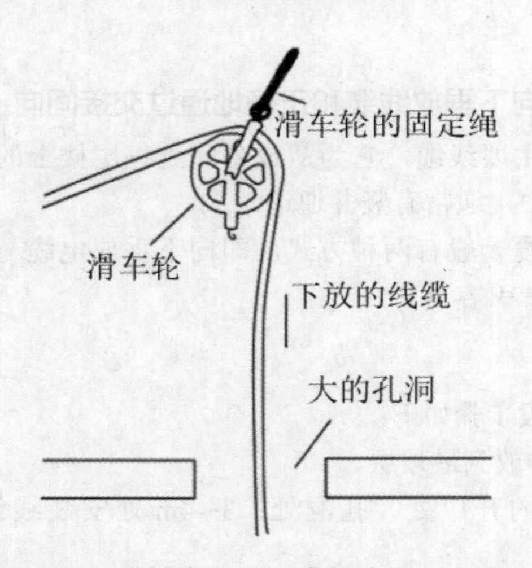

图 4.30　用滑车轮向下布放线缆通过大孔

在布线时，若线缆要越过弯曲半径小于允许的值（双绞线弯曲半径为 8~10 倍于线缆的直径，光缆为 20~30 倍于线缆的直径），可以将线缆放在滑车轮上，解决线缆的弯曲问题。方法如图 4.31 所示。

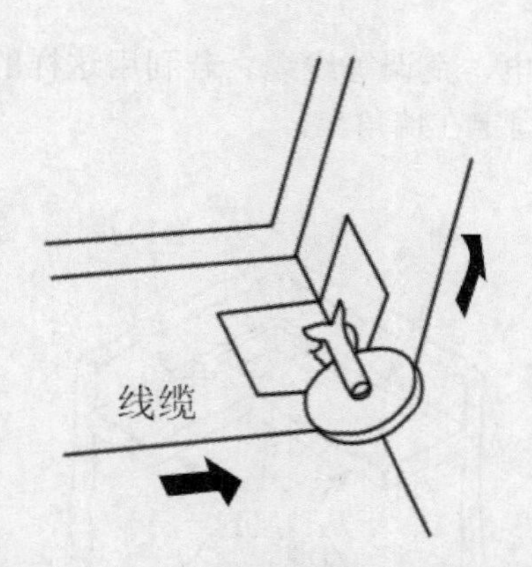

图 4.31 用滑车轮解决线缆的弯曲半径

2. 向上牵引线缆

向上牵引线缆可用电动牵引绞车，如图 4.32 所示。

步骤 1：按照线缆的质量，选定绞车型号，并按绞车制造厂家的说明书进行操作。先往绞车中穿一条绳子。

步骤 2：启动绞车，并往下垂放一条拉绳（确认此拉绳的强度能保护牵引线缆），拉绳向下垂放直到安放线缆的底层。

步骤 3：如果缆上有一个拉眼，则将绳子连接到此拉眼上。

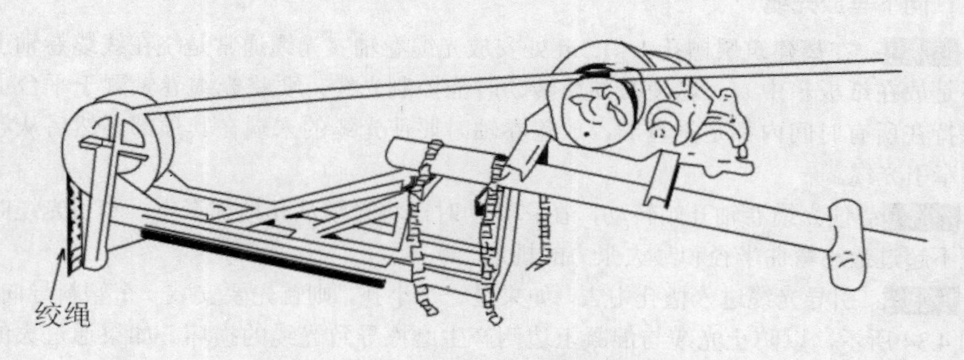

图 4.32 典型的电动牵引绞车

步骤 4：启动绞车，慢慢地将线缆通过各层的孔向上牵引。

步骤 5：缆的末端到达顶层时，停止绞车。

步骤 6：在地板孔边沿上用夹具将线缆固定。

步骤 7：当所有连接制作好之后，从绞车上释放线缆的末端。

任务 4 在干线子系统中敷设主干缆线

下面我们以光缆为例，进一步说明在干线子系统中如何敷设主干缆线。

在许多老式建筑中，可能有大槽孔的竖井，如图 4.33 所示。通常在这些竖井内装有管道，以供敷设气、水、电、空调等线缆。若利用这样的竖井来敷设光缆时，光缆必须加以保护。也可将光缆固定在墙角上。

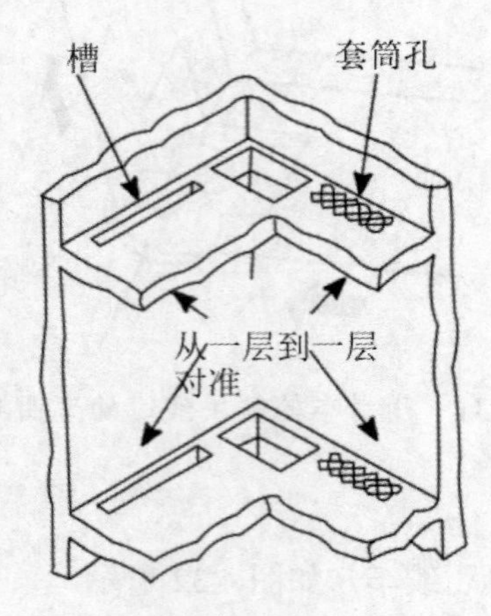

图 4.33　封闭性的竖井

如上所述，在竖井中敷设光缆有两种方法，即向下垂放光缆和向上牵引光缆。

通常向下垂放比向上牵引容易些。但如果将光缆卷轴机搬到高层上去很困难，则只能由下向上牵引。

1. 向下垂放光缆

步骤 1：在离建筑层槽孔 1~1.5m 处安放光缆卷轴（光缆通常是绕在线缆卷轴上，而不是放在纸板箱中），以使在卷筒转动时能控制光缆，要将光缆卷轴置于平台上以便保持在所有时间内都是垂直的，放置卷轴时要使光缆的末端在其顶部，然后从卷轴顶部牵引光缆。

步骤 2：使光缆卷轴开始转动，在它转动时，将光缆从其顶部牵出。牵引光缆时要保证不超过最小弯曲半径和最大张力的规定。

步骤 3：引导光缆进入槽孔中去，如果是一个小孔，则首先要安装一个塑料导向板，如图 4.34 所示，以防止光缆与混凝土边侧产生磨擦导致光缆的损坏。如果通过大的开孔下放光缆，如图 4.35 那样，则在孔的中心上安装一个滑车轮，然后把光缆拉出绞绕到车轮上去。

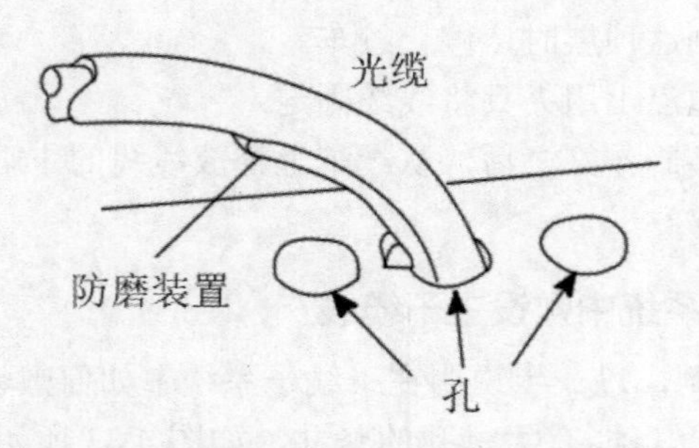

图 4.34　用来保护光缆塑料防磨装置

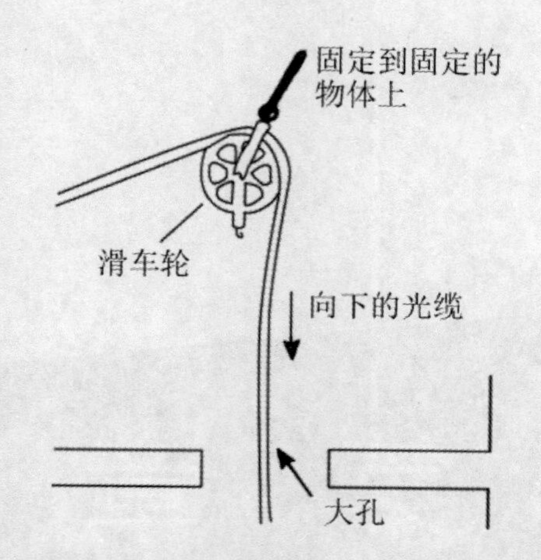

图 4.35 由滑轮将主干光缆经大孔放到下面的楼层中去

步骤 4：慢慢地从光缆卷轴上牵引光缆，直到下面一层楼的人能将光缆引入到下一个槽孔中去为止。

步骤 5：每隔 2m 左右打一线夹。

2. 向上牵引光缆

向上牵引光缆与向下垂放光缆方向相反，其操作方法与前类似，这里就不再叙述。

第 5 章
管理间子系统

5.1 管理间子系统设计

【项目描述】

管理间子系统（Administration Subsystem）由交连、互连和 I/O 组成。本节的主要任务是在认识管理间子系统的设备部件，理解管理间子系统的交连硬件部件以及理解管理间子系统几种交连形式的基础上，学会管理间子系统在干线接线间和卫星接线间中的连接方法，做出各楼层管理间的端口对应表等内容。

【相关知识】

5.1.1 管理间子系统基本概念

管理间为连接其他子系统提供手段，它连接垂直干线子系统和水平干线子系统。

在综合布线系统中，管理间子系统由楼层配线间、二级交接间、建筑物设备间的线缆、配线架及相关接插跳线等组成。通过综合布线系统的管理间子系统，可以直接管理整个应用系统终端设备，从而实现综合布线的灵活性、开放性和扩展性。

5.1.2 管理间子系统的划分原则

管理间（电信间）主要为楼层安装配线设备（机柜、机架、机箱等安装方式）和楼层计算机网络设备（HUB 或 SW）的场地，并可考虑在该场地设置缆线竖井等电位接地体、电源插座、UPS 配电箱等设施。在场地面积满足的情况下，也可设置建筑物安防、消防、建筑设备监控系统、无线信号等系统的布缆线槽和功能模块的安装。如果综合布线系统与弱电系统设备合设于同一场地，从建筑的角度出发，一般也称为弱电间。

现在，许多大楼在综合布线时都考虑在每一楼层设立一个管理间，用来管理该层的信息点，改变了以往几层共享一个管理间子系统的做法，这也是综合布线的发展趋势。

管理间子系统设置在楼层配线房间，是水平系统电缆端接的场所，也是主干系统电缆端接的场所。它由大楼主配线架、楼层分配线架、跳线、转换插座等组成。用户可以在管理间子系统中更改、增加、交接、扩展缆线，从而改变缆线路由。

管理间子系统中以配线架为主要设备，配线设备可直接安装在 19 寸机架或者机柜上。

管理间房间面积的大小一般根据信息点多少安排和确定，如果信息点多，就应该考虑一个单独的房间来放置，如果信息点很少，也可采取在墙面安装机柜的方式。

5.1.3 管理间子系统设计规范

1. 管理间数量的确定

每个楼层一般宜至少设置一个管理间（电信间）。如果是特殊情况下，每层信息点数量较少，且水平缆线长度不大于 90m 的情况下，宜几个楼层合设一个管理间。

管理间数量的设置宜按照以下原则:

如果该层信息点数量不大于 400 个，水平缆线长度在 90m 范围以内，宜设置一个管理间，当超出这个范围时宜设两个或多个管理间。

在实际工程应用中，为了方便管理和保证网络传输速度或者节约布线成本，例如学生公寓，信息点密集，使用时间集中，楼道很长，也可以按照 100~200 个信息点设置一个管理间，将管理间机柜明装在楼道。

2. 管理间面积

GB50311-2007 中规定管理间的使用面积不应小于 $5m^2$，也可根据工程中配线管理和网络管理的容量进行调整。一般新建楼房都有专门的垂直竖井，楼层的管理间基本都设计在建筑物竖井内，面积在 $3m^2$ 左右。在一般小型网络综合布线系统工程中管理间也可能只是一个网络机柜。

一般旧楼增加网络综合布线系统时，可以将管理间选择在楼道中间位置的办公室，也可以采取壁挂式机柜直接明装在楼道，作为楼层管理间。

管理间安装落地式机柜时，机柜前面的净空不应小于 800mm，后面的净空不应小于 600mm，方便施工和维修。安装壁挂式机柜时，一般在楼道安装高度不小于 1.8m。

3. 管理间电源要求

管理间应提供不少于两个 220V 带保护接地的单相电源插座。管理间如果安装电信管理或其他信息网络管理时，管理供电应符合相应的设计要求。

4. 管理间门要求

管理间应采用外开丙级防火门，门宽大于 0.7m。

5. 管理间环境要求

管理间内温度应为 10 ～ 35℃，相对湿度宜为 20% ～ 80%。一般应该考虑网络交换机等设备发热对管理间温度的影响，在夏季必须保持管理间温度不超过 35℃。

5.1.4 管理间子系统连接器件

管理间子系统的管理器件根据综合布线所用介质类型分为两大类，即铜缆管理器件和光纤管理器件。这些管理器件用于配线间和设备间的缆线端接，以构成一个完整的综合布线系统。

1. 铜缆管理器件

铜缆管理器件主要有配线架、机柜及线缆相关管理附件。配线架主要有110系列配线架和RJ-45模块化配线架两类。110系列配线架可用于电话语音系统和网络综合布线系统，RJ-45模块化配线架主要用于网络综合布线系统。

（1）110系列配线架

110系列配线架产品各个厂家基本相似，有些厂家还根据应用特点不同细分为不同类型的产品。例如，AVAYA公司的SYSTIMAX综合布线产品将110系列配线架分为两大类，即110A和110P。110A配线架采用夹跳接线连接方式，可以垂直叠放便于扩展，适合于线路调整较少、线路管理规模较大的综合布线场合，如图5.1所示。110P配线架采用接插软线连接方式，管理比较简单但不能垂直叠放，适合于线路管理规模较小的场合，如图5.2所示。

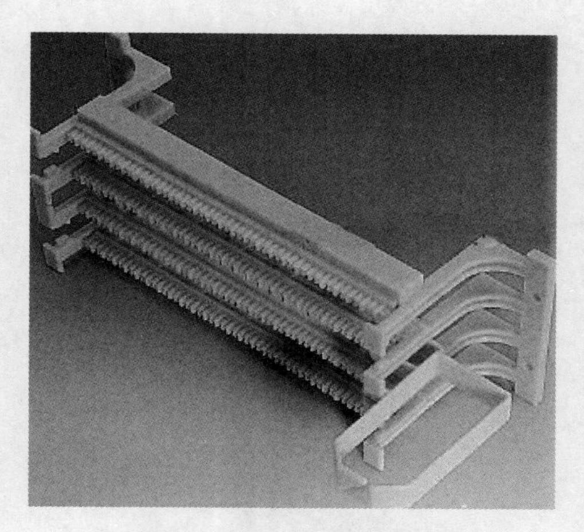

图5.1　AVAYA 110A配线架

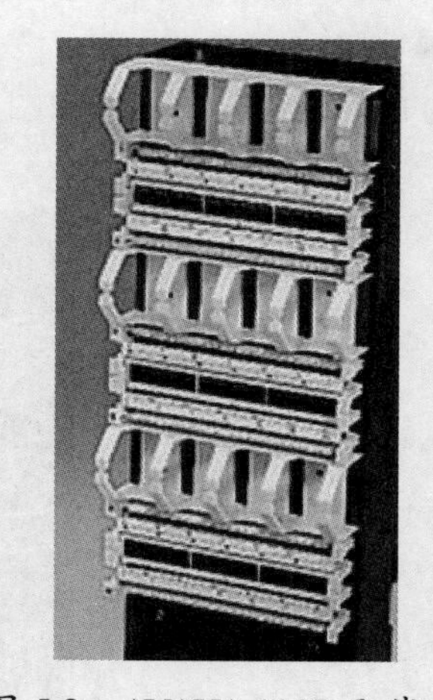

图5.2　AVAYA 110P配线架

110A配线架有100对和300对两种规格，可以根据系统安装要求使用这两种规格的配线架进行现场组合。110A配线架由以下配件组成：

- 100或300对线的接线块；
- 3对、4对或5对线的110C连接块，如图5.3所示；
- 底板；
- 理线环；
- 跳插软线；
- 标签条。

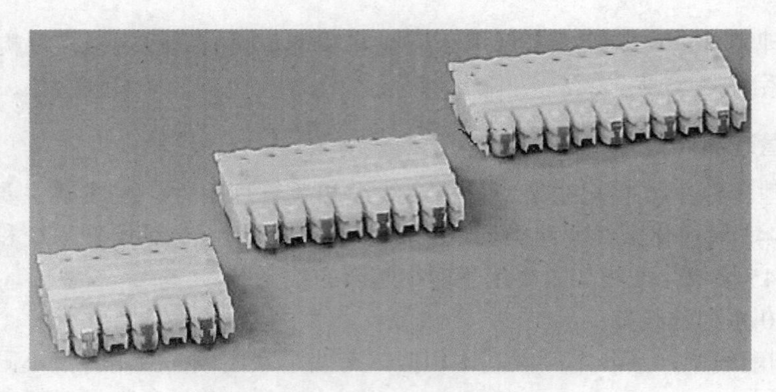

图 5.3　110C 3，4，5 对连接块

110P 配线架有 300 对和 900 对两种规格。由以下配件组成：

- 安装于面板上的 100 对线的 110D 型接线块；
- 3，4 或 5 对线的连接块；188C2 和 188D2 垂直底板；
- 188E2 水平跨接线过线槽；管道组件；接插软线；
- 标签条。

110P 配线架的结构如图 5.4 所示。

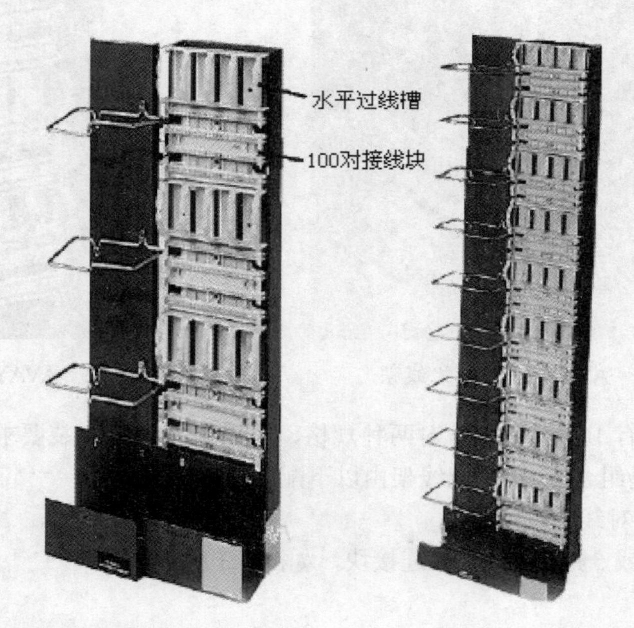

（a）300 对 110P 配线架　　（b）900 对 110P 配线

图 5.4　AVAYA 110P 配线架构成

（2）RJ-45 模块化配线架

RJ-45 模块化配线架主要用于网络综合布线系统，它根据传输性能的要求分为 5 类、超 5 类、6 类模块化配线架。配线架前端面板为 RJ-45 接口，可通过 RJ-45—RJ-45 软

跳线连接到计算机或交换机等网络设备。配线架后端为BIX或110连接器，可以端接水平子系统线缆或干线线缆。配线架一般宽度为19英寸，高度为1U到4U，主要安装于19英寸机柜。模块化配线架的规格一般由配线架根据传输性能、前端面板接口数量以及配线架高度决定。图5.5所示为1U 24口RJ-45模块化网络配线架。

图5.5（a） 24口模块化配线架前端面板

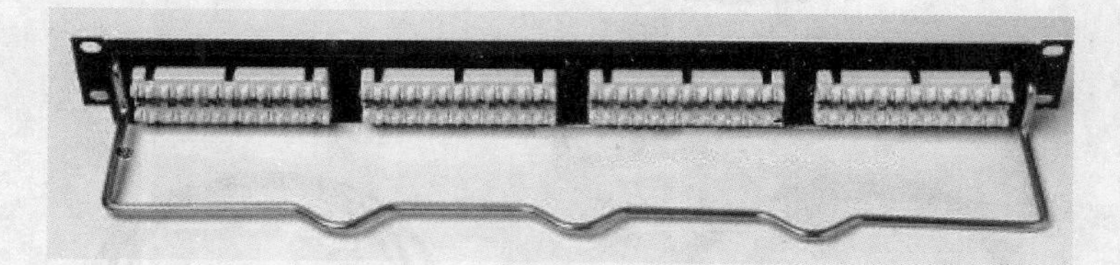

图5.5（b） 24口模块化配线架后端

配线架前端面板可以安装相应标签以区分各个端口的用途，方便以后的线路管理，配线架后端的BIX或110连接器都有清晰的色标，方便线对按色标顺序端接。

（3）BIX交叉连接系统

BIX交叉连接系统是IBDN智能化大厦解决方案中常用的管理器件，可以用于计算机网络、电话语音、安保等弱电布线系统。BIX交叉连接系统主要由以下配件组成：

- 50，250，300线对的BIX安装架，如图5.6所示；
- 25对BIX连接器，如图5.7所示；
- 布线管理环，如图5.8所示；
- 标签条；
- 电缆绑扎带；
- BIX跳插线，如图5.9所示。

300对BIX安装架　　250对BIX安装架　　50对BIX安装架

图5.6 50，250，300对BIX安装架

图 5.7　25 对 BIX 连接器

图 5.8　布线管理环

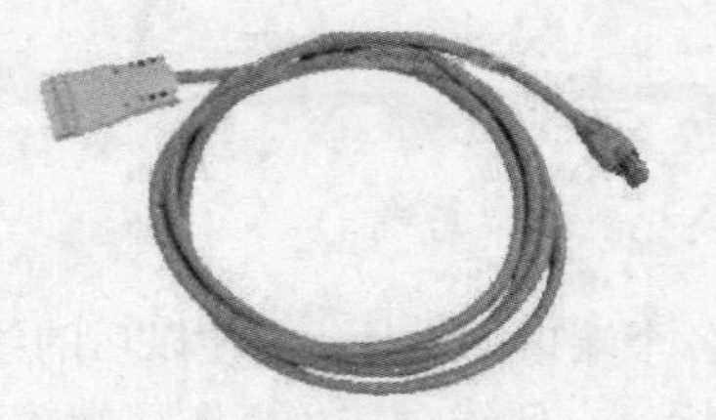

（a）BIX 跳插线 BIX—BIX 端口

（b）BIX 跳插线 BIX—RJ-45 端口

图 5.9　BIX 跳插线

BIX 安装架可以水平或垂直叠加，可以很容易地根据布线现场要求进行扩展，适合于各种规模的综合布线系统。BIX 交叉连接系统既可以安装在墙面上，也可以使用专用套件固定在 19 英寸的机柜上。图 5.10 为一个安装完整的 BIX 交叉连接系统。

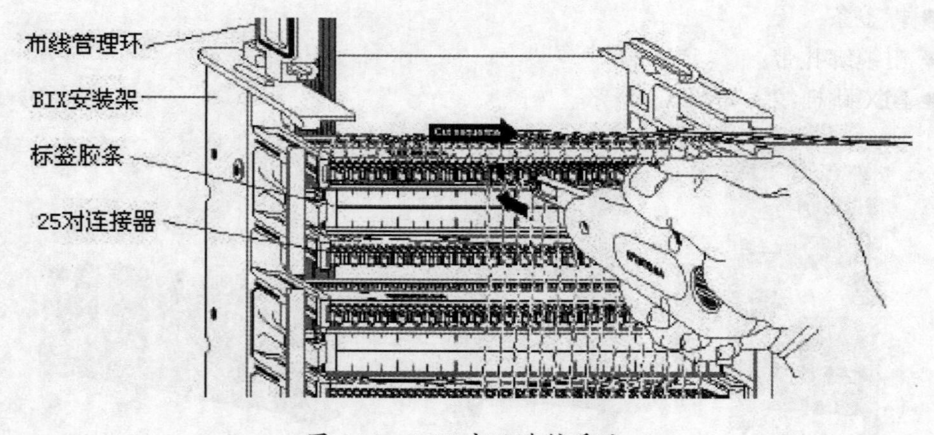

图 5.10　BIX 交叉连接系统

2. 光纤管理器件

光纤管理器件根据光缆布线场合要求分为两类，即光纤配线架和光纤接线箱。光纤配线架适合于规模较小的光纤互连场合，如图 5.11 所示；而光纤接线箱适合于光纤互连较密集的场合，如图 5.12 所示。

光纤配线架又分为机架式光纤配线架和墙装式光纤配线架两种。机架式光纤配线架宽度为 19 英寸，可直接安装于标准的机柜内；墙装式光纤配线架体积较小，适合于安装在楼道内。

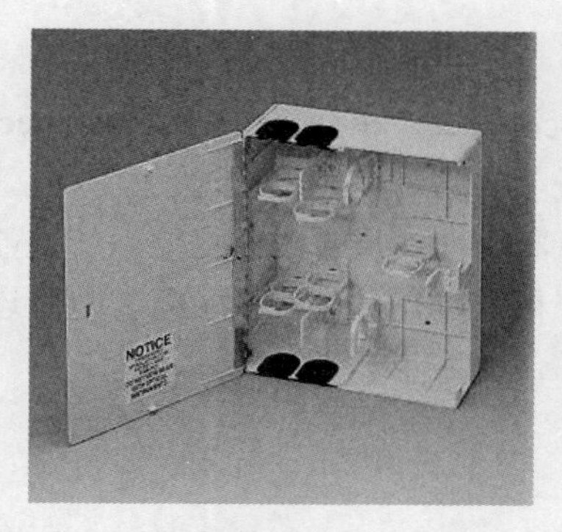

图 5.11　机架式光纤配线架

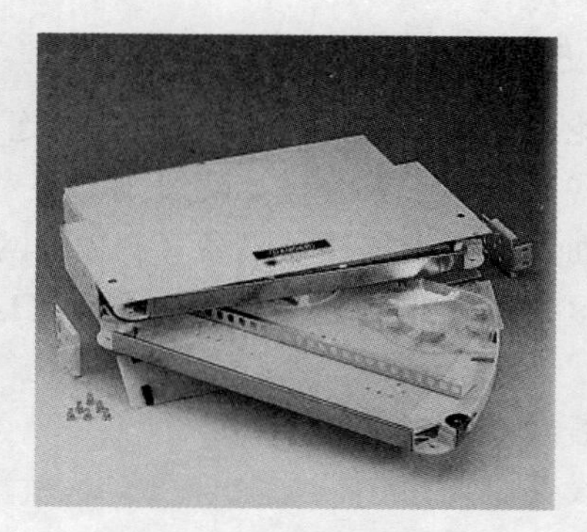

图 5.12　光纤接线箱

如图 5.11 所示，打开光纤配线架可以看到一排插孔，用于安装光纤耦合器。光纤配线架的主要参数是可安装光纤耦合器的数量以及高度，例如 IBDN 的 12 口 /1U 机架式光纤配线架可以安装 12 个光纤耦合器。

光纤耦合器的作用是将两个光纤接头对准并固定，以实现两个光纤接头端面的连接。光纤耦合器的规格与所连接的光纤接头有关。常见的光纤接头有两类：ST 型和 SC 型，如图 5.13 所示。光纤耦合器也分为 ST 型和 SC 型，如图 5.14 所示。

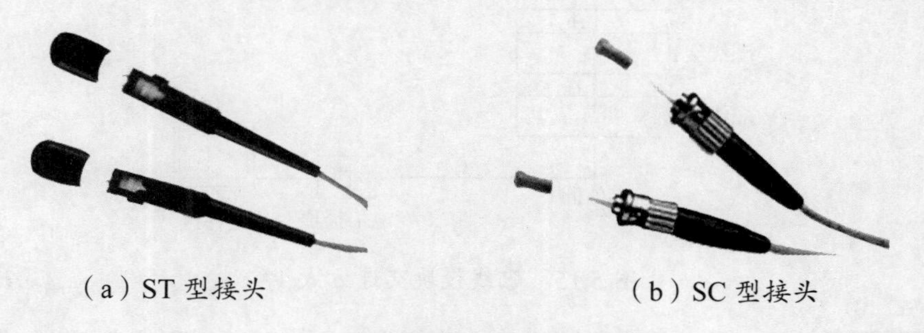

（a）ST 型接头　　（b）SC 型接头

图 5.13　光纤接头

光纤耦合器两端可以连接光纤接头，两个光纤接头可以在耦合器内准确端接起来，从而实现两个光纤系统的连接。一般多芯光缆剥除后固定在光纤配线架内，通过熔接或磨接技术使各纤芯连接于多个光纤接头，这些光纤接头端接于耦合器一端（内侧），使用光纤跳线端接于耦合器另一端（外侧），然后光纤跳线可以连接光纤设备或另一个光纤配线架。

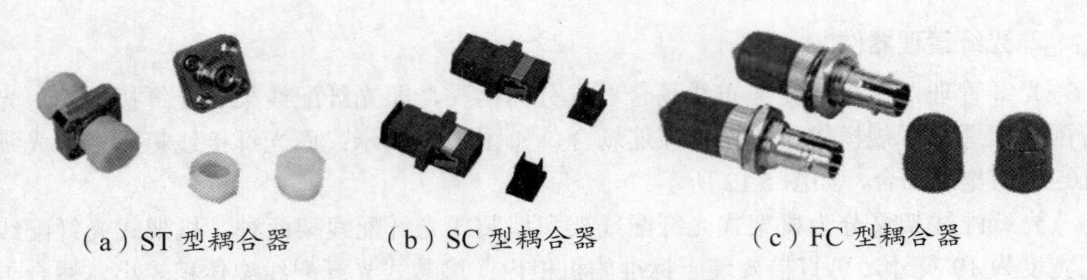

（a）ST 型耦合器　（b）SC 型耦合器　（c）FC 型耦合器

图 5.14　光纤耦合器

5.1.5　交连与互连

不论是数据，还是语音都存在互连（Inter-connect）和交连（Cross-connect）两种配线方式，对应于布线设计阶段则需要考虑配线架的单端和双端设计。

下面我们详细描述从设备（例如，网络集线器和交换机，楼宇自控系统控制器等）到工作区的水平信道连接情况，显示 TIA 568B 和 ISO/IEC 11801 标准，给出连接配置方式。

布线线段的定义如下：

- 设备电缆；
- 交连（跳线）；
- 水平缆线；
- 集合点（CP）到电信插座（TO）的电缆；
- 工作区设备缆线。

信道模型 1：网络设备经过配线模块交连到信息插座，如图 5.15 所示，图中的 CP 集合点为任选设备，但在 CP 处不存在跳线管理功能。

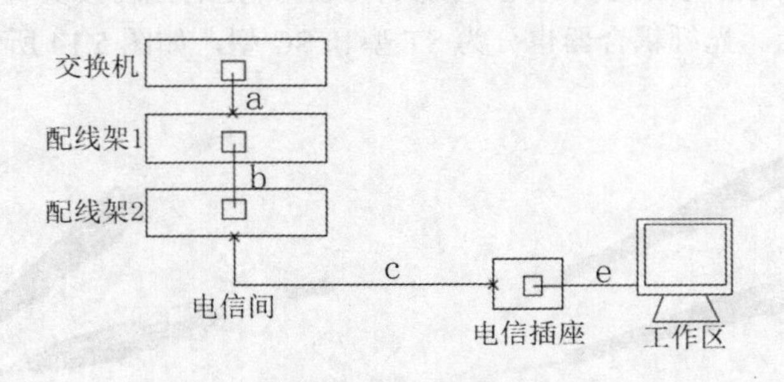

图 5.15　配线模块交连方式 1

信道模型 2：网络设备经过配线模块交连至集合点，再延伸到信息插座，如图 5.16 所示。

值得一提的是，CP 集合点是最早出现的大开间办公室解决方案。它使用若干个 110 型跳线架，配合安装底盒，安装在大开间办公室的墙内。从楼层配线架引大对数电缆或 4 对 UTP 至 CP 点，搭接在 110 型跳线架的进线端。后期使用者对大开间办公室进行装修施工时，根据划分了房间的点位表通过不同方式路由从 CP 集合点引 4 对 UTP 至工作区，完成布线工作。

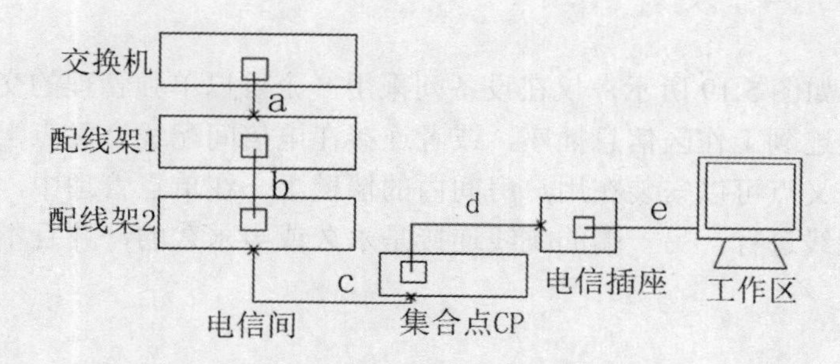

图 5.16 配线模块交连方式 2

信道模型 3：网络设备经过设备缆线至配线模块互连至集合点，再延伸到信息插座，如图 5.17 所示。

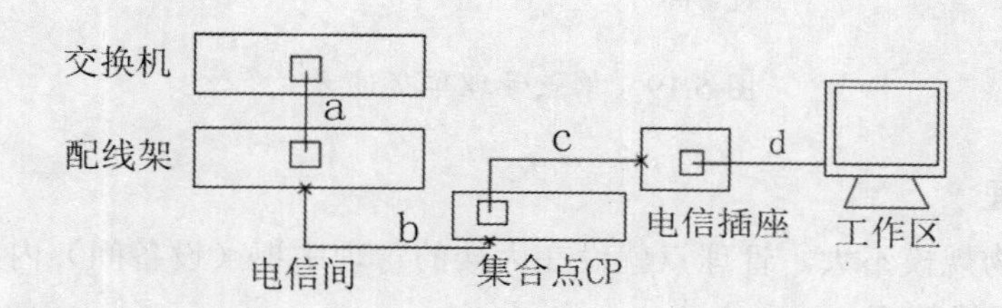

图 5.17 配线模块互连方式

配线模块采用交连方式可以使得管理集中化。这样，当布线系统切换配线的时候，只需要在两配线架端口上进行跳接，不需要经常直接去插拔设备的端口，增加了设备的使用寿命，同时可以使跳线的管理集中化，易于控制跳接过程，从而提高管理效率，交连的方式会在数据中心中有更多应用。

5.1.6 管理方案设计

管理方案设计中对于管理场地可以考虑两种方式：单点管理和双点管理。

交连区的结构取决于位置，系统布线规范和选用的硬件可以由用户或技术人员进行线路管理，回顾第 1 章中的信道构成图，如图 5.18 所示。

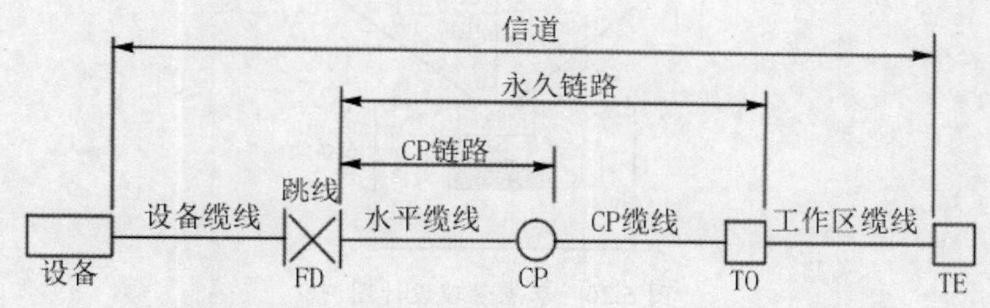

图 5.18 布线系统信道、永久链路、CP 链路

1. 单点管理

单点管理，如图 5.19 所示，仅在设备间采用一个可以单独管理的交叉点。设备间中的交换机直接连到工作区信息插座，或者连接在电信间配线交叉点上。如不设置电信间，第二个交叉点可以安装在用户房间内的墙壁上。在单点管理中，线路的管理只在设备间通过跳线进行，另一端的跳线连接是永久或半永久的，并且不必进行日常的线路管理。

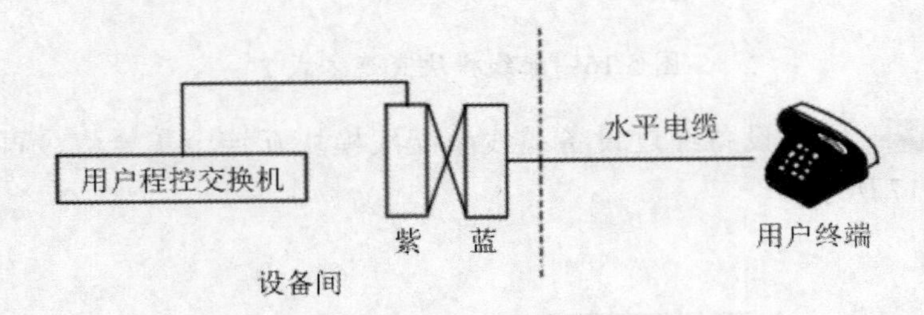

图 5.19　单点管理单交连方式

2. 双点管理

如果建筑物规模不大，管理点就设在大楼的管理中枢（设备间）内，在各楼层的电信间内不做配线管理。

当建筑物规模较大时，多采用二级交接方式，设两个管理点，在各楼层的电信间内做配线的管理点。

双点管理，如图 5.20 所示，除了在设备间有一个管理点外，同时在电信间还有第二个交叉连接管理点。

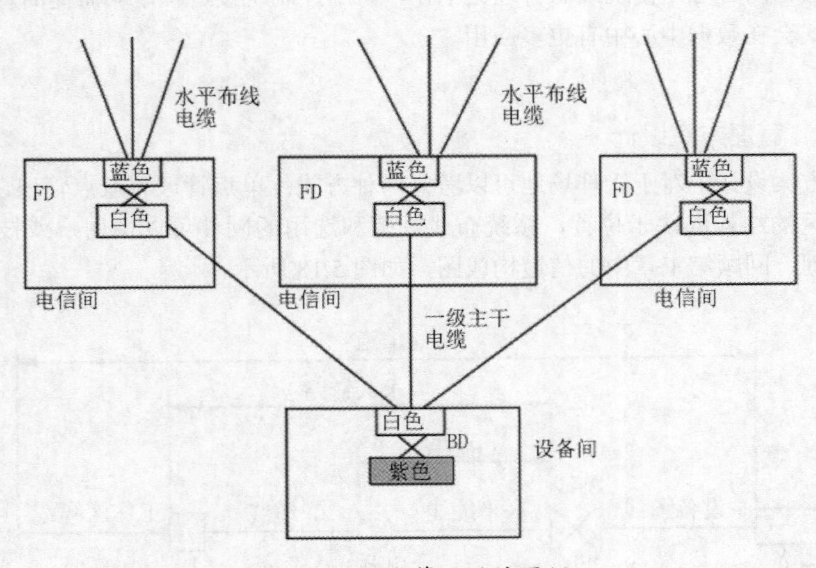

图 5.20　双点管理设计图例

5.1.7 管理间子系统的设计步骤

1. 需求分析

管理间的需求分析围绕单个楼层或者附近楼层的信息点数量和布线距离进行，各个楼层的管理间最好安装在同一个位置，也可以考虑功能不同的楼层安装在不同的位置。根据点数统计表分析每个楼层的信息点总数，然后估算每个信息点的缆线长度，特别注意最远信息点的缆线长度，列出最远和最近信息点缆线的长度，宜把管理间布置在信息点的中间位置，同时保证各个信息点双绞线的长度不要超过90m。

2. 技术交流

在进行需求分析后，要与用户进行技术交流，不仅要与技术负责人交流，也要与项目或者行政负责人进行交流，进一步充分和广泛地了解用户的需求，特别是未来的扩展需求。在交流中重点了解规划的管理间子系统附近的电源插座、电力电缆、电器管理等情况。在交流过程中必须进行详细的书面记录，每次交流结束后要及时整理书面记录，这些书面记录是初步设计的依据。

3. 阅读建筑物图纸和管理间编号

在管理间位置确定前，索取和认真阅读建筑物设计图纸是必要的，通过阅读建筑物图纸掌握建筑物的土建结构、强电路径、弱电路径，特别是主要电器管理和电源插座的安装位置，重点掌握管理间附近的电器管理、电源插座、暗埋管线等。

管理间的命名和编号也是非常重要的一项工作，直接涉及每条缆线的命名，因此管理间命名首先必须准确表达清楚该管理间的位置或者用途，这个名称从项目设计开始到竣工验收及后续维护必须保持一致。如果出现项目投入使用后用户改变名称或者编号时，必须及时制作名称变更对应表，作为竣工资料保存。

管理间子系统使用色标来区分配线设备的性质，标明端接区域、物理位置、编号、容量、规格等，以便维护人员在现场一目了然地加以识别。综合布线使用三种标记：电缆标记、场标记和插入标记。电缆和光缆的两端应采用不易脱落和磨损的不干胶条标明相同的编号。

管理间子系统的标识编制，应按下列原则进行：

- 规模较大的综合布线系统应采用计算机进行标识管理，简单的综合布线系统应按图纸资料进行管理，并应做到记录准确、及时更新、便于查阅。
- 综合布线系统的每条电缆、光缆、配线设备、端接点、安装通道和安装空间均应给定唯一的标志。标志中可包括名称、颜色、编号、字符串或其他组合。
- 配线设备、线缆、信息插座等硬件均应设置不易脱落和磨损的标识，并应有详细的书面记录和图纸资料。
- 同一条缆线或者永久链路的两端编号必须相同。
- 设备间、交接间的配线设备宜采用统一的色标区别各类用途的配线区。

【项目实施】

综合布线系统的管理子系统主要采用110配线架或BIX配线架作为语音系统的管理器件，采用模块数据配线架作为计算机网络系统的管理器件。下面通过举例说明管理间子系统的设计过程。

【例1】已知某一建筑物的某楼层有计算机网络信息点100个，语音点50个，请计算出楼层配线间所需要使用IBDN的BIX安装架的型号及数量，以及BIX条的个数。

提示：IBDN BIX安装架的规格有：50对、250对、300对。常用的BIX条是1A4，可连接25对线。

解答：

根据题目得知总信息点为150个。

（1）总的水平线缆总线对数 =150×4=600对；

（2）配线间需要的BIX安装架应为2个300对的BIX安装架；

（3）BIX安装架所需的1A4的BIX条数量 =600/25=24（条）。

【例2】已知某幢建筑物的计算机网络信息点数为200个且全部汇接到设备间，那么在设备间中应安装何种规格的IBDN模块化数据配线架？数量为多少？

提示：IBDN常用的模块化数据配线架规格有24口、48口两种。

解答：

根据题目已知汇接到设备间的总信息点为200个，因此设备间的模块化数据配线架应提供不少于200个RJ-45接口。如果选用24口的模块化数据配线架，则设备间需要的配线架个数应为9个（200/24=8.3，向上取整应为9个）。

光缆布线管理子系统主要采用光纤配线箱和光纤配线架作为光缆管理器件。下面通过实例说明光缆布线管理子系统的设计过程。

【例3】已知某建筑物中某楼层采用光纤到桌面的布线方案，该楼层共有40个光纤点，每个光纤信息点均布设一根室内2芯多模光纤至建筑物的设备间，请问设备间的机柜内应选用何种规格的IBDN光纤配线架？数量为多少？需要订购多少个光纤耦合器？

提示：IBDN光纤配线架的规格为12口、24口、48口。

解答：

根据题目得知共有40个光纤信息点，由于每个光纤信息点需要连接一根双芯光纤，因此设备间配备的光纤配线架应提供不少于80个接口，考虑网络以后的扩展，可以选用3个24口的光纤配线架和1个12口的光纤配线架。光纤配线架配备的耦合器数量与需要连接的光纤芯数相等，即为80个。

【例4】已知某校园网分为三个片区，各片区机房需要布设一根24芯的单模光纤至网络中心机房，以构成校园网的光纤骨干网络。网管中心机房为管理好这些光缆应配备何种规格的光纤配线架？数量为多少？光纤耦合器多少个？需要订购多少根光纤跳线？

解答：

（1）根据题目得知各片区的三根光纤合在一起总共有72根纤芯，因此网管中心的光纤配线架应提供不少于72个接口。

（2）由以上接口数可知网管中心应配备24口的光纤配线架3个。

（3）光纤配线架配备的耦合器数量与需要连接的光纤芯数相等，即为72个。

（4）光纤跳线用于连接光纤配线架耦合器与交换机光纤接口，因此光纤跳线数量与耦合器数量相等，即为72根。

【例5】建筑物竖井内安装方式

近年来，随着网络的发展和普及，在新建建筑物中每层都考虑到管理间，并给网络等留有弱电竖井，便于安装网络机柜等管理设备。如图5.21所示在竖井管理间中安装网络机柜，这样方便设备的统一维修和管理。

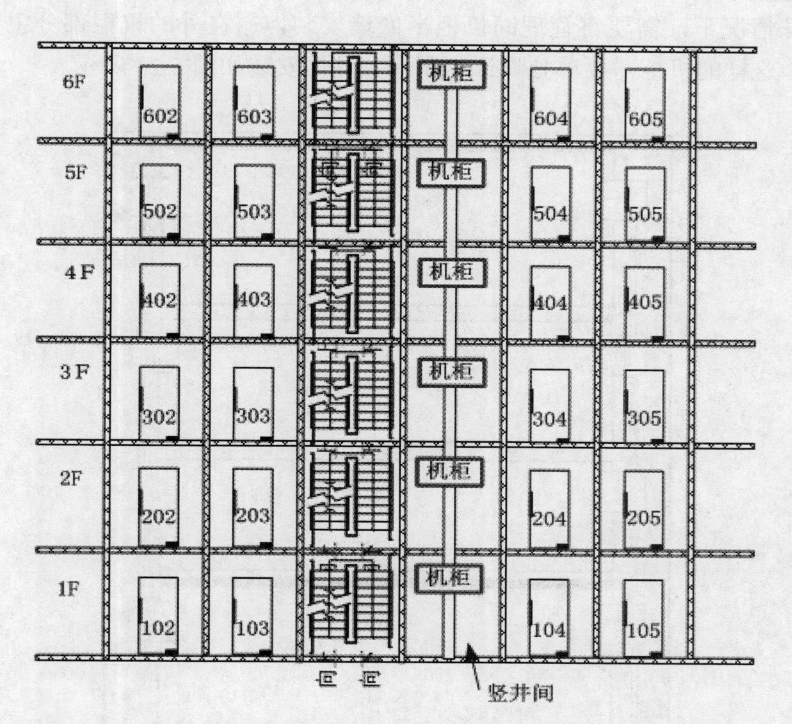

图5.21 建筑物竖井间安装网络机柜示意图

【例6】建筑物楼道明装方式

在学校宿舍这种信息点比较集中、数量相对多的情况下，我们考虑将网络机柜安装在楼道的两侧，如图 5.22 所示。这样可以减少水平布线的距离，同时也方便网络布线施工的进行。

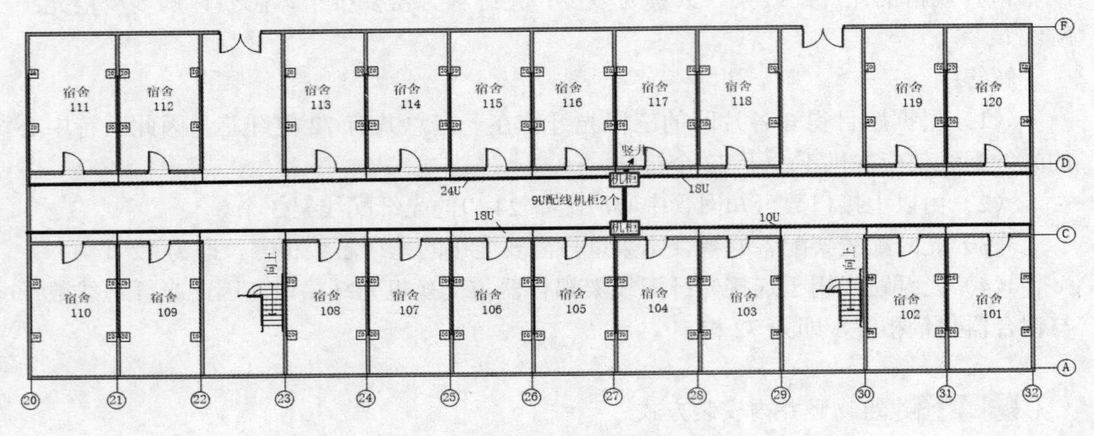

图 5.22 楼道明装网络机柜示意图

【例 7】建筑物楼道半嵌墙安装方式

在特殊情况下，需要将管理间机柜半嵌墙安装，露在外的机柜部分主要是便于设备的散热。这样的机柜需要单独设计、制作。具体安装如图 5.23 所示。

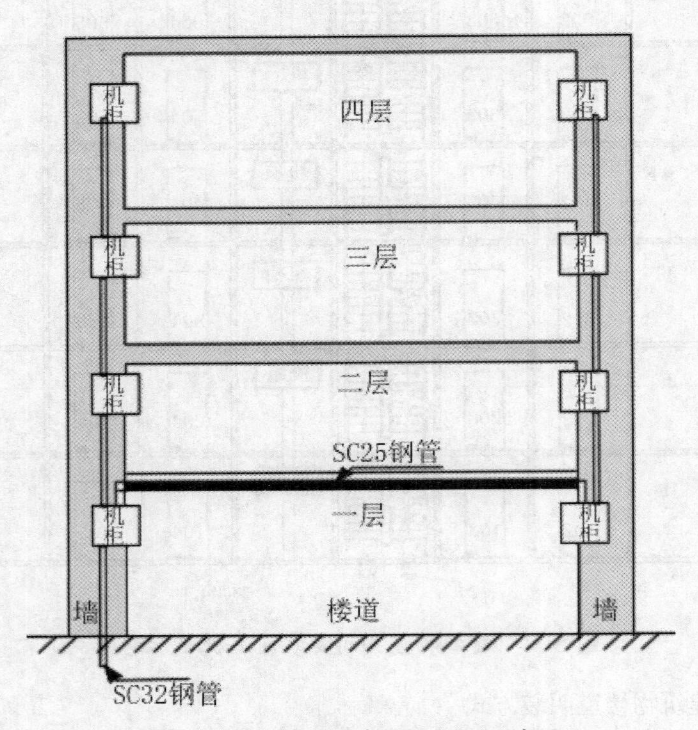

图 5.23 半嵌墙安装网络机柜示意图

【例 8】住宅楼改造增加综合布线系统

在已有住宅楼中需要增加网络综合布线系统时，一般每个住户考虑 1 个信息点，这样每个单元的信息点数量比较少，一般将一个单元作为一个管理间，往往把网络管理间机柜设计安装在该单元的中间楼层，如图 5.24 所示。

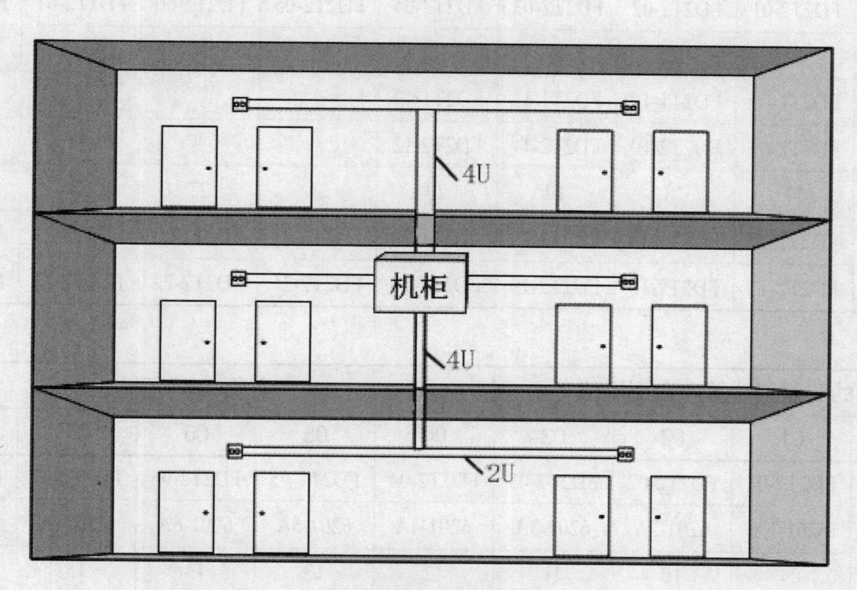

图 5.24 旧住宅楼安装网络机柜示意图

【例 9】根据 2.1 节、3.1 节、4.1 节中关于学生宿舍楼综合布线的设计，得到宿舍楼设备间子系统设计方案。

1. 连线图与配线架图

（1）以六公寓 2 楼和 3 楼 6201~6203、6301~6303 共六个房间为例，作出以下连线结构图，这里略去。

（2）根据连线结构图，得到配线架分布图，如图 5.25 所示。

2. 端口对应表

BD 配线架					名称：BD-T			
编号	01	02	03	04	05	06	07	08
端口名	BD-T-01	BD-T-02	BD-T-03	BD-T-04				
远端	FD2T2-23	FD2T2-24	FD3T2-23	FD3T2-24				
编号	09	10	11	12	13	14	15	16
端口名								
远端								
编号	17	18	19	20	21	22	23	24
端口名								
远端								

2楼的配线架（第一台交换机）				名称：FD2T1			
编号	01	02	03	04	05	06	07	08
端口名	FD2T1-01	FD2T1-02	FD2T1-03	FD2T1-04	FD2T1-05	FD2T1-06	FD2T1-07	FD2T1-08
远端	FD2T2-01	FD2T2-02	FD2T2-03	FD2T2-04	FD2T2-05	FD2T2-06	FD2T2-07	FD2T2-08
编号	09	10	11	12	13	14	15	16
端口名	FD2T1-09	FD2T1-10	FD2T1-11	FD2T1-12				
远端	FD2T2-09	FD2T2-10	FD2T2-11	FD2T2-12				
编号	17	18	19	20	21	22	23	24
端口名	FD2T1-17	FD2T1-18	FD2T1-19	FD2T1-20	FD2T1-21	FD2T1-22	FD2T1-23	FD2T1-24
远端	FD2T2-17	FD2T2-18	FD2T2-19	FD2T2-20	FD2T2-21	FD2T2-22	FD2T2-23	FD2T2-24

2楼的配线架（第一台交换机）				名称：FD2T2				
编号	01	02	03	04	05	06	07	08
端口名	FD2T2-01	FD2T2-02	FD2T2-03	FD2T2-04	FD2T2-05	FD2T2-06	FD2T2-07	FD2T2-08
远端	6201-1A	6201-2A	6201-3A	6201-4A	6201-5A	6201-6A	6202-1A	6202-2A
编号	09	10	11	12	13	14	15	16
端口名	FD2T2-09	FD2T2-10	FD2T2-11	FD2T2-12				
远端	6202-3A	6202-4A	6202-5A	6202-6A				
编号	17	18	19	20	21	22	23	24
端口名	FD2T2-17	FD2T2-18	FD2T2-19	FD2T2-20	FD2T2-21	FD2T2-22	FD2T2-23	FD2T2-24
远端	6203-1A	6203-2A	6203-3A	6203-4A	6203-5A	6203-6A	BD-T-01	BD-T-02

3楼的配线架（第一台交换机）				名称：FD3T1				
编号	01	02	03	04	05	06	07	08
端口名	FD3T1-01	FD3T1-02	FD3T1-03	FD3T1-04	FD3T1-05	FD3T1-06	FD3T1-07	FD3T1-08
远端	FD3T2-01	FD3T2-02	FD3T2-03	FD3T2-04	FD3T2-05	FD3T2-06	FD3T2-07	FD3T2-08
编号	09	10	11	12	13	14	15	16
端口名	FD3T1-09	FD3T1-10	FD3T1-11	FD3T1-12				
远端	FD3T2-09	FD3T2-10	FD3T2-11	FD3T2-12				
编号	17	18	19	20	21	22	23	24
端口名	FD3T1-17	FD3T1-18	FD3T1-19	FD3T1-20	FD3T1-21	FD3T1-22	FD3T1-23	FD3T1-24
远端	FD3T2-17	FD3T2-18	FD3T2-19	FD3T2-20	FD3T2-21	FD3T2-22	FD3T2-23	FD3T2-24

3楼的配线架（第一台交换机）				名称：FD3T2				
编号	01	02	03	04	05	06	07	08
端口名	FD3T2-01	FD3T2-02	FD3T2-03	FD3T2-04	FD3T2-05	FD3T2-06	FD3T2-07	FD3T2-08
远端	6301-1A	6301-2A	6301-3A	6301-4A	6301-5A	6301-6A	6302-1A	6302-2A
编号	09	10	11	12	13	14	15	16
端口名	FD3T2-09	FD3T2-10	FD3T2-11	FD3T2-12				
远端	6302-3A	6302-4A	6302-5A	6302-6A				
编号	17	18	19	20	21	22	23	24
端口名	FD3T2-17	FD3T2-18	FD3T2-19	FD3T2-20	FD3T2-21	FD3T2-22	FD3T2-23	FD3T2-24
远端	6303-1A	6303-2A	6303-3A	6303-4A	6303-5A	6303-6A	BD-T-03	BD-T-04

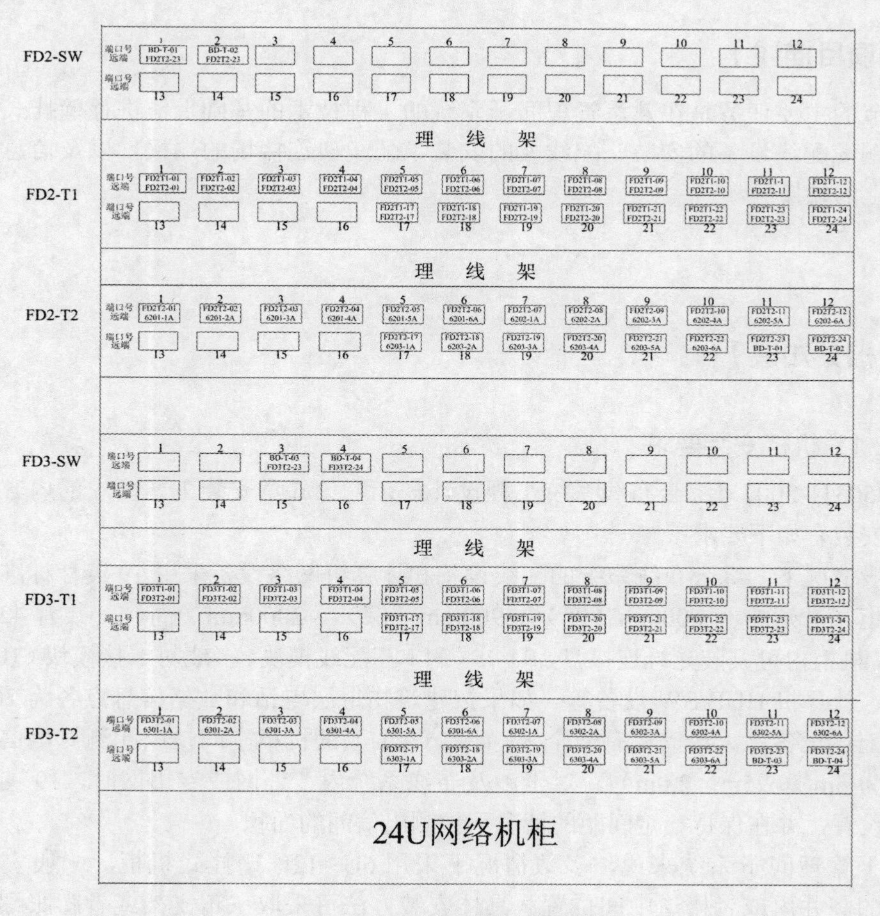

图 5.25 六公寓楼配线架图纸

说明：
1.该图纸为六公寓第二层和第三层中选的6201-6203,6301-6303，6个房间的配线架信息分布图。
2.每层楼由FD-SW、理线架，FD-T1、理线架，FD-T2在组成。
3.整个设计规划是采用24口的交换机。

图例	名称
□	RJ45数据接口
理线架	理线架

项目名称	六公寓网络综合布线工程
图纸名称	六公寓机柜配线架信息分布图
制作人员	陈小姣　　张苏丹
制作时间	2014年11月8号

图 5.25　六公寓楼配线架图纸（续图）

5.2 管理间子系统施工

【项目描述】

本节的主要任务是在熟悉管理间子系统的工程技术的基础上，进行壁挂式机柜的安装、铜缆配线设备的安装、配线架的安装、配线架连接场的端接，以及信息插座在配线板上的端接等。

【相关知识】

5.2.1　机柜安装要求

GB50311-2007《综合布线系统工程设计规范》第 6 章安装工艺要求的内容中，对机柜的安装有如下要求：

一般情况下，综合布线系统的配线设备和计算机网络设备采用 19 英寸标准机柜安装。机柜尺寸通常为 600mm（宽）×900mm（深）×2000mm（高），共有 42U 的安装空间。机柜内可安装光纤连接盘、RJ-45（24 口）配线模块、多线对卡接模块（100 对）、理线架、计算机 HUB/SW 设备等。如果按建筑物每层电话和数据信息点各为 200 个考虑配置上述设备，大约需要有 2 个 19 英寸（42U）的机柜空间，以此测算电信间面积至少应为 5m^2（2.5m×2.0m）。对于涉及布线系统内、外网或专用网时，19 英寸机柜应分别设置，并在保持一定间距的情况下预测电信间的面积。

对于管理间子系统来说，多数情况下采用 6U~12U 壁挂式机柜，一般安装在每个楼层的竖井内或者楼道中间位置。具体安装方法可采取三角支架或者膨胀螺栓固定机柜。

5.2.2 电源安装要求

管理间的电源一般安装在网络机柜的旁边，安装220V（三孔）电源插座。如果是新建建筑，一般要求在土建施工过程时按照弱电施工图上标注的位置安装到位。

5.2.3 通信跳线架的安装

通信跳线架主要用于语音配线系统。一般采用110跳线架，主要是上级程控交换机过来的接线与到桌面终端的语音信息点连接线之间的连接和跳接部分，便于管理、维护、测试。

其安装步骤如下：

①取出110跳线架和附带的螺丝；利用十字螺丝刀把110跳线架用螺丝直接固定在网络机柜的立柱上；

②理线；

③按打线标准把每个线芯按照顺序压在跳线架下层模块端接口中；

④把5对连接模块用力垂直压接在110跳线架上，完成下层端接。

5.2.4 网络配线架的安装

网络配线架安装要求：

在机柜内部安装配线架前，首先要进行设备位置规划或按照图纸规定确定位置，统一考虑机柜内部的跳线架、配线架、理线环、交换机等设备，同时考虑配线架与交换机之间跳线方便。

采用地面出线方式时，一般缆线从机柜底部穿入机柜内部，配线架宜安装在机柜下部。采取桥架出线方式时，一般缆线从机柜顶部穿入机柜内部，配线架宜安装在机柜上部。缆线采取从机柜侧面穿入机柜内部时，配线架宜安装在机柜中部。

配线架应该安装在左右对应的孔中，水平误差不大于2mm，更不允许左右孔错位安装。

网络配线架的安装步骤如下：

①检查配线架和配件完整；

②将配线架安装在机柜设计位置的立柱上；

③理线；

④端接打线；

⑤做好标记，安装标签条。

5.2.5 交换机安装

交换机安装前首先检查产品外包装是否完整和开箱检查产品，收集和保存配套资料。一般包括交换机，2个支架，4个橡皮脚垫和4个螺钉，1根电源线，1个管理电缆。然后准备安装交换机，一般步骤如下：

①从包装箱内取出交换机设备；

②给交换机安装两个支架，安装时要注意支架方向；将交换机放到机柜中提前设计好的位置，用螺钉固定到机柜立柱上，一般交换机上下要留一些空间用于空气流通和设备散热；

③将交换机外壳接地，将电源线拿出来插在交换机后面的电源接口；

④完成上面几步后就可以打开交换机电源了，开启状态下查看交换机是否出现抖动现象，如果出现请检查脚垫高低或机柜上的固定螺丝松紧情况。

注意

拧取这些螺钉的时候不要过于紧，否则会让交换机倾斜，也不能过于松垮，这样交换机在运行时会不稳定，工作状态下设备会抖动。

5.2.6 理线环的安装

理线环的安装步骤如下：

①取出理线环和所带的配件——螺丝包；

②将理线环安装在网络机柜的立柱上。

注意

在机柜内设备之间的安装距离至少留 1U 的空间，便于设备的散热。

5.2.7 编号和标记

完整的标记应包含以下的信息：建筑物名称、位置、区号、起始点和功能。

综合布线系统一般常用三种标记：电缆标记、场标记和插入标记，其中插入标记用途最广。

1. 电缆标记

电缆标记主要用来标明电缆来源和去处，在电缆连接设备前电缆的起始端和终端都应做好电缆标记。电缆标记由背面为不干胶的白色材料制成，可以直接贴到各种电缆表面上，其规格尺寸和形状根据需要而定。例如，1 根电缆从三楼的 311 房的第 1 个计算机网络信息点拉至楼层管理间，则该电缆的两端应标记上“311-D1”的标记，其中“D”表示数据信息点。

2. 场标记

场标记又称为区域标记，一般用于设备间、配线间和二级交接间的管理器件之上，以区别管理器件连接线缆的区域范围。它也是由背面为不干胶的材料制成，可贴在设备醒目的平整表面上。

3. 插入标记

插入标记一般用于管理器件上，如110配线架、BIX安装架等。插入标记是硬纸片，可以插在1.27cm×20.32cm的透明塑料夹里，这些塑料夹可安装在两个110接线块或两根BIX条之间。每个插入标记都用色标来指明所连接电缆的源发地，这些电缆端接于设备间和配线间的管理场。对于插入标记的色标，综合布线系统有较为统一的规定，如表5.1所示。

不同色标可以很好地区别各个区域的电缆，方便管理子系统的线路管理工作。

表5.1 综合布线色标规定表

色别	设备间	配线间	二级交接间
蓝	设备间至工作区或用户终端线路	连接配线间与工作区的线路	自交换间连接工作区线路
橙	网络接口、多路复用器引来的线路	来自配线间多路复用器的输出线路	来自配线间多路复用器的输出线路
绿	来自电信局的输入中继线或网络接口的设备侧		
黄	交换机的用户引出线或辅助装置的连接线路		
灰		至二级交接间的连接电缆	来自配线间的连接电缆端接
紫	来自系统公用设备（如程控交换机或网络设备）连接线路	来自系统公用设备（如程控交换机或网络设备）连接线路	来自系统公用设备（如程控交换机或网络设备）连接线路
白	干线电缆和建筑群间连接电缆	来自设备间干线电缆的端接点	来自设备间干线电缆的点到点端接

【项目实施】

任务1 配线架的安装

1. 配线柜（架）的安装

对于通用的19英寸（48.26cm）标准机柜的安装，如图5.26所示，该机柜产品是以U（0.625英寸+0.625英寸+0.5英寸通用孔距）为一个机架（柜）安装单位，可适用于所有19英寸设备的安装。在配线架（柜）内，可安装19英寸的各种接线盘（如

RJ-45 插座接线盘、高频接线模块接线盘和光纤分线接线盘）和用户有源设备（如集线器）。配线架（柜）结构为组合式，具有多功能机柜的特点，形式灵活，组装方便，能适应各种变化的需要。例如将配线柜两侧的侧板和前后门拆去即成配线架；拆去两侧板使得左右并架成排（分别在左或右侧单侧并架或两侧同时并架），以适应各种安装环境的变化或容量扩大成为大型配线架时的需要。

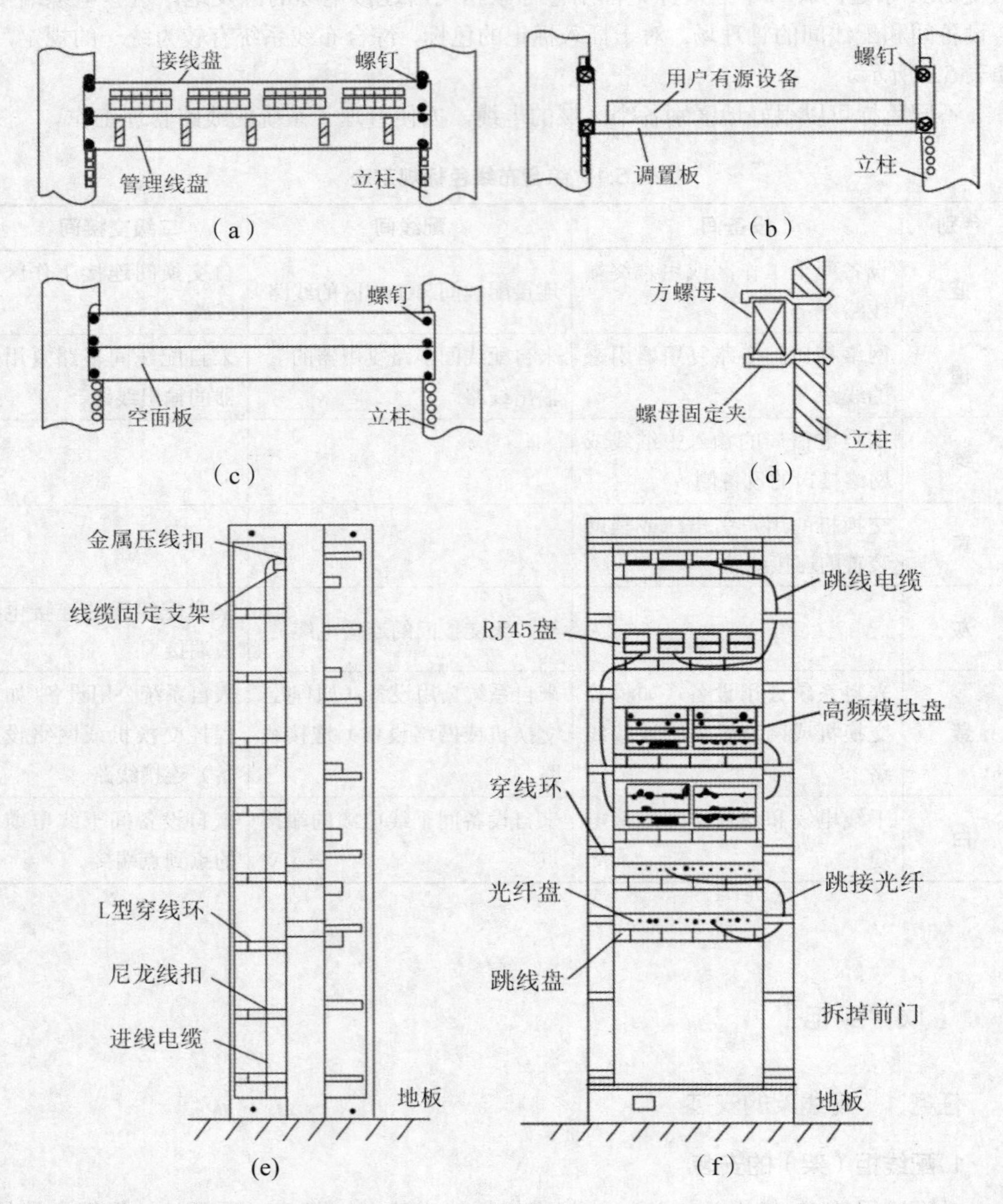

（a）插座盘与电缆管理线盘的安装；（b）用户有源设备的安装；（c）空面板的安装；（d）浮动螺母的安装；（e）进线电缆管理安装；（f）跳线电缆管理安装

图 5.26　19 英寸标准机柜的安装

（1）插座排与管线盘的安装

安装插座排或电缆管理线盘前，首先应在配线柜相应的位置上安装4个浮动螺母（浮动螺母的安装方法参见图5.26（d）），然后将所要安装的设备用附件M4螺钉固定在机架上，每安装一个插座排（至多两个16或24位插座，或一个高频接线背装架）均应在相邻的位置安装一个管理线盘，以使线缆整齐有序。注意电缆的施工最小曲率半径应大于电缆外径的8倍，如图5.26（a）所示。

（2）用户有源设备的安装

有源设备的安装通过使用8.038.263托架实现或直接安装在立柱上，如图5.26（b）所示。

（3）空面板安装和机架接地

配线柜中未装备的空余部分，为了整齐美观，可安装空面板，如图5.26（c）所示，以后扩容时，将面板再转换成需安装的设备。为保证运行安全，架柜应有可靠的接地，如从大楼联合接地体引入其接地电阻应小于或等于1Ω。

（4）进线电缆管理的安装

进线电缆可从架、柜顶部或底座引入，将电缆平直安排、合理布置，并用尼龙带捆扎在L型穿线环上，电缆应敷设到所连接的模块或插座接线排附近的缆线固定支架处，也用尼龙扣带将电缆固定在缆线固定支架上，如图5.26（e）所示。

（5）跳线电缆管理的安装

跳线电缆的长度应根据两端需要连接的接线端子间的距离来决定，跳线电缆必须整齐合理布置，并安装在U型立柱的走线环和管理线盘的穿线环上，以使走线整齐有序，便于维护检修，如图5.26（f）所示。

2. 墙挂式配线架的安装

下面以JPX211B型墙挂式配线架为例介绍墙挂式配线架的安装。它按通用19英寸制式机柜标准设计制造，是一种小容量简易式的配线架，适用于安装环境面积不太宽裕的场合，可以直接安装在墙壁上，一般用于中小型智能建筑的综合布线系统中的建筑物配线架，或在各个楼层设置的楼层配线架。在配线架上可适用所有19英寸的设备安装，例如高频模块接线盘、RJ-45插座接线盘等设备。

（1）整机安装

JPX211B型墙挂式配线架的尺寸如图5.27所示。机架的安装位置要便于接线操作，机架应垂直牢固安装，电缆进线时安装走线槽道直架，用4颗M6膨胀螺钉在墙上安装好。其安装尺寸如图5.28所示。

（2）接线盘（插座盘）与电缆管理线盘的安装

使用M4螺钉将所安装的设备固定在机架上，如图5.29所示，每安装一个插座排（至多两个16或24位插座，至多一个光纤接线盘或一个250回线高频接线模块背装架）均应在相邻位置安装一个管理线盘，以使线缆整齐有序。注意电缆的施工最小曲率半径应大于电缆外径的8倍，长期使用的曲率半径应大于电缆外径的6倍。配线架应可靠接地，接地电阻小于或等于1Ω。

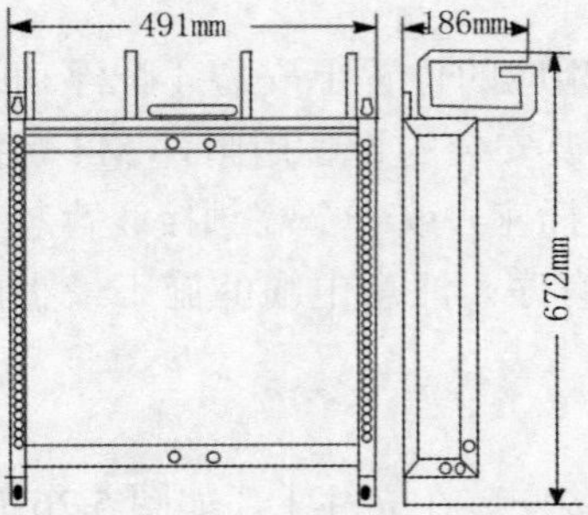

图 5.27　JPX211B 型墙挂式配线架尺寸 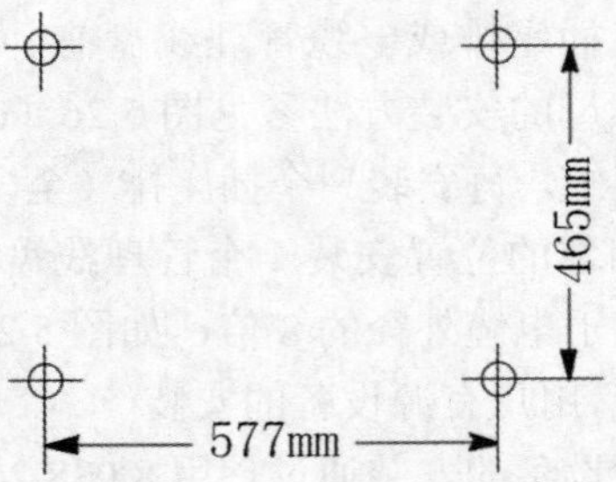　　图 5.28　JPX211B 型墙挂式配线架整机安装尺寸

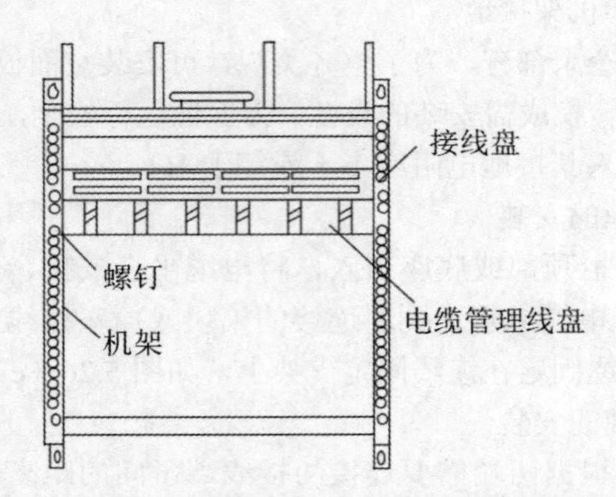

图 5.29　JPX211B 型墙挂式配线架接线盘与电缆管理线盘的安装

任务 2　配线架连接场的端接

1. 电缆在 110P 配线板上的端接方法

为了达到高密度端接的质量一致性，必须按照图 5.30 所示步骤进行。

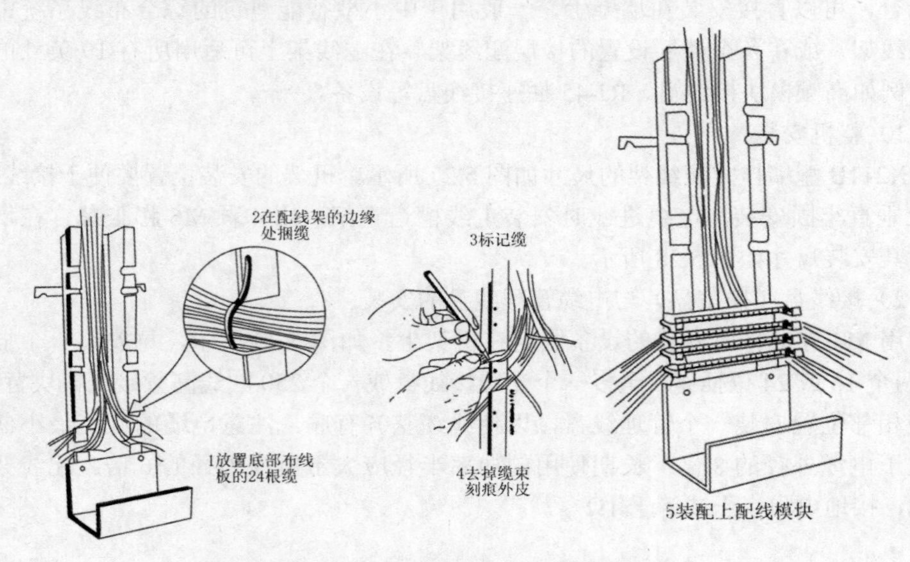

图 5.30　电缆在 110P 配线板上的端接方法

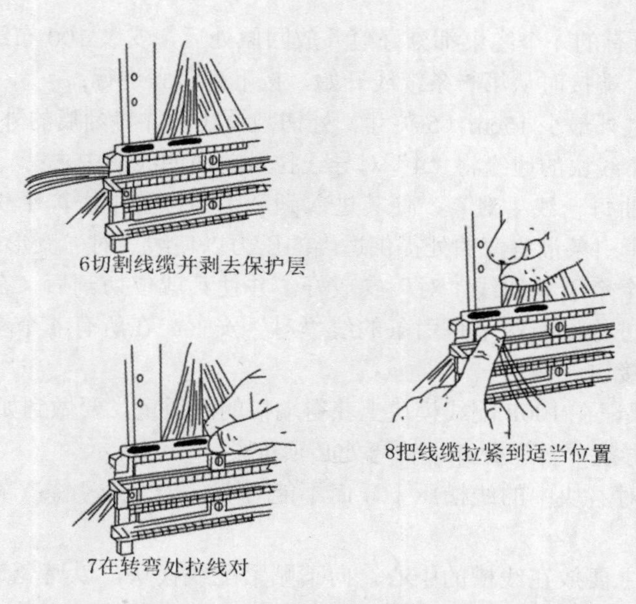

图 5.30 电缆在 110P 配线板上的端接方法（续图）

电缆在 110P 配线板的端接方法如下：

步骤 1：把第 1 个 110 配线模块上要端接的 24 条缆线牵引到位。每个配线槽中放 6 条，安排这些缆线时必须考虑图 5.31 中给出的最终端位置。在左边的缆线端接在配线模块的左半部分，右边的缆线端接在配线模块的右半部分。

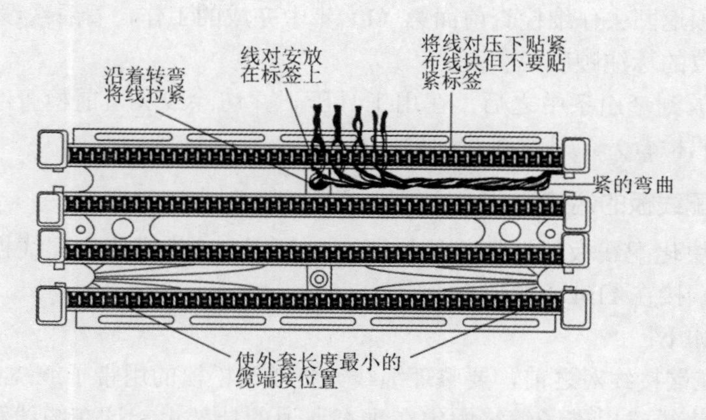

图 5.31 在配线模块上布放线对

步骤 2：在配线板的内边缘处松弛地将缆线捆起来，这将保证单条的缆线不会滑出配线板槽，避免缆束松弛不整齐。

步骤 3：用尖的标记器在配线板边缘处的每条缆线上标记一个新线的位置，这有助于下一步能准确地在配线板的连接处剥除缆线的外皮。

步骤 4：拆开线束并握住它，在每条缆线的标记处刻痕，然后将刻好痕的缆束放回去，为盖上 110P 配线模块做好准备。这时不要去掉外皮。

步骤5：当所有的4个缆束都刻好痕并放回原处后，安装100布线块（用铆钉），并开始进行端接。端接时从第一条缆线开始，按下列步骤进行：

①在刻痕点之外最少15cm（5英寸）处切割缆线，并将刻痕的外皮去掉；

②沿着110布线块的边缘将“4”对导线拉入前面的线槽中去；

③拉紧并弯曲每一线“对”，使其进入到牵引的位置中去，牵引条上的高齿将一对导线分开，在牵引条最终弯曲处提供适当的压力以使线“对”变形最小；

④当上面两个牵引条的线“对”安放好，并使其就位切割后（在下面两个牵引条完成之前），再进行下面两个牵引条的线“对”安置。在所有4个牵引条都就位后，再安装110C4连接块。

步骤6：为保证在100P配线模块上获得端接的高质量，要做到如下几点：

①为了避免导线“对”分开，转弯处必须拉紧。

②线对必须对着块中的线槽压下，而不能对着任一个牵引条，在安装接块时，应避免损坏缆线。

③线对基本上要放在线槽的中心，向下贴紧配线模块，以避免连续的端接在线槽中堆积起来所造成的线对的变形。

④必须保持“对接”的正确性，直到在牵引条上的分开点为止，这点对于保证缆线传输性能至关重要。

⑤为了使没有外皮线对的长度变得最小，要指定端接的位置。

（I）最左边的6条缆线端接在左边的上两条和下两条牵引条的位置上；

（II）最右边的6条缆线端接在右边的上两条和下两条牵引条的位置上；

（III）必须返回去仔细检查前面第（I）步中完成的工作，看看缆线分组是否正确，是否形成可接收的标注顺序。

在线对安放到牵引条中之后，在用工具压下并切除线头之前检查线对是否安放正确（按颜色编码检查），是否线对变形。

2. 模块化配线板的端接

电缆在模块化配线板的端接方法如图5.32所示。5类模块化配线板使用110D4连接块，缆线被端接在110D4的顶面上。

操作步骤如下：

步骤1：在端接线对之前，要整理缆线。将缆线松松的用带子缠绕在配线板的导入边缘上，最好将缆线用带子缠绕固定在垂直通道的挂架上，这在缆线移动期间可保证避免线对的变形。

步骤2：从右到左穿过背面按数字的顺序端接缆线。

步骤3：对每条缆线切去所需要长度的外皮，以便进行线对的端接。

步骤4：对于每一组连接块，都要将它们的缆线通过末端的保持器放置。这使得在缆线移动时，线对不变形。

步骤5：为了不毁坏单个的线对，当弯曲线对时要保持合适的张力。

步骤6：对捻必须正确地安置到连接块分开点上，这对于保证缆线的传输性能是至关重要的。

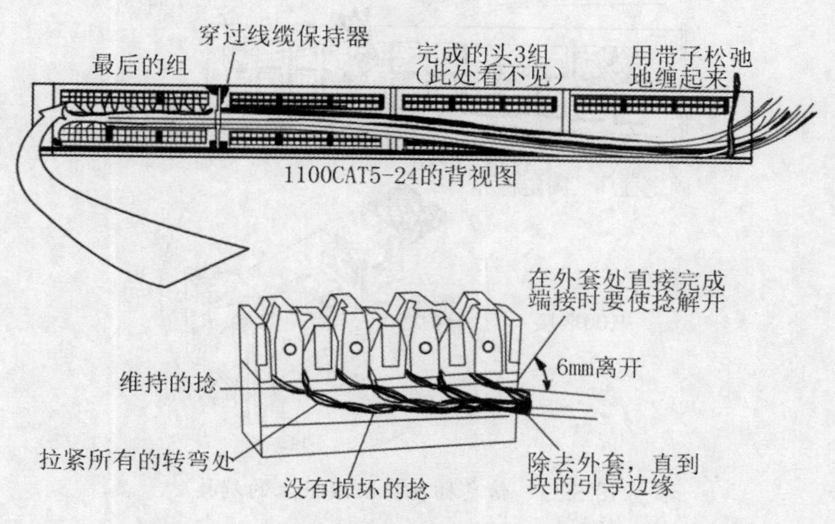

图 5.32 电缆在模块化配线板的端接方法

步骤7：如果缆线外套被安置在连接块前约 6mm（1/4 英寸）处，则易于保证最近的线对（棕对）端接不被解开。注意：棕色和白色的位置不要放错，否则绝不能解开。

步骤8：在用工具将线对压下就位并切去线头前，要按照 110 型快接式接线板的说明检查线对的安放是否正确。若出现线对扭曲，则应用锥形钩进行纠正并重新放置。

任务 3 信息插座在配线板上的端接

配线板（接线盘）是提供电缆端接的装置。它可安装多达 24 个信息插座模块并在线缆卡入配线板时提供弯曲保护。该配线板可固定在一个标准的 48.26cm（19 英寸）配线柜内。下面以信息插座 M100 在 M1000 配线板上的端接为例介绍端接方法，如图 5.33 所示。

操作步骤如下：

步骤1：在端接缆线前，首先整理缆线。松弛地将缆线捆扎在配线板的任一边上，最好是捆到垂直通道的托架上。

步骤2：以对角线的形式将固定柱环插到一个配线孔中去。

步骤3：设置固定柱环，以便柱环挂住并向下形成一个角度以助于缆线的端接。

步骤4：插入 M100，将缆线末端放到固定柱环的线槽中去，并按照上述 M100 模块化连接器的安装过程对其进行端接，在步骤 2 以前插入 M100 比较容易一点。

步骤5：最后一步是向右边旋转固定柱环，完成此工作时必须注意合适的方向，以避免将缆线缠绕到固定柱环上。顺时针方向从左边旋转整理好缆线，逆时针方向从右边开始旋转整理好缆线。另一种情况是 M100 固定到 M1000 配线板上以前，缆线可以被端接在 M100 上。通过将缆线穿过配线板 200 孔来在配线板的前方或后方完成此工作。

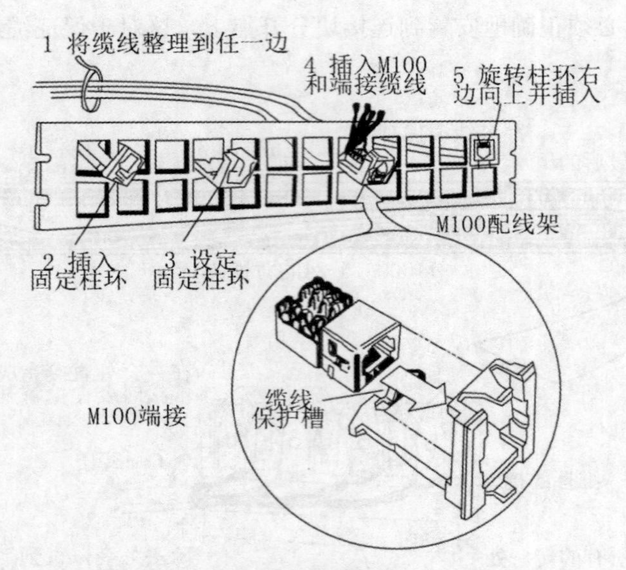

图 5.33　信息插座在配线板上的端接

【阅读材料】

管理间子系统工程经验

工程经验一：管理间使用机柜规格的确定

一般情况下，我们是根据建筑物中网络信息点的多少来确定管理间的位置和安装网络机柜的规格。在我们规划机柜内安装设备的空间后，还须考虑到增加信息点和设备的散热等因素，预留出 1~2U 的空间，以便将来有更大的发展时，很容易将设备扩充进去。表 5.2 是常用网络机柜规格表。

表 5.2　常用机柜规格

规格	高度（mm）	宽度（mm）	深度（mm）	
42U	2000	600	800	650
37U	1800	600	800	650
32U	1600	600	800	650
25U	1300	600	800	650
20U	1000	600	800	650
14U	700	600		450
7U	400	600		450
6U	350	600		420
4U	200	600		420

工程经验二：配线架、交换机端口的冗余

在以前遇到过这样一个工程，在施工中没有考虑交换机端口的冗余，在使用过程中，有些端口突然出现故障，无法迅速解决，给用户造成了不必要的麻烦和损失。所以为便于日后的维护和增加信息点，必须在机柜内为配线架和交换机端口做相应冗余，这样增加用户或设备时，只需简单接入网络即可。

工程经验三：分清大对数电缆的线序

在管理间和设备间的打线过程中，经常会碰到25对或者100对大对数线缆的打接问题，不容易分清，在这里，为大家进行简单的介绍。以25对线缆为例，线缆有五个基本颜色，顺序为白、红、黑、黄、紫，每个基本颜色里面又包括五种颜色顺序，分别为蓝、橙、绿、棕、灰。即所有的线对1~25对的排序为白蓝、白橙、白绿、白棕、白灰……紫蓝、紫橙、紫绿、紫棕、紫灰。

对于100对线缆再以25对线缆为例说明。100对线缆里面用蓝、橙、绿、棕四色的丝带分成四个25对分组，每个分组再按上面的方式相互缠绕，就可以区分出100条线对。这样，我们就可以一一对应地打在110配线架的端子上，只要在管理间和设备间都采用同一种打线顺序，然后做好线缆的标识工作，就可以方便地用来传输信号了。

工程经验四：配线架管理

配线架的管理以表格对应方式，根据座位、部门单元等信息，记录布线的路线，并加以标识，以方便维护人员识别和管理。

工程经验五：机柜进出线方式

管理间经常使用各种6U和9U等壁挂小机柜，机柜必须能够多个方向进出线。图5.34为常见机柜出线方式。

图5.34 壁挂式机柜出线方式

第 6 章
设备间子系统

6.1 设备间子系统设计

【项目描述】

本节的主要任务是在充分理解设备间子系统设计规范的前提下，对设备间进行合理的设计并掌握交接间和二级交接间的设计方法。

【相关知识】

6.1.1 设备间的基本概念

设备间子系统是一个集中化设备区，连接系统公共设备及通过垂直干线子系统连接至管理子系统，如局域网（LAN）、主机、建筑自动化和保安系统等。

设备间子系统是大楼中数据、语音垂直主干线缆终接的场所，也是建筑群的线缆进入建筑物终接的场所，更是各种数据语音主机设备及保护设施的安装场所。设备间子系统一般设在建筑物中部或在建筑物的一、二层，避免设在顶层或地下室，位置不应远离电梯，而且为以后的扩展留下余地。建筑群的线缆进入建筑物时应有相应的过流、过压保护设施。

设备间子系统空间要按ANSL/TLA/ELA-569要求设计，用于安装电信设备、连接硬件、接头套管等。为接地和连接设施、保护装置提供控制环境，是系统进行管理、控制、维护的场所。设备间子系统所在的空间还有对门窗、天花板、电源、照明、接地的要求。

设备间的主要用途：

- 楼宇有源通信设备的主要安置场所；
- 用于连接主干子系统；

6.1.2 设备间的设计原则

设计人员应与用户方一起商量，根据用户方要求及现场情况具体确定设备间的最终位置。只有确定了设备间位置后，才可以设计综合布线的其他子系统，因此用户进行需求分析时，确定设备间位置是一项重要的工作内容。

设备间子系统是综合布线的精髓，设备间的需求分析围绕整个楼宇的信息点数量、设备的数量、规模、网络构成等进行，每幢建筑物内应至少设置1个设备间，如果电话交换机与计算机网络设备分别安装在不同的场地或根据安全需要，也可设置2个或2

个以上设备间，以满足不同业务的设备安装需要。

在进行需求分析后，要与用户进行技术交流，不仅要与技术负责人交流，也要与项目或者行政负责人进行交流，进一步充分和广泛地了解用户的需求，特别是未来的扩展需求。在交流中重点了解规划的设备间子系统附近的电源插座、电力电缆、电器管理等情况。在交流过程中必须进行详细的书面记录，每次交流结束后要及时整理书面记录，这些书面记录是初步设计的依据。

设备间位置确定前，索取和认真阅读建筑物设计图纸是必要的，通过阅读建筑物图纸掌握建筑物的土建结构、强电路径、弱电路径，特别是与外部配线连接接口位置，重点掌握设备间附近的电器管理、电源插座、暗埋管线等。

6.1.3 设备间设计规范

1. 设备间的位置

设备间的位置及大小应根据建筑物的结构、综合布线规模、管理方式以及应用系统设备的数量等方面进行综合考虑，择优选取。一般而言，设备间应尽量建在建筑平面及其综合布线干线综合体的中间位置。在高层建筑内，设备间也可以设置在1、2层。

确定设备间的位置可以参考以下设计规范：

- 应尽量建在综合布线干线子系统的中间位置，并尽可能靠近建筑物电缆引入区和网络接口，以方便干线线缆的进出；
- 应尽量避免设在建筑物的高层或地下室以及用水设备的下层；
- 应尽量远离强振动源和强噪声源；
- 应尽量避开强电磁场的干扰；
- 应尽量远离有害气体源以及易腐蚀、易燃、易爆物；
- 应便于接地装置的安装。

2. 设备间的面积

设备间的使用面积既要考虑所有设备的安装面积，还要考虑预留工作人员管理操作设备的地方。设备间的使用面积可按照下述两种方法之一确定。

方法一：已知Sb为综合布线有关的并安装在设备间内的设备所占面积，单位：m^2；S为设备间的使用总面积，单位：m^2，那么，

$$S=（5\sim7）\Sigma Sb \qquad （6.1）$$

方法二：当设备尚未选型时，则设备间使用总面积S为

$$S=KA \qquad （6.2）$$

其中，A为设备间的所有设备台（架）的总数，单位：m^2；K为系数，取值4.5~

5.5 m²/ 台（架）。

设备间最小使用面积不得小于 20m²。

3. 建筑结构

设备间的建筑结构主要依据设备大小、设备搬运以及设备重量等因素而设计。设备间的高度一般为 2.5~3.2m。设备间门的大小至少为高 2.1m，宽 1.5m。

设备间的楼板承重设计一般分为两级：

A 级≥ 500kg/m²

B 级≥ 300kg/m²

4. 设备间的环境要求

设备间内安装了计算机、计算机网络设备、电话程控交换机、建筑物自动化控制设备等硬件设备。这些设备的运行需要符合相应的温度、湿度、供电、防尘等要求。设备间内的环境设置可以参照国家计算机用房设计标准 GB50174-93《电子计算机机房设计规范》和程控交换机的 CECS09:89《工业企业程控用户交换机工程设计规范》等相关标准及规范。

（1）温湿度

综合布线有关设备的温湿度要求可分为 A、B、C 三级，设备间的温湿度也可参照三个级别进行设计，三个级别具体要求如表 6.1 所示。

表 6.1　设备间温度和湿度指标

级别 / 项目	A 级		B 级	C 级
	夏季	冬季		
温度（℃） 相对湿度（%）	22±4 40~65	18±4 35~70	12~30 30~80	8~35
温度变化率（℃ /h）	<5		>0.5	<15

（2）尘埃

设备对设备间内的尘埃量也是有要求的，一般可分为 A、B 两级。具体指标如表 6.2 所示。

表 6.2　尘埃量度表

级别 / 项目	A 级	B 级
粒度（℃）	>0.5	>0.5
个数（粒 /dm³）	<10000	<18000

注意

A 级相当于 30 万粒 /ft^3，B 级相当于 50 万粒 /ft^3。

设备间的温度、湿度和尘埃对微电子设备的正常运行及使用寿命都有很大的影响，过高的室温会使元件失效率急剧增加，使用寿命下降；过低的室温又会使磁介等发脆，容易断裂。温度的波动会产生“电噪声”，使微电子设备不能正常运行。相对湿度过低，容易产生静电，对微电子设备造成干扰；相对湿度过高会使微电子设备内部焊点和插座的接触电阻增大。尘埃或纤维性颗粒积聚，以及微生物的作用还会使导线被腐蚀断掉。所以在设计设备间时，除了按 GB2998-89《计算站场地技术条件》执行外，还应根据具体情况选择合适的空调系统。

热量主要是由如下几个方面所产生的：

- 设备发热量；
- 设备间外围结构发热量；
- 室内工作人员发热量；
- 照明灯具发热量；
- 室外补充新鲜空气带入的热量。

计算出上列总发热量再乘以系数 1.1，就可以作为空调负荷，据此选择空调设备。

（3）照明

设备间内在距地面 0.8m 处，照度不应低于 200lx。还应设事故照明，在距地面 0.8m 处，照度不应低于 5lx。

（4）噪声

设备间的噪声应小于 70dB。如果长时间在 70～80dB 噪声的环境下工作，不但影响人的身心健康和工作效率，还可能造成人为的噪声事故。

（5）电磁场干扰

设备间内无线电干扰场强，在频率为 0.15～1000MHz 范围内不大于 120dB。设备间内磁场干扰场强不大于 800A/m（相当于 10Oe）。

（6）供电

设备间供电电源应满足下列要求：

- 频率：50Hz；
- 电压：380V/220V；
- 相数：三相五线制或三相四线制 / 单相三线制。

依据设备的性能允许以上参数的变动范围，如表 6.3 所示。

表 6.3 设备的性能允许电源变动范围

项目＼级别	A 级	B 级	C 级
电压变动（%）	-5～+5	-10～+7	-15～+10
频率变化（Hz）	-0.2～+0.2	-0.5～+0.5	-1～+1
波形失真率（%）	<±5	<±5	<±10

设备间内供电容量：将设备间内存放的每台设备用电量的标称值相加后，再乘以系数。从电源室（房）到设备间使用的电缆，除应符合 GBJ232-82《电气装置安装工程规范》中配线工程规定外，载流量应减少 50%。设备用的配电柜应设置在设备间内，并应采取防触电措施。

设备间内的各种电力电缆应为耐燃铜芯屏蔽的电缆。各电力电缆（如空调设备、电源设备所用的电缆等）、供电电缆不得与双绞线走向平行。交叉时，应尽量以接近于垂直的角度交叉，并采取防延燃措施。各设备应选用铜芯电缆，严禁铜、铝混用。

（7）安全

设备间的安全可分为 3 个基本类别：

- 对设备间的安全有严格的要求，有完善的设备间安全措施；
- 对设备间的安全有较严格的要求，有较完善的设备间安全措施；
- 对设备间有基本的要求，有基本的设备间安全措施。

设备间的安全要求详见表 6.4。

表 6.4 设备间的安全要求

项目＼级别	A 级	B 级	C 级
场地选择	@	@	-
防火	@	@	@
内部装修	b	@	-
供配电系统	b	@	@
空调系数	b	@	@
火灾报警及消防设施	b	@	@
防水	b	@	-
防静电	b	@	-
防雷电	b	@	-
防鼠害	b	@	-
电磁波的防护	@	@	-

注意

-：无要求；@：有要求或增加要求；b：要求。

根据设备间的要求，设备间安全可按某一类执行，也可按某些类综合执行。

（8）建筑物防火与内部装修

A类，其建筑物的耐火等级必须符合GBJ45-82《高层民用建筑设计防火规范》中规定的一级耐火等级。

B类，其建筑物的耐火等级必须符合GBJ45-82《高层民用建筑设计防火规范》中规定的二级耐火等级。

与A、B类设备间相关的其余工作房间及辅助房间，其建筑物的耐火等级不应低于TJ16中规定的二级耐火等级。

C类，其建筑物的耐火等级应符合GB50016-2014《建筑设计防火规范》中规定的二级耐火等级。

与C类设备间相关的其余基本工作房间及辅助房间，其建筑物的耐火等级不应低于TJ16中规定的三级耐火等级。

内部装修：根据A、B、C三类等级要求，对设备间进行装修时，装饰材料应符合GB50016-2014《建筑设计防火规范》中规定的难燃材料或非燃材料，应能防潮、吸噪、不起尘、抗静电等。

（9）地面

为了方便表面敷设电缆线和电源线，设备间地面最好采用抗静电活动地板，其系统电阻应在1～10Ω之间。具体要求应符合GB6650-1986《计算机房用活动地板技术条件》标准。

带有走线口的活动地板称为异形地板。其走线应做到光滑，防止损伤电线、电缆。设备间地面所需异形地板的块数可根据设备间所需引线的数量来确定。

设备间地面切忌铺地毯。其原因：一是容易产生静电；二是容易积灰。

放置活动地板的设备间的建筑地面应平整、光洁、防潮、防尘。

（10）墙面

墙面应选择不易产生尘埃，也不易吸附尘埃的材料。目前大多数是在平滑的墙壁涂阻燃漆，或在平滑的墙壁覆盖耐火的胶合板。

（11）顶潮

为了吸噪及布置照明灯具，设备顶棚一般由建筑物梁下加一层吊顶。吊顶材料应满足防火要求。目前，我国大多数采用铝合金或轻钢作龙骨，安装吸声铝合金板、难燃铝塑板、喷塑石英板等。

（12）隔断

根据设备间放置的设备及工作需要，可用玻璃将设备间隔成若干个房间。隔断可以选用防火的铝合金或轻钢作龙骨，安装10mm厚玻璃。或从地板面至1.2m安装难燃双塑板，1.2m 以上安装 10mm 厚玻璃。

（13）火灾报警及灭火设施

A、B 类设备间应设置火灾报警装置。在机房内、基本工作房间、活动地板下、吊顶地板下、吊顶上方、主要空调管道中及易燃物附近部位应设置烟感和温感探测器。

A 类设备间内设置卤代烷 1211、1301 自动灭火系统，并备有手提式卤代烷 1211、1301 灭火器。

B 类设备间在条件许可的情况下，应设置卤代烷 1211、1301 自动消防系统，并备有手提式卤代烷 1211、1301 灭火器。

C 类设备间应备置手提式卤代烷 1211 或 1301 灭火器。

A、B、C 类设备间除纸介质等易燃物质外，禁止使用水、干粉或泡沫等易产生二次破坏的灭火剂。

（14）接地要求

设备间设备安装过程中必须考虑设备的接地。根据综合布线相关规范要求，接地要求如下：

直流工作接地电阻一般要求不大于 4Ω，交流工作接地电阻也不应大于 4Ω，防雷保护接地电阻不应大于 10Ω。

建筑物内部应设有一套网状接地网络，保证所有设备共同的参考等电位。如果综合布线系统单独设置接地系统，且能保证与其他接地系统之间有足够的距离，则接地电阻值规定为小于等于 4Ω。

为了获得良好的接地，推荐采用联合接地方式。所谓联合接地方式就是将防雷接地、交流工作接地、直流工作接地等统一接到共用的接地装置上。当综合布线采用联合接地系统时，通常利用建筑钢筋作防雷接地引下线，而接地体一般利用建筑物基础内钢筋网作为自然接地体，使整幢建筑的接地系统组成一个笼式的均压整体。联合接地电阻要求小于或等于 1Ω。

接地所使用的铜线电缆规格与接地的距离有直接关系，一般接地距离在 30m 以内，接地导线采用直径为 4mm 的带绝缘套的多股铜线缆。接地铜缆规格与接地距离的关系可以参见表 6.5。

表 6.5　接地铜线电缆规格与接地距离的关系

接地距离（m）	接地导线直径	接地导线截面积（mm^2）
小于 30	4.0	12
30～48	4.5	16
48～76	5.6	25
76～106	6.2	30
106～122	6.7	35
122～150	8.0	50
151～300	9.8	75

6.1.4 交接间和二级交接间的设计方法

1. 交接间设计方法

交接间设计方法与设备间设计方法相同，只是使用面积比设备间小。在确定干线通道及楼层交接间的数量时，应从干线所服务的可用楼层面积来考虑。如果在给定楼层交接间所要服务的信息插座都在75m范围以内，可采用单干线子系统。凡超出这一范围的，可采用双通道或多通道的干线子系统，也可采用分支电缆与交接间干线相连接的二级交接间。

典型情况下交接间面积一般为1.8m^2（长1.5m，宽1.2m）。这一面积足以容纳端接200个工作区所需的连接硬件设备。如果端接的工作区超过200个，则可在该楼层增加一个或多个二级交接间。其面积要求应符合表6.6的规定，也可根据设计需要确定。当交接间兼作设备间时，其面积不应小于10m^2。

表6.6 交接间和二级交接间的设置

工作区数量 / 个	交接间		二级交接间	
	数量 / 个	面积（m×m）	数量 / 个	面积（m×m）
≤ 200	1	1.5×1.2	0	0
201～400	1	2.1×1.2	1	1.5×1.2
401～600	1	2.7×1.2	1	1.5×1.2

对于工作区数量超过600个的地方，则需要增加一个交接间。因此，任何一个交接间最多可支持两个二级交接间。二级交接间通过配线子系统与楼层交接间或设备交接间相连。交接间通常还放置各种不同的电子传输设备、网络互联设备等。为了便于管理，交接间可采用集中供电方式，而且由于其中设备用电要求质量高，最好由设备间的不间断电源供电或设置专用不间断电源。其容量与交接间内安装的设备数量有关。

2. 二级交接间设计方法

一般情况下，当给定楼层交接间所要服务的信息插座离干线的距离超过75m，或每个楼层信息插座数超过200个时，就需要设置一个二级交接间。二级交接间设计方法与交接间设计方法相同。其面积要求应符合表6.6中规定。

在设置二级交接间后，干线缆线和水平缆线的连接方式有两种情况，还应注意以下两点：

其一，二级交接间是水平缆线转接的地方。干线缆线端接在楼层交接间的配线架上，水平缆线一端接在楼层交接间的配线架上，另一端还要通过和二级交接间配线架连接后，再端接到信息插座上。

其二，二级交接间也可以是干线子系统与配线子系统转接的地方。干线缆线直接接到二级交接间的配线架上，这时的水平缆线一端接在交接间的配线架上，另一端接在信息插座上。

交接间是放置楼层配线架（柜）、应用系统设备的专用房间。配线子系统和干线子系统的缆线在楼层配线架（柜）上进行交接。每座大楼交接间的数量可根据建筑物的结构、布线规模及管理方式而定，并不是每一层楼都有交接间。但每座建筑物至少要有一个设备间。

6.1.5 设备间内的线缆敷设

1. 活动地板方式

这种方式是缆线在活动地板下的空间敷设，由于地板下空间大，因此电缆容量和条数多，路由自由短捷，节省电缆费用，缆线敷设和拆除均简单方便，能适应线路增减变化，有较高的灵活性，便于维护管理；但造价较高，会减少房屋的净高，对地板表面材料也有一定要求，如耐冲击性、耐火性、抗静电、稳固性等。

2. 地板或墙壁内沟槽方式

这种方式是缆线在建筑中预先建成的墙壁或地板内沟槽中敷设，沟槽的断面尺寸大小根据缆线终期容量来设计，上面设置盖板保护。这种方式造价较活动地板低，便于施工和维护，也有利于扩建，但沟槽设计和施工必须与建筑设计和施工同时进行，在配合协调上较为复杂。沟槽方式因是在建筑中预先制成，因此在使用中会受到限制，缆线路由不能自由选择和变动。

3. 预埋管路方式

这种方式是在建筑的墙壁或楼板内预埋管路，其管径和根数根据缆线需要来设计。穿放缆线比较容易，维护、检修和扩建均有利，造价低廉，技术要求不高，是一种最常用的方式。但预埋管路必须在建筑施工中进行，缆线路由受管路限制，不能变动，所以使用中会受到一些限制。

4. 机架走线架方式

这种方式是在设备（机架）上沿墙安装走线架（或槽道）的敷设方式，走线架和槽道的尺寸根据缆线需要设计，它不受建筑的设计和施工限制，可以在建成后安装，便于施工和维护，也有利于扩建。机架上安装走线架或槽道时，应结合设备的结构和布置来考虑，在层高较低的建筑中不宜使用。

【项目实施】

任务1 设备间布局设计

在设计设备间布局时，一定要将安装设备区域和管理人员办公区域分开考虑，这样不但便于管理人员的办公，而且便于设备的维护。如图6.1所示，设备区域与办公区域使用玻璃隔断分开。

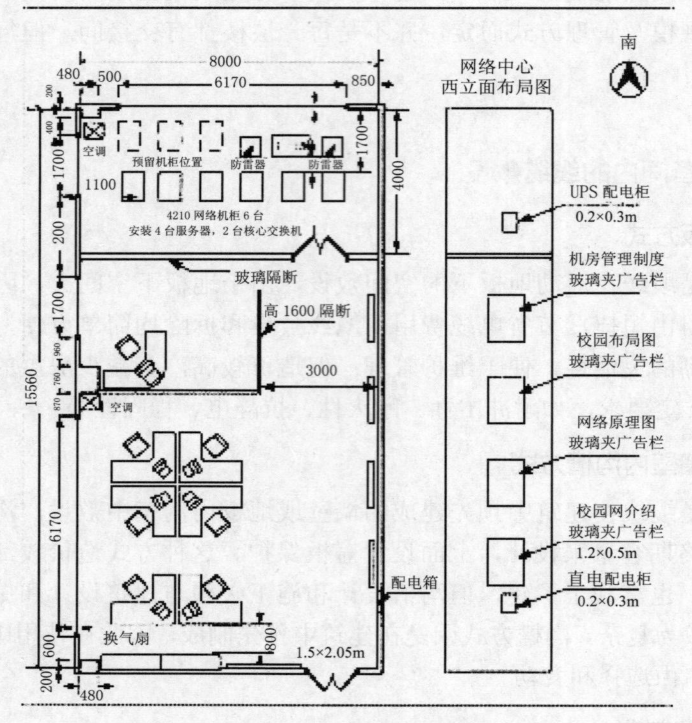

（a）设备间布局平面图

（b）设备间装修效果图

图 6.1　设备间布局设计图

任务 2　设备间预埋管路

设备间的布线管道一般采用暗敷预埋方式，如图 6.2 所示。

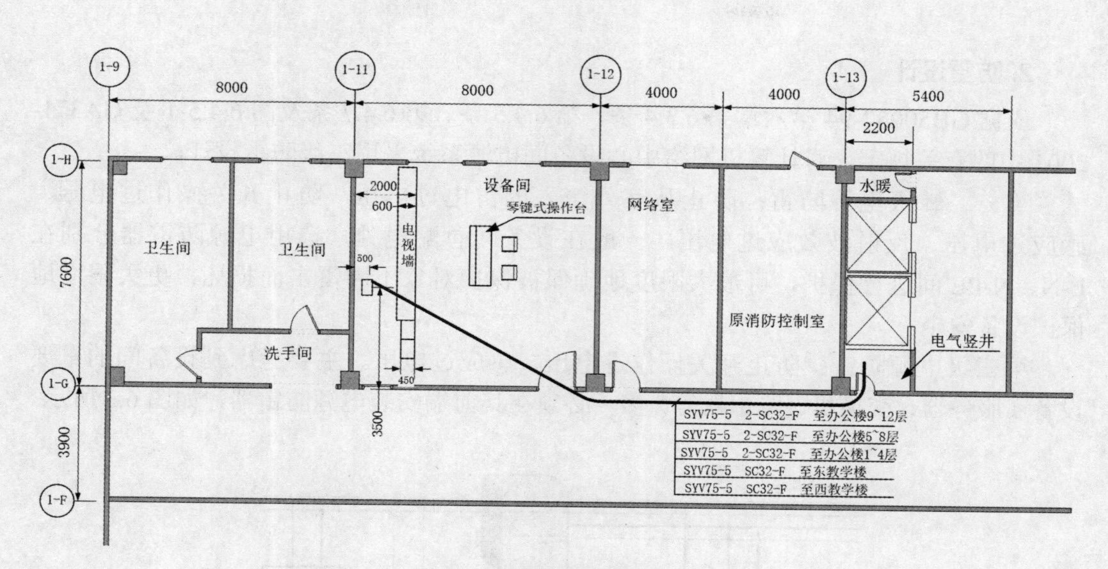

图 6.2 设备间预埋管道图

【阅读材料】

设备间防雷器

1. 防雷基本原理

所谓雷击防护就是通过合理、有效的手段将雷电流的能量尽可能地引入大地，防止其进入被保护的电子设备。防雷是疏导，而不是堵雷或消雷。

雷电保护区域的划分是采用标识数字 0~3。0A 保护区域是直接受到雷击的地方，由这里辐射出未衰减的雷击电磁场，其次的 0B 区域是指没有直接受到雷击，但却处于强的电磁场。保护区域 1 已位于建筑物内，直接在外墙的屏蔽措施之后，如混凝土立面的钢护板后面，此处的电磁场要弱得多（一般为 30dB）。在保护区域 2 中的终端电器可采用集中保护，例如通过保护共用线路而大大减弱电磁场。保护区域 3 是电子设备或装置内部需要保护的范围。

根据国际电工委员会的最新防雷理论，外部和内部的雷电保护已采用面向电磁兼容性（EMC）的雷电保护新概念。对于感应雷的防护，已经同直击雷的防护同等重要。

感应雷的防护就是在被保护设备前端并联一个参数匹配的防雷器。在雷电流的冲击下，防雷器在极短时间内与地网形成通路，使雷电流在到达设备之前，通过防雷器和地网泄放入地。当雷电流脉冲泄放完成后，防雷器自动恢复为正常高阻状态，使被保护设备继续工作。

直击雷的防护已经是一个很早就被重视的问题。现在的直击雷防护基本采用有效的避雷针、避雷带或避雷网作为接闪器，通过引下线使直击雷能量泄放入地。

2. 防雷设计

依据 GB50057-94 第六章第 6.3.4 条、第 6.4.5 条、第 6.4.7 条及图 6.4.5-1 及 GA371-2001 中的有关规定，对计算机网络中心设备间电源系统采用三级防雷设计。

第一、二级电源防雷：防止从室外窜入的雷电过电压，防止开关操作过电压、感应过电压、反射波效应过电压。一般在设备间总配电处，选用电源防雷器分别在 L-N、N-PE 间进行保护，可最大限度地确保被保护对象不因雷击而损坏，更大限度地保护设备安全。

第三级电源防雷：防止开关操作过电压、感应过电压。主要考虑到设备间的重要设备（服务器、交换机、路由器等）多，必须在其前端安装电源防雷器，如图 6.3 所示。

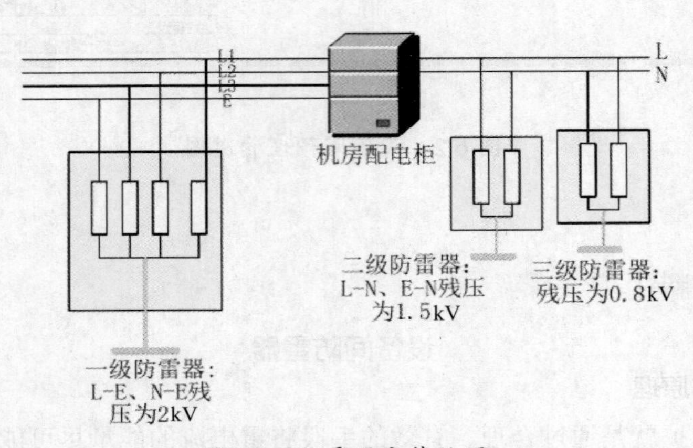

图 6.3 防雷器安装位置

6.2 设备间子系统施工

【项目描述】

本节的主要任务是在了解光纤基本知识、各种光纤连接器的主要部件、制作工艺以及光纤熔接机相关知识的前提下，掌握光纤熔接工程技术。

【相关知识】

6.2.1 光纤的基本概念

光纤是一种将信息从一端传送到另一端，以玻璃或塑胶纤维作为让信息通过的传输媒介。光纤和同轴电缆相似，只是没有网状屏蔽层。中心是光传播的玻璃芯。在多模光纤中，芯的直径是15μm~50μm，大致与人的头发的粗细相当。而单模光纤纤芯的直径为8μm~10μm。芯外面包围着一层折射率比纤芯低的玻璃封套，以使光纤保持在芯内。再外面是一层薄的塑料外套，用来保护封套。光纤通常被扎成束，外面有外壳保护。纤芯通常是由石英玻璃制成的横截面积很小的双层同心圆柱体，它质地脆，易断裂，因此需要外加一保护层。

通常光纤与光缆两个名词会被混淆，光纤在实际使用前外部由几层保护结构包覆，包覆后的缆线即被称为光缆。外层的保护结构可防止糟糕环境对光纤的伤害，如水、火、电击等。光缆包括光纤、缓冲层及披覆。

由于光纤是一种传输媒介，它可以像一般铜缆线传送电话通话或电脑数据等资料，所不同的是，光纤传送的是光信号而非电信号。光纤传输具有同轴电缆所无法比拟的优点而成为远距离信息传输的首选设备。光纤具有以下独特的优点：

- 传输损耗低；
- 传输频带宽；
- 抗干扰性强；
- 安全性能高；
- 重量轻，机械性能好；
- 光纤传输寿命长。

光纤是光波传输的介质，是由介质材料构成的圆柱体，分为芯子和包层两部分。光波沿芯子传播。在实际工程应用中，光纤是指由预制棒拉制出纤丝经过简单被复后的纤芯，纤芯再经过被复、加强和防护，成为能够适应各种工程应用的光缆。

光波在光纤中的传播过程是利用光的折射和反射原理来进行的，一般来说，光纤芯子的直径要比传播光的波长高几十倍以上，因此利用几何光学的方法定性分析是足够的，而且对问题的理解也很简明、直观。

首先由发光二极管LED或注入型激光二极管ILD发出光信号沿光媒体传播，在另一端则有PIN或APD光电二极管作为检波器接收信号。对光载波的调制为移幅键控法，又称亮度调制（Intensity Modulation）。典型的做法是在给定的频率下，以光的出现和消失来表示两个二进制数字。发光二极管LED和注入型激光二极管ILD的信号都可以用这种方法调制，PIN和ILD检波器直接响应亮度调制。功率放大——将光放大器置于光发送端之前，以提高入纤的光功率。使整个线路系统的光功率得到提高。在线中继放大——建筑群较大或楼间距离较远时，可起中继放大作用，提高光功率。前置放大——在接收端的光电检测器之后将微信号进行放大，以提高接收能力。

光纤传输具有传输频带宽、通信容量大、损耗低、不受电磁干扰、光缆直径小、重量轻、原材料来源丰富等优点，因而正成为新的传输媒介。光在光纤中传输时会产生损耗，这种损耗主要是由光纤自身的传输损耗和光纤接头处的熔接损耗组成。光缆一经定购，其光纤自身的传输损耗也基本确定，而光纤接头处的熔接损耗则与光纤的本身及现场施工有关。努力降低光纤接头处的熔接损耗，则可增大光纤中继放大传输距离和提高光纤链路的衰减裕量。

6.2.2 光纤熔接技术原理

光纤连接采用熔接方式。熔接是将光纤的端面熔化后将两根光纤连接到一起，这个过程与金属线焊接类似，通常要用电弧来完成。熔接的示意图如图 6.4 所示。

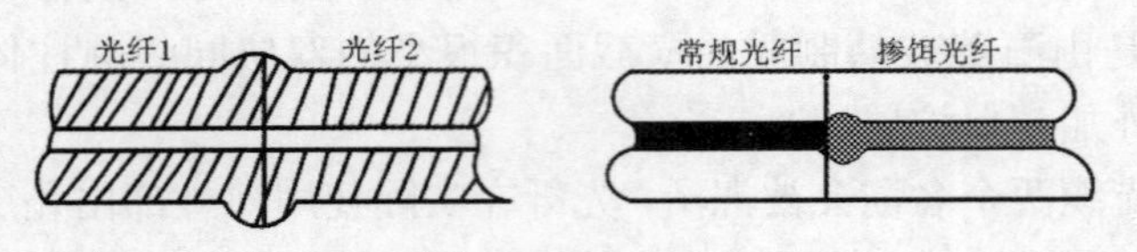

图 6.4 光纤熔接示意图

熔接技术连接光纤不产生缝隙，因此不会引入反射损耗，入射损耗也很小，在 0.01～0.15dB 之间。在光纤进行熔接前先要把它的涂敷层剥离。机械接头本身是保护连接的光纤的护套，但熔接在连接处却没有任何的保护。因此，熔接光纤设备包括重新涂敷器，它涂敷熔接区域。作为选择的另一种方法是使用熔接保护套管，它们是一些分层的小管，其基本结构和通用尺寸如图 6.5 所示。

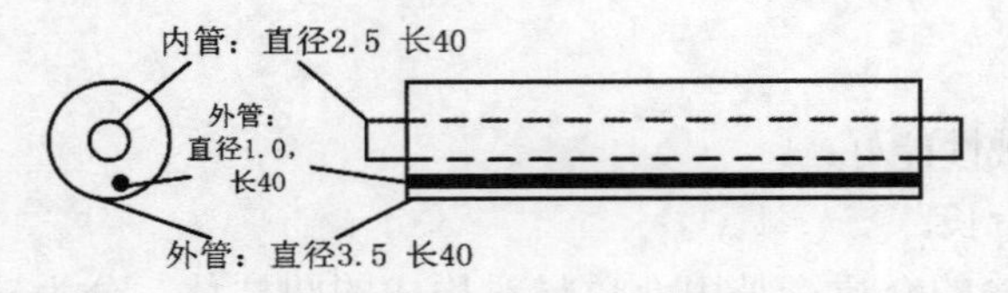

图 6.5 光纤熔接保护套管的基本结构和通用尺寸

将保护套管套在接合处，然后对它们进行加热。内管是由热缩材料制成的，因此这些套管就可以牢牢地固定在需要保护的地方，加固件可避免光纤在此区域受到弯曲。

6.2.3 光纤熔接机的结构名称及功能

熔接机主体如图 6.6 所示。

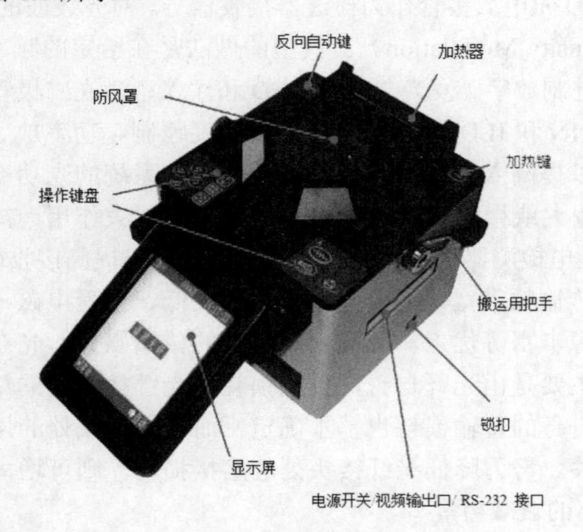

图 6.6 熔接机主体

6.2.4　光纤熔接机的熔接质量维护

1. 熔接前的清洁和检查

下面说明需要清洁的重要部位和所需的维护检查

（1）清洁V型槽

如果V型槽内有异物，光纤就不能正确夹住，从而造成熔接损耗增大。在正常的操作过程中，应经常检查和定期清洁V型槽。

①打开防风罩和光纤压板。

②用一根蘸酒精的棉棒清洁V型槽底，如图6.7所示，用干棉棒清除多余的酒精。

检查：使用纯度超过99%的高质量酒精。

检查：不要接触电极尖。

检查：清洁V型槽时不要用力过度，否则会损坏V型槽。

③如果V型槽内的脏物不能用蘸酒精的棉棒清除，则使用切割好的光纤端面去清理V型槽底部，如图6.8所示。

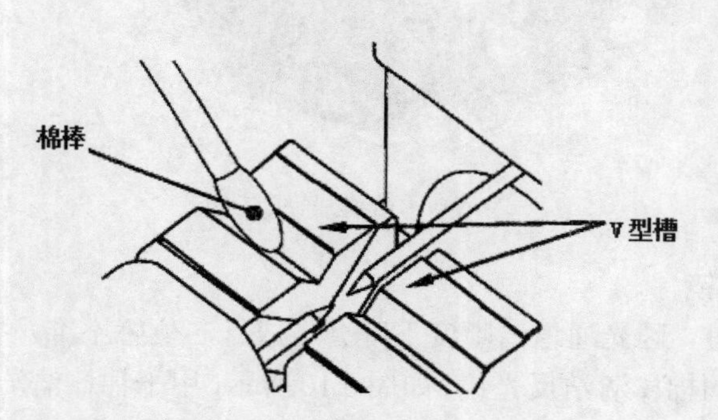

图6.7　使用棉棒清洁V型槽

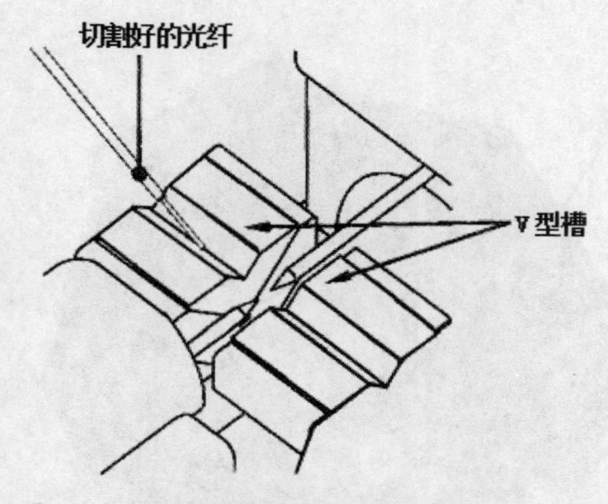

图6.8　使用切割好的光纤清洁V型槽

（2）清理光纤压脚

如果光纤压脚上有脏物，光纤就不能正常夹住，从而降低熔接质量。在正常的操作过程中，应经常检查和定期清理光纤压脚。

①将防风罩打开，可以看到在防风罩内侧的光纤压脚。

②使用蘸酒精的棉棒清理光纤压脚的表面，如图 6.9 所示，用干的棉棒清除多余的酒精。

检查：使用纯度超过 99% 的高质量酒精。

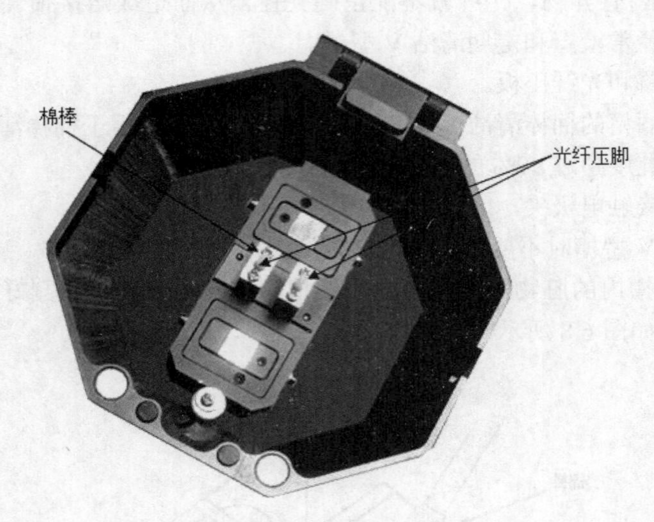

图 6.9　清理光纤压脚

（3）清洁反光镜

如果反光镜变脏，因光通道清晰度下降会造成纤芯位置不准，导致熔接损耗增高。

①使用蘸酒精的棉棒清洁反光镜，如图 6.10 所示，用干棉棒清洁镜面上多余的酒精。

检查：使用纯度超过 99% 的高质量酒精。

②反光镜应保持清洁，无污物。

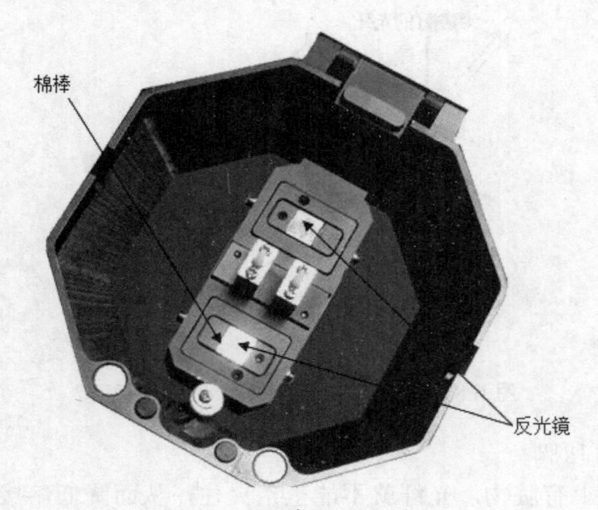

图 6.10　清洁反光镜

（4）测试程序

大气的条件如温度、湿度和气压经常发生变化，会造成不同的电弧温度。熔接机安装了温度、湿度和气压传感器，以便将各种信息反馈到监控系统，调节放电强度，使其保持在稳定的水平。由于电极磨损和光纤碎屑粘结而造成的放电强度的改变不能自动修正，而且放电中心位置有时会向左或向右移动。

在以下条件下使用熔接机时，也应进行放电试验：超高温、超低温、极干燥、极潮湿环境，电极劣化，异类光纤接续，清洁及更换电极后，或上述条件同时存在的情况下。

放电试验也按特定的熔接程序对放电强度的要求，自动调节放电参数，并根据放电高温区域调整光纤中心位置，如图 6.11 所示。

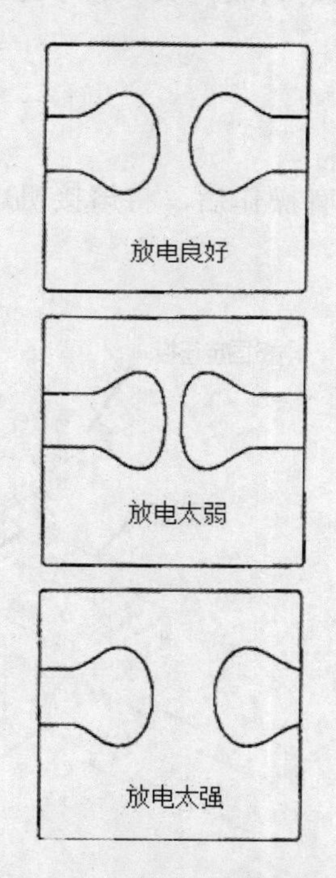

图 6.11　放电强度判别

步骤：

①放电试验需要使用两根准备接续的光纤，按照一般熔接的方法对光纤剥纤、切断和放置。

②在待机状态下，按▣键进入“设置菜单”，上下箭头移到“程序测试”，再按▣键开始放电试验。

③放电试验自动进行放电强度调整。重复试验直到屏幕显示“放电良好”。

④程序测试完毕后，按△键熔接机复位，并返回自动融接状态。

2. 定期的检查和清洁

为了保持良好的熔按质量，建议定期对各重点部位进行检查和清洁。

（1）更换电极

电极在使用中会磨损，而且由于硅氧化物的聚积还需要定期清洁，建议在 8000 次放电后更换电极。当电极放电满 8000 次后，开机时会立刻显示提示更换电极的信息。如继续使用而不更换电极，会增大熔接损耗并降低熔接后的强度。

可以改变提示更换电极时的放电次数，参见上述内容中的放电计数。

更换电极的步骤：

①退出所有程序，在结束所有操作后，将熔接机电源关闭。拆下旧的电极，方法如图 6.12 所示。

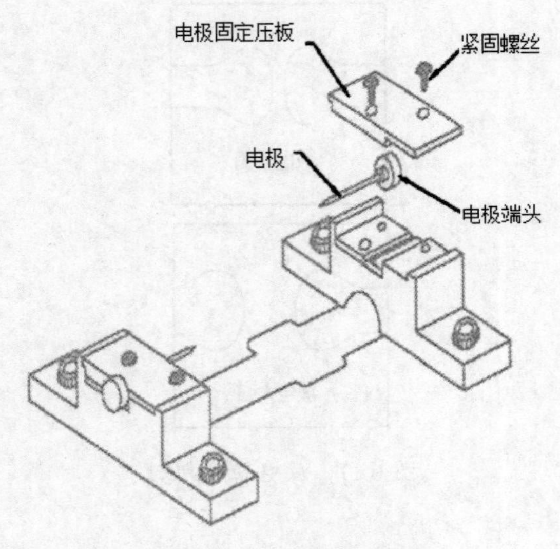

图 6.12　更换电极

②用蘸酒精的棉棒清洁新电极，然后安装到熔接机中。

检查：DVP-730 型熔接机使用 DVP-730-04 型电极，一定要成对更换。

检查：清洁和安装时，当心不要损坏电极杆和尖头，有任何损坏的电极都要报废。

检查：更换电极时，新电极的端头要靠住电极固定压板，紧固螺钉不要超过手指所达到的力量。不正确的安装会增大熔接损耗或损坏放电电路。

打开熔接机电源，将制备好的光纤放入熔接机内，在待机状态下，按回键进入“设置菜单”，上下箭头移到“程序测试”，再按回键开始放电试验。

（2）清洁物镜镜头

如果物镜镜头表面有脏物，正常观测到的纤芯的位置可能不正确，从而导致熔接损耗增大或熔接机运行困难。因此，应定期对其进行清洁，否则脏物会积累，变得难以清除。

①在清洁物镜镜头前，一定要关闭熔接机。

②拆去电极的前后护盖。

③如图 6.13 所示，用一根蘸酒精的棉棒轻轻地清理镜头表面，以镜头中心为起点，使棉棒螺旋型运动，直到镜头表面的边缘。用干的棉棒清除多余的酒精。

检查：使用纯度超过 99% 的高质量酒精。

检查：小心不要碰弯电极。

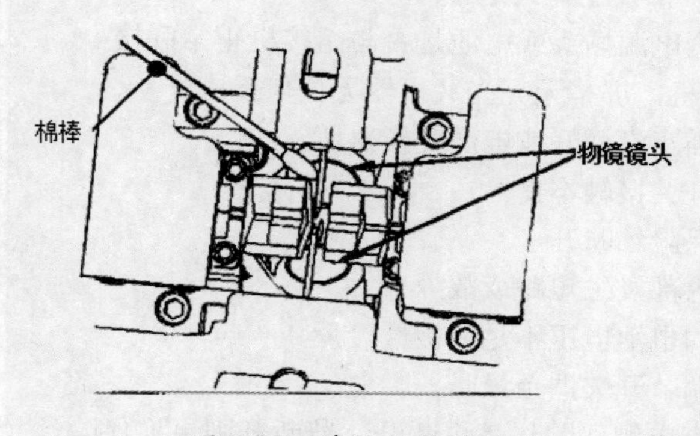

图 6.13　清洁物镜镜头

④ 打开电源，确定显示器上没有脏物或条纹。按◈键来转换屏幕，在 X 轴和 Y 轴中检查镜头表面。

（3）电池的定期维护

① 内置电池（DVP-730-01）为锂电池，没有记忆效应，可随时充电。第一次使用时，应充足 18 小时，以提高电池效率。以后充电时间约 6 小时，充电器红灯亮指示充电中，红灯变绿灯，充电结束。电池电压低于 9V 时，熔接机自动关闭。

② 外置电池（DVP-730-01）为铅酸电池，建议每个月给电池充一次电。如长期不使用时，也应定期给电池充电，以延长其使用寿命。给电池充一次电约需 10 小时左右。

注意

当电池电量不足指示灯（LOW-BATT）灯亮时，说明电池放电电压低于 10.5V，请及时充电。如继续使用，则电池被过度放电，将缩短电池使用寿命。

负载短路或电流超过 15A 时，直流输出保险丝（FUSE 15A）熔断，请更换保险丝并检查负载线路。

【阅读材料】

光纤熔接机的问题和故障排除

下述所有出现的问题都有内部电路故障的可能，在所有方法都不能解决的情况下，只能通过专业的技术维修人员来处理。

1. 开机与供电的故障排除

（1）按 键，电源没有反应

原因：1. 电源插座没插好或电源变换器坏

2. 电源开关接触不良

3. 机器内部发生短路或故障

解决方法：检查电源插头或电池是否与熔接机正常联接

（2）开启熔接机，屏幕无亮光（机器无任何反应）

原因：1. 电源插座没插好或电源变换器坏

2. 电源开关接触不良

3. 电源保险丝断开

4. 机器内部发生短路或故障

5. 使用的电池电压不足或极性接反

6. 屏幕调节开关调至最暗

解决方法：检查电源保险丝是否断开，若断开则更换保险丝（熔接机为 8A，电源变换器为 3A），确认电源输出电压约 12～13V。检查电池极性是否接反，若有则处理。屏幕调节开关调到适当的位置；然后重新开机，仍然没有解决问题的，返回维护部修理。

（3） 开机后，总是显示“系统复位”，复位不能停止

原因：1. 熔接机光电开关有问题或凸轮轴上感应柱掉了

2. 电机或电机驱动有问题

解决方法：松开机头盖板上的两颗内六角螺栓，拿开机头盖板。感应柱掉了的，重新插在凸轮轴侧边的孔里，用 502 胶粘牢；清除开关里的脏物。仍不能解决问题的返回修理。

2. 熔接操作的故障排除

（1）安放光纤后，屏幕上半部无光纤图像且很暗

原因：1. 防风罩没有压到位或弹簧片没有良好接触

2. 防风罩上的灯不亮或下方导电柱连线脱落

3. 相对应的 CCD 坏了或脱落（摄像头本身快门有问题）

解决方法：用镊子夹住防风罩内部后端的两片接触弹簧片，然后稍微抬起。较新式的熔接机，用手按压电极座上端的两个接触铜柱使其能够弹起。仍然不能解决问题的返回维护部修理。

（2） 按 键，当设置间隙时光纤停止不动。按复位键系统能正常复位，但光纤

仍不动

原因：1. 光纤断纤

2. 大压板没有压住光纤

解决方法：重新放纤，合上大压板，用手向后轻拉光纤，能轻易拉动的，说明大压板不能压住光纤。检查大压板上的压紧条能否弹起，若有则处理之。

（3）按键，当设置间隙时光纤向前运动到一定位置后又向前运动，最后显示“重装光纤”

原因：1. 光纤切割长度达不到要求

2. 大压板运动方向上有障碍

解决方法：光纤切割长度约为16mm，达不到要求的重新制作。在大压板运动方向上，用手轻推大压板，检查有无障碍，确定其位置并处理之。

（4）按键，在调芯过程中，一边光纤图像在垂直方向上下移动，两端光纤端面对不齐，不能熔接

原因：1. 精密V型槽内有灰尘，导致一边的光纤位置偏高，大于另一边光纤上下运动的最大值

2. 显微镜镜头和照明灯和棱镜上有灰和暗斑

解决方法：用削尖的牙签沾酒精顺着V型槽单方向擦拭，多做几次。然后用做好端面的光纤头对准V型槽底部向前推动来检测V型槽平滑程度。擦拭两显微镜镜头，两照明灯（注意：要用干净棉花，最好多擦几次）。仍然解决不了问题的，请返回维护部修理。

（5） 经常出现对不齐就熔接，结束后显示估计损耗偏大或熔接失败

原因：1. 光纤脏，端面不合格，光纤切割刀有问题

2. 显微镜镜头和两照明灯或棱镜上有灰和暗斑

解决方法：调整切割刀，重新制作光纤端面，要求端面合格。擦拭两显微镜镜头，两照明灯（注意：要用干净棉花，最好多擦几次）。仍然解决不了问题的，请返回维护部修理。

（6） 总是显示一方光纤端面不良

原因：1. 菜单中“端面设置”值较小

2. 显微镜镜头和两照明灯或棱镜上有灰和暗斑

3. 相对应的照明灯不亮

4. V型槽内有灰尘或光纤没有正确入槽，图像较虚

解决方法：进入菜单，增大“端面设置”的值。擦镜头，擦相对应的照明灯并检查该灯是否正常，清洁V型槽后重试。仍不能解决问题返回维护部修理。

（7） 测试熔接电流一直偏小或偏大

原因：1. 参数中“电流偏差”和程序中“熔接电流”值较大或较小

2. 电极上的沉淀物较多，老化严重

3. 光纤与电弧的相对位置发生变化

4. 高压电源元器件损坏

5. 蓄电池电量不足或老化

解决方法：首先进入维护菜单，清洁电极数次，然后选择“电弧位置”。检查光纤与电弧的相对位置是否正常。若无异常现象重新做放电试验。若电流偏小，则加大“电流强度”的值，反之则减小该值。然后再重新试验直到电流适中。最后仍不能解决问题的返回维护部修理。

（8）端面间隙的图像位置偏向屏幕的一边（属于熔接机自动跟踪电弧位置的功能，若偏离过分可做调整）。

原因：1. 电极老化，表面沉淀物较多

2. 电极本身就偏

3. 镜头松动偏移正常位置

4. 测试放电电流时，放电刚一结束就打开防风罩或不小心触动到一边光纤，熔接机判断电弧位置失误而致

解决方法：首先进入维护菜单，清洁电极数次。关机几分钟后开机做放电试验三次以上。如果偏离不是很严重说明该种情况不影响接续无须调整，特殊情况返回维护部修理。

（9）设置间隙、调整正常但在熔接过程中电极不放电

原因：1. 程序菜单中电流参数设置为 0 或选择了没有设置参数的程序

2. 高压电源损坏或电极连接脱落

解决方法：进入菜单中正使用的程序检查参数设置是否正常，更改成正常熔接参数，若仍不能放电请返回修理。

（10）接续现象很正常，但估计损耗一直偏大或熔接失败

原因：1. 检测系统有问题或显微镜镜头和棱镜上有灰尘

2. 熔接机参数菜单中“端面设置”的值较大

3. 放电后很快打开防风罩，检测还没完成

解决方法：擦拭两显微镜镜头，两照明灯。然后减小菜单中“端面设置”的参数。进行放电试验，电流适中后进行接续，仍不能解决问题的返回修理。

（11）按⇨键，设置间隙，调芯都正常，但熔接不上，总是烧成两个球

原因：1. 熔接电流太大

2. 推进量偏小或为 0。推进速度值偏大

3. 大压板没有压实

4. 右边为紧包光纤（尾纤），该纤本身质量不好，包层脱离

解决方法：换干燥的环境下试验看是否还有该问题，否则返回维护部修理。首先确认所接续的光纤没有问题（如：尾纤的包层脱离），然后进入使用程序菜单，检查参数设置，设置正确参数。然后进行放电试验直到电流适中。重放光纤，按自动键检验能否正常接续，否则返回修理。

（12）多模光纤接续后起泡和变粗，或变细

原因：1. 光纤端面不合格或表面脏

2. 程序参数设置有问题

解决方法：保证光纤端面良好，测试电流适中后重试。仍然变粗或起泡则增大程序“预熔电流、预熔时间”的值或减小“熔接推进”的值；相反变细的则减小“预熔电流、预熔时间”和增大“熔接推进”的值。

（13）接续指标一直偏大（实际测量）

原因：1. V型槽内有灰尘，光纤有灰尘

2. 放电电流不适中

3. 对不齐就熔接

4. 电极老化

5. 程序参数设置不当

6. 光纤端面不好，切割刀有问题

7. 较特殊光纤

8. 操作环境较恶劣，如大风或潮湿等

解决方法：首先问清测试方法，要求正确测试。然后做各类清洁（V型槽、显微镜、电极）选择合适程序进行放电试验。调整切割刀保证端面良好。进行接续，如果仍然指标偏大，通过增大或减小预熔电流、熔接推进的值，多次进行试验以找到较好的程序参数。

2. 清洁维护相关的故障排除

（1）清洁V型槽后，光纤常不能顺利入槽，光纤图像很虚

原因：1. 清洁V型槽方式不当而在V型槽内留下划痕，个别呈现“W”状

2. 大压板上的载纤槽（有的为定位槽）与V型槽不在一条直线上或一平面上

3. 小压头歪，不能分别处于V型槽台上或缓冲片粘歪、破损等

4. 小压头压不住光纤，最为常见的是尾纤（大压板与小压头之间的连动杆高低不合适）

解决方法：用刀尖很钝的刀片顺着V型槽底部轻轻的划几次。打开大压板，向前对准载纤槽（包括定位槽）靠近V型槽检查两槽是否同一直线和同一平面，有条件的处理。否则返回维护部修理。闭合大压板，检查小压头能否压住光纤，若不能用镊子调整连动杆的高度。其他情况不能处理的返回修理。

（2） 其他工作正常，但清洁电极时电极不放电

原因：内部电路故障

解决方法：如果已经影响接续质量，而无法清洁电极，请返回维护部修理。

（3）电极上放火花，或电极向附近金属上放电

原因：1. 电极连线松动

2. 操作环境潮湿

解决方法：换干燥的环境下试验看是否还有该问题，否则返回维护部修理。

3. 加热操作相关的故障排除

（1）热缩管没有完全收缩

原因：1. 加热时间设置过短

2. 由于外界温度过低（如冬季）使加热没有充分完成

解决方法：延长加热时间。

（2）热缩管收缩后粘到了加热板上

原因：部分热缩管可能引起粘附

解决方法：等待其冷却后再将其取出；若工期紧可用棉签等物件在其边缘轻轻拨动，使其与加热板完全脱离。

（3）取消加热

解决方法：按(△)键将不起作用，需连续按(~)键两次。

（4）加热指示灯不亮，但能照常加热。

原因：分离式加热器连线有故障或加热器有故障

解决方法：若是分离式加热器，检查 1、2 脚是否导通，约 6Ω，3、4 脚导通，约 10kΩ；否则寄回维修部修理。

（5）加热指示灯亮，但加热器不加热；或指示灯不亮，加热器也不能加热。

原因：1. 加热键欠灵或坏掉了

2. 分离式加热器连线有故障或加热器有故障

解决方法：若是键盘失灵更换键盘；若是分离式加热器，检查 1、2 脚是否导通，约 6Ω，3、4 脚导通约 10kΩ；否则寄回维修部修理。

【项目实施】

光纤熔接在以前是一个技术含量很高的工作，以前熔接一个纤芯的工作能拿到 500 元的报酬，而如今恐怕只有 1/10 了。下面我们将一步步为大家介绍如何将分离的光纤熔接到一起。不过看完后理论的东西了解很多，真正掌握还需要大家亲自去动手。

步骤 1：熔接操作前的准备

需准备的必备品。

步骤 2：准备熔接机的电源

DVP-730 熔接机的供电有三种选择：交流电源，内置电源，外置电源。

（1）使用交流电源

①将交流适配器（DVP-730-03）插入熔接机电源插槽中，确保安装牢靠。

②将交流电源线一端插入交流适配器中，另一端插入交流插座中，确保插得牢靠、正确。注意：确保电源为 176~264VAC，47~63Hz。若使用发电机时，始终要在接线之前检查发电机的输出电压。

（2）使用内置直流电源

将熔接机专用内置电源（DVP-730-01）插入熔接机电源插槽中，确保插入牢靠。

（3）使用外置直流电源

①将直流适配器（DVP-730-10）插入熔接机电源插槽中，确保插入牢靠.

②将直流电源线（DVP-730-11）一端插入直流适配器，另一端插入外置电池插口中，确保插入牢靠。

步骤3：开启光纤熔接机

（1）开机

将 ○ - 拨至“开”位，熔接机开启。

检查：由于熔接机和大气存在温度差异，如果熔接机表面产生凝露，应让熔接机预热至少10分钟。

（2）待机画面（略）

步骤4：剥纤和清洁

（1）用剥皮钳剥除光纤涂覆层，长为30~40mm。

检查：剥除之后，拿好光纤，不要损伤裸纤。

（2）用另一块酒精纱布或不起毛的棉布清洁裸纤。

检查：清洁之后，手持光纤，不要损伤裸纤。

检查：使用高纯度酒精，纯度超过99%。

检查：每次清洁需更换纱布或不起毛的棉布。

步骤5：切割光纤端面

下面介绍使用切割刀切割光纤的步骤（①盖子、②刀架、③压纤板），如图6.14所示。

(1) 掀开①夹具，提起③砧座。

(2) 把光纤放入V型槽。

注意：ϕ0.25mm光纤切割长度8~16mm；ϕ0.9mm光纤切割长度14mm。

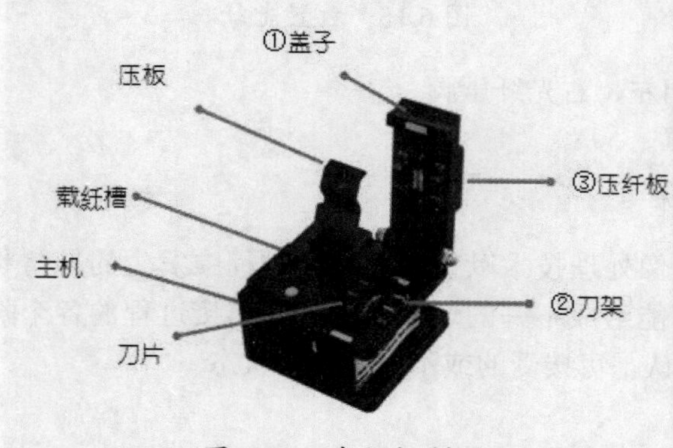

图6.14 光纤切割器

步骤 6：在熔接机上放置光纤

（1）打开防风罩。

（2）打开左、右光纤压板。

（3）放置光纤于 V 型槽。

检查：将光纤放进熔接机时，确保光纤没有扭曲。

检查：如果光纤由于记忆效应形成卷曲或弯曲，请转动光纤使隆起部分朝下（光纤向上翘曲）。

检查：注意必须防止光纤端面的损坏和污染。光纤端面接触任何物体，包括 V 型槽底部，都可能造成较低的接续质量。

（4）轻轻关闭光纤压板以压住光纤。

检查：观察放置在 V 型槽内的光纤。光纤必须放入 V 型槽底部。如果没有放好，请拿出重新放置。

检查：光纤端面必须放置在 V 型槽前端和电极中心线之间。光纤端面不必被精确地放置在中点。

（5）同样安装第二根光纤，重复步骤（3）和（4），如图 6.15 所示。

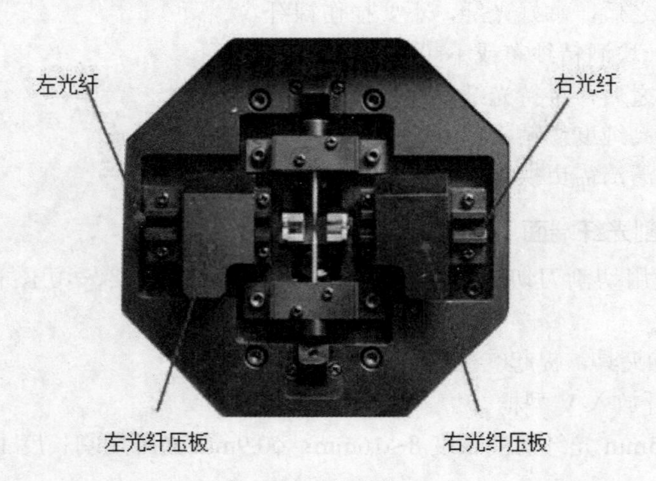

图 6.15　放置光纤

（6）轻轻地关闭左、右光纤压脚。

（7）关闭防风罩。

步骤 7：熔接操作

DVP-730 使用图像处理技术以识别在熔接过程中发生的异常状况。有时，一个很小的毛病未检测到可能造成不好的熔接质量。在熔接过程的各个阶段，通过显示屏可观察光纤图像，并确认是可接受的或不可接受的状态。

（1）开始熔接

按键开始自动熔接程序，程序将自动向前左右移动光纤。在完成电弧清洁放电后，光纤将停止在预先设定的位置。

注意

当光纤向前移动并且出现上下跳动时，可能是V型槽或光纤表面被污染。清洁V型槽并重新制备光纤。

（2）切割角度测量和纤芯对准操作

当熔接机正在运行或暂停时，可以通过肉眼观察光纤端面的情况。

检查：即使没有切割角度的错误信息提示，发生以下情况时，也应按⊚并重新制备光纤。

当超出切割角度容限时，会显示错误信息“左光纤端面不良”或“右光纤端面不良”，这时请重新切剥光纤，如图6.16所示。

（3）电弧放电加热

对准光纤之后，熔接机将产生一个高压放电电弧使光纤熔接在一起。电弧放电期间，可以在显示屏上观察光纤图像。如果图像上某些部分展现出非常亮的点，那是由于燃烧了附在光纤表面或端面的污点引起的，在此情况下纤芯可能变形。虽然变形可以被损耗估算功能检测到，但还是建议重新熔接，如图6.17所示。

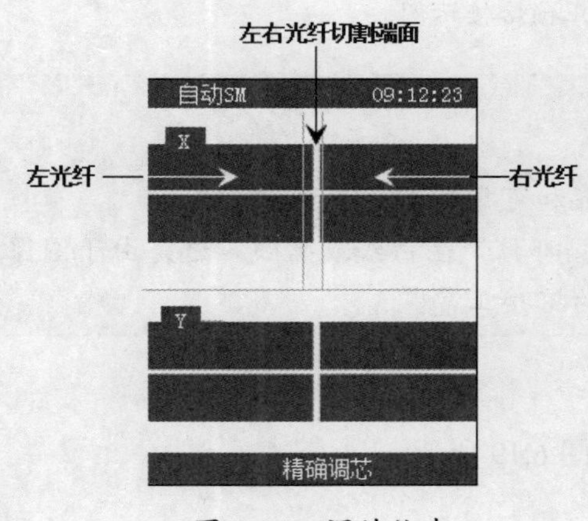

图6.16　调芯状态

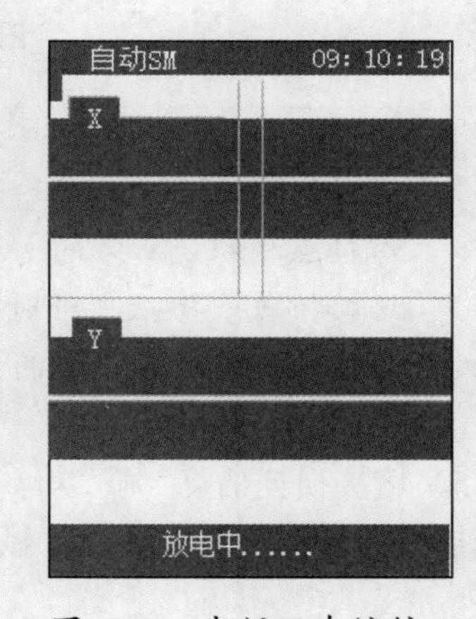

图6.17　光纤正在熔接

（4）熔接检查

当熔接状态异常，熔接机将显示错误信息“熔接失败”。请重新熔接。

注意

在熔接前应对光纤进行测试，以选择适当的状态，避免出现以下现象。若出现以下现象时，需重新进行光纤测试，如图6.18所示。

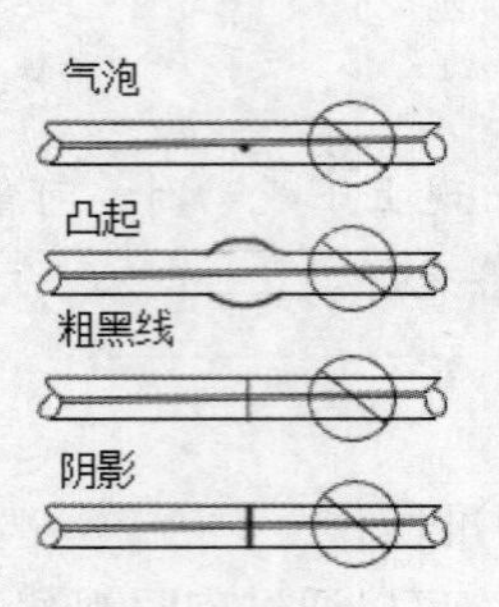

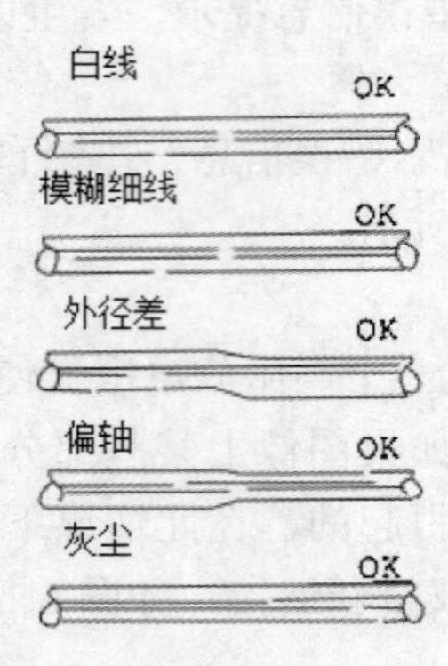

图 6.18　正确熔接示例

注意

熔接点稍粗是正常的，熔接损耗和可靠性都没有问题。

熔接掺氟和掺钛光纤时会在熔接部位产生白线或黑线。这是由于图像处理方法的光学效果引起的，可视为熔接正常。

（5）熔接损耗估算

熔接损耗估算值在显示屏上显示，如图 6.19 所示。

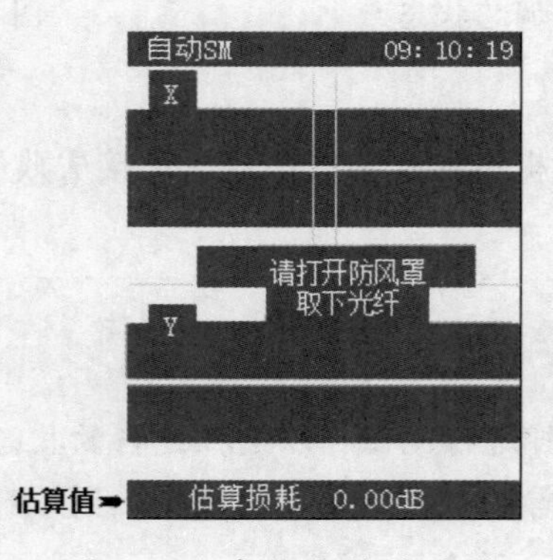

图 6.19　光纤熔接结果

在某些情况下，通过再放电可以改善熔接损耗，按[按键图标]键。再放电之后，熔接损耗将不显示。

注意

有些情况下，再放电之后，熔接损耗将更为恶化。

（6）记录接续结果

按[按键图标]键或打开防风罩，熔接机将自动进行张力试验（机械耐力试验）并记录接续结果。接续结果将存储于熔接机记忆芯片中。DVP-730 熔接机可存储 8000 组接续结果。

步骤 8：取出光纤

（1）打开防风罩。

检查：加热器夹具必须打开，准备放置光纤和光纤热缩管。

（2）打开左光纤压板，用左手拿住光纤左端。

（3）打开右光纤压板，用右手拿住光纤右端。

（4）从熔接机中取出光纤。

步骤 9：熔接点的加固

（1）将光纤热缩管滑至熔接处的中心，并放入加热器槽。

检查：确保熔接点和光纤热缩管在加热器中心。

检查：确保加固金属体朝下放置。

检查：确保光纤无扭曲。

（2）拉紧光纤的同时，将光纤放低后放入加热器。左边加热器夹具将自动关闭。

（3）继续拉紧光纤，用左手关闭右边加热器夹具，如图 6.20 所示。

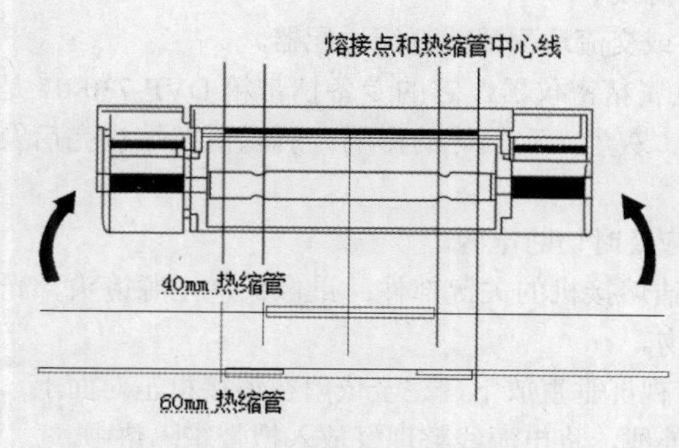

图 6.20　放入加热器内

检查：再次检查熔接点和光纤热缩管是否在加热器中心。

（4）按键，开始加热。加热完毕后，加热灯熄灭。

注意：要中断加热进程，按键。

（5）打开左右加热器夹具。拉紧光纤，轻轻地取出加固后的熔接点。

> **注意**
>
> 有时热缩管可能粘着在加热器底部。仅使用一个棉签或同等柔软的尖状物体，就可轻轻推出保护套。

（6）观测热缩管内的气泡和杂质。如图 6.21 所示，前三种为不合格热缩，需重做；后两种属于合格热缩。

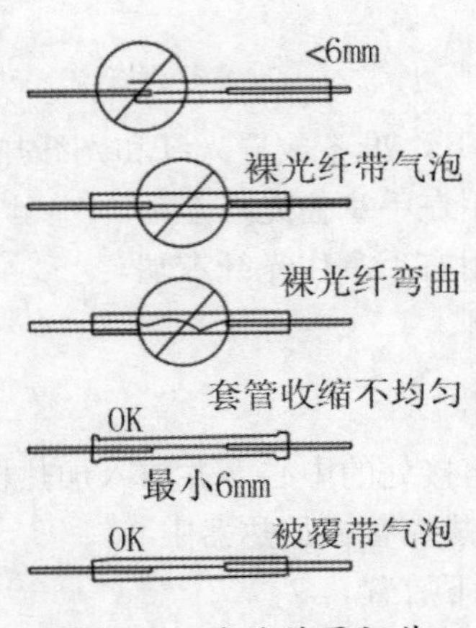

图 6.21　热缩结果评价

步骤 10：熔接完后收存熔接机

（1）拔掉有关电源线。

（2）弹出电池，或交流适配器或直流适配器。

（3）光纤熔接机属精密仪器。它的专备携带箱 DVP-730-07 是特别设计的，用以保证熔接机不受撞击、灰尘、水气等的影响。所以请在熔接完后及时将熔接机放入箱体内。

检查：收存前，应及时切断电源。

检查：应及时清洁熔接机的关键部件：摄像头、光源镜头、光纤压脚及 V 型槽，去除残留的灰尘和脏物。

检查：将 LCD 监视屏垂直放下，完全依附在熔接机正对面上。

检查：解除所有连线，将电源线整理好放入携带箱隔垫中。

检查：提起熔接机手柄，将其平稳地装入携带箱。

检查：装好其他配件及消耗品，盖上并扣好携带箱上盖。

若将酒精泵瓶也放在携带箱中时，应及时将泵中的残液清除干净，以免倾洒在箱中，影响设备的使用。

【阅读材料】

光缆接续质量检查

在熔接的整个过程中，都要用OTDR测试仪表加强监测，保证光纤的熔接质量、减小因盘纤带来的附加损耗和封盒可能对光纤造成的损害，决不能仅凭肉眼判断好坏：

- 熔接过程中对每一芯光纤进行实时跟踪监测，检查每一个熔接点的质量；
- 每次盘纤后，对所盘光纤进行例检，以确定盘纤带来的附加损耗；
- 封接续盒前对所有光纤进行统一测定，查明有无漏测和光纤预留空间对光纤及接头有无挤压；
- 封盒后，对所有光纤进行最后监测，以检查封盒是否对光纤有损害。

影响光纤熔接损耗的主要因素

影响光纤熔接损耗的因素较多，大体可分为光纤本征因素和非本征因素两类。

①光纤本征因素是指光纤自身因素，主要有四点：

- 光纤模场直径不一致；
- 两根光纤芯径失配；
- 纤芯截面不圆；
- 纤芯与包层同心度不佳。

②影响光纤接续损耗的非本征因素即接续技术：

- 轴心错位：单模光纤纤芯很细，两根对接光纤轴心错位会影响接续损耗。当错位1.2μm时，接续损耗达0.5dB；
- 轴心倾斜：当光纤断面倾斜1°时，约产生0.6dB的接续损耗，如果要求接续损耗≤0.1dB，则单模光纤的倾角应为≤0.3°；
- 端面分离：活动连接器的连接不好，很容易产生端面分离，造成连接损耗较大；
- 端面质量：光纤端面的平整度差时也会产生损耗；
- 接续点附近光纤物理变形。

其他因素的影响：

接续人员操作水平、操作步骤、盘纤工艺水平、熔接机中电极清洁程度、熔接参数设置、工作环境清洁程度等均会影响到熔接损耗的值。

降低光纤熔接损耗的措施

- 一条线路上尽量采用同一批次的优质名牌裸纤；
- 光缆架设按要求进行；
- 挑选经验丰富、训练有素的光纤接续人员进行接续；
- 接续光缆应在整洁的环境中进行；
- 选用精度高的光纤端面切割器来制备光纤端面；
- 正确使用熔接机。

光纤接续点损耗的测量

光损耗是度量一个光纤接头质量的重要指标，有几种测量方法可以确定光纤接头的光损耗，如使用光时域反射仪（OTDR）或熔接接头的损耗评估方案等。

1. 熔接接头损耗评估

通过从两个垂直方向观察光纤，计算机处理并分析该图像来确定包层的偏移、纤芯的畸变、 光纤外径的变化和其他关键参数，使用这些参数来评价接头的损耗。

2. 使用光时域反射仪（OTDR）

光时域反射仪（OTDR，Optical Time Domain Reflectometer）又称背向散射仪。其原理是：往光纤中传输光脉冲时，由于在光纤中散射的微量光，返回光源侧后，可以利用时基来观察反射的返回光程度。

盘纤的方法

盘纤是一门技术，也是一门艺术。科学的盘纤方法，可使光纤布局合理、附加损耗小、经得住时间和恶劣环境的考验，并可避免因挤压造成的断纤现象。

盘纤规则

● 沿松套管或光缆分歧方向为单元进行盘纤，前者适用于所有的接续工程，后者仅适用于主干光缆末端且为一进多出；

● 以预留盘中热缩管安放单元为单位盘纤；

● 特殊情况，如在接续中出现光分路器、上 / 下路尾纤、尾缆等特殊器件时要先熔接、热缩、盘绕普通光纤，再依次处理上述情况，为了安全常另盘操作，以防止挤压引起附加损耗的增加。

盘纤的方法

● 先中间后两边，即先将热缩后的套管逐个放置于固定槽中，然后再处理两侧余纤。优点：有利于保护光纤接点，避免盘纤可能造成的损害。在光纤预留盘空间小、光纤不易盘绕和固定时，常用此种方法；

● 从一端开始盘纤，固定热缩管，然后再处理另一侧余纤。优点：可根据一侧余纤长度灵活选择铜管安放位置，方便、快捷，可避免出现急弯、小圈现象；

- 特殊情况的处理，如个别光纤过长或过短时，可将其放在最后，单独盘绕；带有特殊光器件时，可将其另一盘处理，若与普通光纤共盘时，应将其轻置于普通光纤之上，两者之间加缓冲衬垫，以防止挤压造成断纤，且特殊光器件尾纤不可太长；
- 根据实际情况采用多种图形盘纤，按余纤的长度和预留空间大小，顺势自然盘绕，且勿生拉硬拽，应灵活地采用圆、椭圆、CC、～等多种图形盘纤（注意 R ≥ 4cm），尽可能最大限度利用预留空间和有效降低因盘纤带来的附加损耗。

工程经验

工程经验一：光纤涂面层的剥除

光纤涂面层的剥除，首先用左手大拇指和食指捏紧纤芯将光纤纤芯持平，所露长度以 8cm 为准，将余纤放在无名指、小拇指之间，以增加力度，防止打滑。右手握紧剥线钳，将剥纤钳与光纤垂直，上方向内倾斜一定角度，然后用钳口轻轻卡住光纤，随之用力，顺光纤轴向平推出去。在这需注意的是力度的把握，用力过大会将纤芯弄断；力度太小，光纤涂面层去不掉。

工程经验二：裸纤的清洁

在工程的实际应用中，裸纤的清洁在光纤的熔接中起着非常重要的作用，这就要求我们在实际工程中要真正做好裸纤的清洁，在实际工作中应按下面的两步操作：

观察光纤剥除部分的涂覆层是否全部剥除，若有残留，应重新剥除。如有极少量不易剥除的涂覆层，可用绵球沾适量酒精，一边浸渍，一边逐步擦除。

将棉花撕成层面平整的小块，沾少许酒精（以两指相捏无溢出为宜），折成“V”形，夹住已剥覆的光纤，顺光纤轴向擦拭，力争一次成功，一块棉花使用 2~3 次后要及时更换，每次要使用棉花的不同部位和层面，这样既可提高棉花利用率，又可防止裸纤的二次污染。

工程经验三：裸纤的切割

裸纤的切割是光纤端面制备中最为关键的部分，精密、优良的切刀是基础，而严格、科学的操作规范是保证。

切刀的选择：切刀有手动和电动两种。

操作规范：操作人员应经过专门训练，掌握动作要领和操作规范。

谨防端面污染：热缩套管应在剥覆前穿入，严禁在端面制备后穿入。

工程经验四：光纤的熔接

光纤熔接是接续工作的中心环节，因此高性能熔接机和熔接过程中的科学操作是十分必要的。

应根据光缆工程要求，配备蓄电池容量和精密度合适的熔接设备。

熔接前根据光纤的材料和类型，设置好最佳预熔主熔电流和时间以及光纤送入量等关键参数。熔接过程中还应及时清洁熔接机“V”形槽、电极、物镜、熔接室等，随时观察熔接中有无气泡、过细、过粗、虚熔、分离等不良现象，注意 OTDR 测试仪表跟踪监测结果，及时分析产生上述不良现象的原因，采取相应的改进措施。如多次出现虚熔现象，应检查熔接的两根光纤的材料、型号是否匹配，切刀和熔接机是否被灰尘污染，并检查电极氧化状况，若均无问题则应适当提高熔接电流。

第 7 章
进线间与建筑群子系统

7.1 进线间与建筑群子系统设计

【项目描述】

在本节中，我们的主要任务是在掌握相关知识的基础上，进行室外管道的铺设设计与室外架空设计。

【相关知识】

7.1.1 进线间子系统的设计原则

1. 进线间的位置

一般一个建筑物宜设置 1 个进线间，一般是提供给多家电信运营商和业务提供商使用，通常设于地下一层。

2. 进线间面积的确定

进线间因涉及因素较多，难以统一提出具体所需面积，可根据建筑物实际情况，并参照通信行业和国家现行标准要求进行设计。

3. 线缆配置要求

建筑群主干电缆和光缆、公用网和专用网电缆、光缆及天线馈线等室外缆线进入建筑物时，应在进线间成端转换成室内电缆、光缆，并在缆线的终端处可由多家电信业务经营者设置入口设施，入口设施中的配线设备应按引入的电、光缆容量配置。

4. 入口管孔数量

进线间应设置管道入口。在进线间缆线入口处的管孔数量应留有充分的余量，以满足建筑物之间、建筑物弱电系统、外部接入业务及多家电信业务经营者和其他业务服务商缆线接入的需求，建议留有 2~4 孔的余量。

5. 进线间的设计

进线间宜靠近外墙和在地下设置，以便于缆线引入。进线间设计应符合下列规定：

- 进线间应防止渗水，宜设有抽排水装置；
- 进线间应与布线系统垂直竖井沟通；
- 进线间应采用相应防火级别的防火门，门向外开，宽度不小于 1000mm；

● 进线间应设置防有害气体措施和通风装置，排风量按每小时不小于5次容积计算；
● 进线间如安装配线设备和信息通信设施时，应符合设备安装设计的要求；
● 与进线间无关的管道不宜通过。

6. 进线间入口管道处理

进线间入口管道所有布放缆线和空闲管孔应采取防火材料封堵，做好防水处理。

7.1.2 建筑群子系统的设计原则

1. 设计步骤

● 确定敷设现场的特点：包括确定整个工地的大小、工地的地界、建筑物的数量等；
● 确定电缆系统的一般参数：包括确认起点、端接点位置、所涉及的建筑物及每座建筑物的层数、每个端接点所需的双绞线的对数、有多个端接点的每座建筑物所需的双绞线总对数等；
● 确定建筑物的电缆入口；
● 确定明显障碍物的位置；
● 确定主电缆路由和备用电缆路由；
● 选择所需电缆的类型和规格；
● 确定每种选择方案所需的劳务成本；
● 确定每种选择方案的材料成本；
● 选择最经济、最实用的设计方案。

2. 需求分析与技术交流

用户需求分析是方案设计的重要环节，设计人员要通过多次反复地与用户详细沟通掌握用户的具体需求情况。在建筑群子系统设计时进行需求分析的内容应包括工程的总体概况、工程各类信息点统计数据、各建筑物信息点分布情况、各建筑物平面设计图、现有系统的状况、设备间位置等。了解以上情况后，具体分析从一个建筑物到另一个建筑物之间的布线距离、布线路径，逐步明确和确认布线方式和布线材料的选择。

在完成需求分析后，要与用户进行技术交流，这是非常必要的。由于建筑群子系统往往覆盖整个建筑物群的平面，布线路径也经常与室外的强电线路、给（排）水管道、道路和绿化等项目线路有多次的交叉或者并行实施，因此不仅要与技术负责人交流，也要与项目或者行政负责人交流。在交流过程中重点了解每条路径上的电路、水路、气路的安装位置等详细信息，并进行详细的书面记录，每次交流结束后要及时整理书面记录。

3. 阅读建筑物图纸

建筑物主干布线子系统的缆线较多，且路由集中，是综合布线系统的重要骨干线路，索取和认真阅读建筑物设计图纸是不能省略的程序，通过阅读建筑物图纸掌握建筑物的土建结构、强电路径、弱电路径，重点掌握在综合布线路径上的强电管道、给（排）水管道、其他暗埋管线等。在阅读图纸时进行记录或者标记，正确处理建筑群子系统布线与电路、水路、气路和电器设备的直接交叉或者路径冲突问题。

4. 建筑群子系统的规划和设计

建筑群子系统主要应用于多幢建筑物组成的建筑群综合布线场合，单幢建筑物的综合布线系统可以不考虑建筑群子系统。建筑群子系统的设计主要考虑布线路由选择、线缆选择、线缆布线方式等内容。

（1）环境美化要求

建筑群主干布线子系统设计应充分考虑建筑群覆盖区域的整体环境美化要求，建筑群干线电缆尽量采用地下管道或电缆沟敷设方式。

（2）建筑群未来发展需要

线缆布线设计时，要充分考虑各建筑需要安装的信息点种类、信息点数量，选择相对应的干线电缆的类型以及电缆敷设方式，使综合布线系统建成后，保持相对稳定，能满足今后一定时期内各种新的信息业务发展需要。

（3）线缆路由的选择

考虑到节省投资，线缆路由应尽量选择距离短、线路平直的路由。但具体的路由还要根据建筑物之间的地形或敷设条件而定。在选择路由时，应考虑原有已铺设的地下各种管道，线缆在管道内应与电力线缆分开敷设，并保持一定间距。

（4）电缆引入要求

建筑群干线电缆、光缆进入建筑物时，都要设置引入设备，并在适当位置终端转换为室内电缆、光缆。引入设备应安装必要保护装置以达到防雷击和接地的要求。干线电缆引入建筑物时，应以地下引入为主，如果采用架空方式，应尽量采取隐蔽方式引入。

7.1.3 建筑群子系统布线线缆的选择

建筑群子系统敷设的线缆类型及数量由综合布线连接应用系统种类及规模来决定。一般来说，计算机网络系统常采用光缆作为建筑物布线线缆，在网络工程中，经常使用 62.5μm/125μm（62.5μm 是光纤纤芯直径，125μm 是纤芯包层的直径）规格的多模光纤，有时也用 50μm/125μm 和 100μm/140μm 规格的多模光纤。户外布线大于 2km 时可选用单模光纤。

电话系统常采用 3 类大对数电缆作为布线线缆，3 类大对数双绞线是由多个线对组合而成的电缆，为了适合于室外传输，电缆还覆盖了一层较厚的外层皮。

有线电视系统常采用同轴电缆或光缆作为干线电缆。

7.1.4 电缆线的保护

当电缆从一建筑物到另一建筑物时，要考虑到易受到雷击、电源碰地、电源感应电压或地电压上升等因素，必须保护这些线对。如果电气保护设备位于建筑物内部（不是对电信公用设施实行专门控制的建筑物），那么所有保护设备及其安装装备都必须有 UL 安全标记。

有些方法可以确定电缆是否容易受到雷击或电源的损坏，也可以知道有哪些保护器可以防止建筑物、设备和连线因火灾和雷击而遭到毁坏。

当发生下列任何情况时，线路就被暴露在危险的境地：

- 雷击所引起的干扰；
- 工作电压超过 300V 以上而引起的电源故障；
- 地电压上升到 300V 以上而引起的电源故障；
- 60Hz 感应电压值超过 300V。

如果出现上述所列的情况时都应对其进行保护。

确定被雷击的可能性。除非下述任一条件存在，否则电缆就有可能遭到雷击：

- 该地区每年遭受雷暴雨袭击的次数只有 5 天或更少，而且大地的电阻率小于 100Ω/m；
- 建筑物的直埋电缆小于 42m（140ft），而且电缆的连续屏蔽层在电缆的两端都接地。
- 电缆处于已接地的保护伞之内，而此保护伞是由邻近的高层建筑物或其他高层结构所提供，如图 7.1 所示。

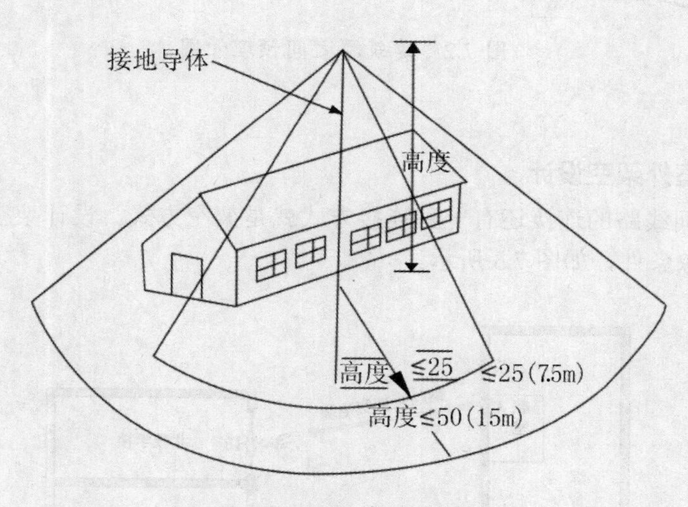

图 7.1　保护伞示意图

【项目实施】

任务 1　室外管道的铺设设计

在设计建筑群子系统的埋管图时，一定要根据建筑物之间数据或语音信息点的数量来确定埋管规格，如图 7.2 所示。

注意

室外管道进入建筑物的最大管外径不宜超过 100mm。

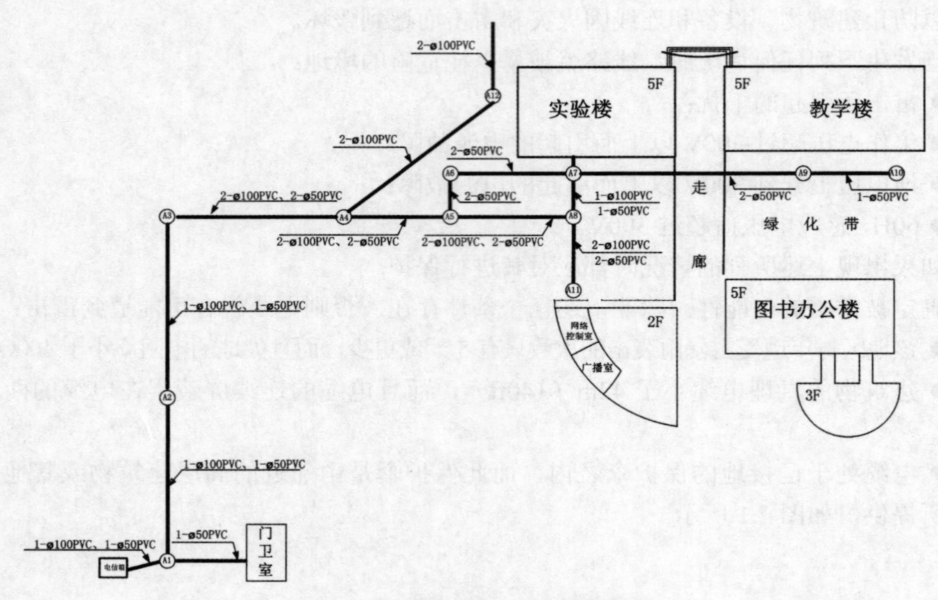

图 7.2　建筑群之间预埋管图

任务 2　室外架空设计

建筑物之间线路的连接还有一种连接方式就是架空方式。设计架空路线时，需要考虑高度与气象条件，如图 7.3 所示。

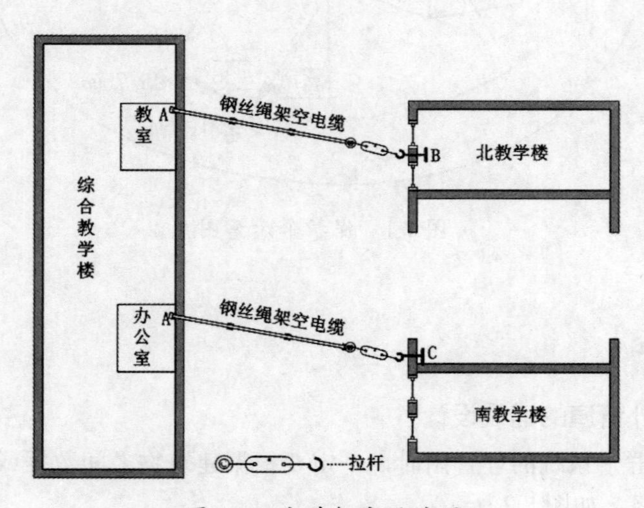

图 7.3　室外架空设计图

7.2 建筑群子系统施工

【项目描述】

本节的主要任务是在掌握建筑群子系统中四种电缆布线工艺基础上，进行相应的施工。

【相关知识】

7.2.1 建筑群子系统的工程规范

GB50311-2007《综合布线系统工程设计规范》第 6 章“安装工艺要求”内容中，第 6.5.3 节规定：建筑群之间的缆线宜采用地下管道或电缆沟敷设方式，并应符合相关规范的规定。

建筑物子系统的布线距离主要是通过两栋建筑物之间的距离来确定的。一般在每个室外接线井里预留 1m 的线缆。

7.2.2 建筑群子系统中电缆布线工艺

1. 架空电缆布线

架空安装方法通常只用于现成电线杆，而且电缆的走法不是主要考虑内容的场合，从电线杆至建筑物的架空进线距离不超过 30m（100ft）为宜。建筑物的电缆入口可以是穿墙的电缆孔或管道。入口管道的最小口径为 50mm（2in）。建议另设一根同样口径的备用管道，如果架空线的净空有问题，可以使用天线杆型的入口。该天线的支架一般不应高于屋 1200mm（4ft）。如果再高，就应使用拉绳固定。此外，天线型入口杆高出屋顶的净空间应有 2400mm（8ft），该高度正好使工人可摸到电缆。

通信电缆与电力电缆之间的距离必须符合我国室外架空线缆的有关标准。

架空电缆通常穿入建筑物外墙上的 U 形钢保护套，然后向下（或向上）延伸，从电缆孔进入建筑物内部，如图 7.4 所示，电缆入口的孔径一般为 50mm，建筑物到最近处的电线杆通常相距应小于 30m，架空布线主要材料如图 7.5 所示。

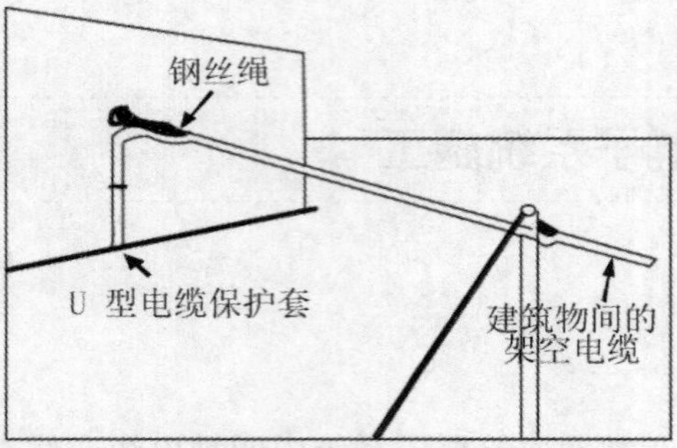

图 7.4　架空布线法

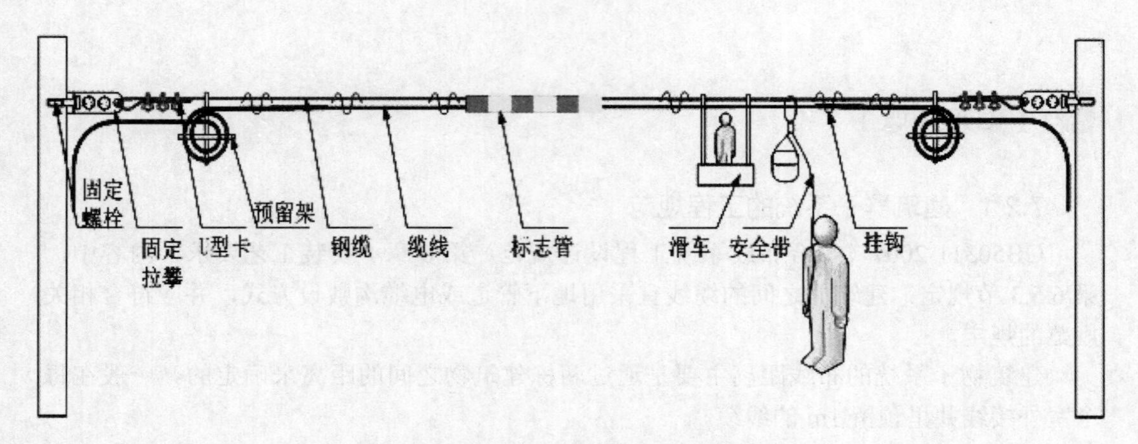

图 7.5　架空布线主要材料

架空线缆敷设时，一般步骤如下：

- 电杆以 30～50m 的间隔距离为宜；
- 根据线缆的质量选择钢丝绳，一般选 8 芯钢丝绳；
- 接好钢丝绳；
- 架设线缆；
- 每隔 0.5m 架一个挂钩。

2. 直埋电缆布线

直埋布线法根据选定的布线路由在地面上挖沟，然后将线缆直接埋在沟内。直埋布线的电缆除了穿过基础墙的那部分电缆有管保护外，电缆的其余部分直埋于地下，没有保护，如图 7.6 所示。直埋电缆通常应埋在距地面 0.6m 以下的地方，或按照当地城管等部门的有关法规施工。

当建筑群子系统采用直埋沟内敷设时，如果在同一个沟内埋入了其他的图像、监控电缆，应设立明显的共用标志。

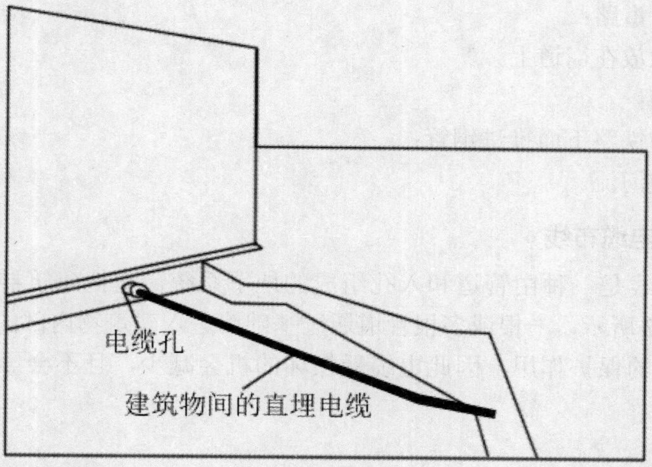

图 7.6　直埋布线法

直埋布线法优于架空布线法，影响选择此法的主要因素如下：

- 初始价格；
- 维护费；
- 服务可靠；
- 安全性；
- 外观。

切不要把任何一个直埋施工结构的设计或方法看作是提供直埋布线的最好方法或唯一方法。在选择某个设计或几种设计的组合时，重要的是采取灵活的、思路开阔的方法。这种方法既要适用，又要经济，还要能可靠地提供服务。直埋布线的选取地址和布局实际上是针对每项作业对象专门设计的，而且必须对各种方案进行工程研究后再做出决定。工程的可行性决定了何者为最实际的方案。

在选择最灵活、最经济的直埋布线线路时，主要的物理因素如下：

- 土质和地下状况；
- 天然障碍物，如树林、石头以及不利的地形；
- 其他公用设施（如下水道、水、气、电）的位置；
- 现有或未来的障碍，如游泳池、表土存储场或修路。

由于发展趋势是让各种设施不在人的视野里，所以，话音电缆和电力电缆埋在一起将日趋普遍，这样的共用结构要求有关部门从筹划阶段直到施工完毕，以至未来的维护工作中密切合作，必然会增加一些成本，而且这种共用结构也日益需要用户的合作。PDS 为改善所有公用部门的合作而提供的建筑性方法将有助于使这种结构既吸引人，又很经济。有关直埋电缆所需的各种许可证书应妥善保存，以便在施工过程中可立即取用。

需要申请许可证书的事项如下：

- 挖开街道路面；

- 关闭通行道路；
- 把材料堆放在街道上；
- 使用炸药；
- 在街道和铁路下面推进钢管；
- 电缆穿越河流。

3. 管道系统电缆布线

地下管道布线是一种由管道和入孔组成的地下系统，它把建筑群的各个建筑物进行互连。如图 7.7 所示，一根或多根管道通过基础墙进入建筑物内部的结构。地下管道对电缆起到很好的保护作用，因此电缆受损坏的机会减少，且不会影响建筑物的外观及内部结构。

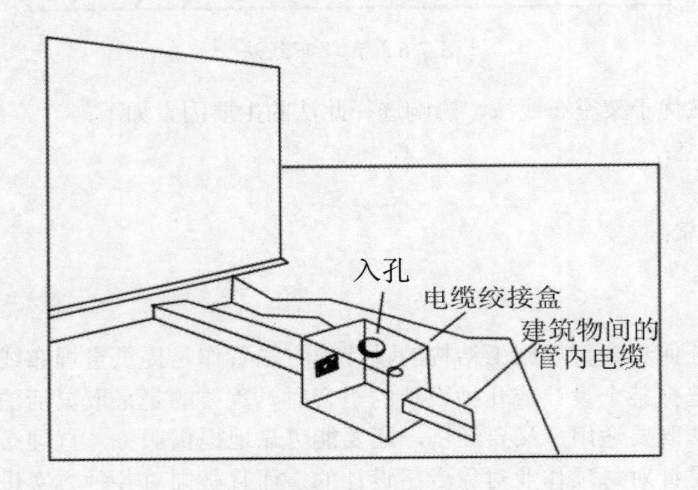

图 7.7 地下管道布线法

管道埋设的深度一般在 0.8~1.2m，或符合当地城管等部门有关法规规定的深度。为了方便日后的布线，管道安装时应预埋一根拉线，以供今后的布线使用。为了方便线缆的管理，地下管道应间隔 50~180m 设立一个接合井，以方便人员维护。接合井可以是预制的，也可以是现场浇筑的。

此外安装时至少应预留 1~2 个备用管孔，以供扩充之用。

地埋布线材料如图 7.8 所示。

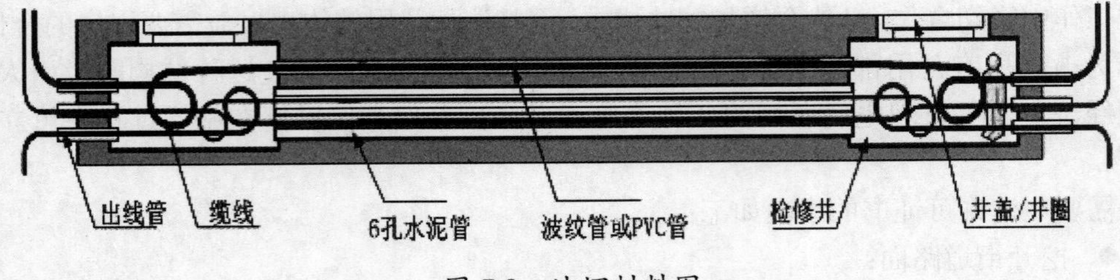

图 7.8 地埋材料图

4. 隧道内电缆布线

在建筑物之间通常有地下通道，大多是供暖供水的，利用这些通道来敷设电缆不仅成本低，而且可利用原有的安全设施。如考虑到暖气泄漏等条件，电缆安装时应与供气、供水、供暖的管道保持一定的距离，安装在尽可能高的地方，可根据民用建筑设施的有关条例进行施工。

前面叙述了管道内、直埋、架空、隧道等四种建筑群布线工艺，它们的优缺点如表 7.1 所示。

表 7.1 四种建筑物布线工艺的优缺点表

方法	优点	缺点
管道内	提供最佳的机构保护 任何时候都可敷设电缆 电缆的敷设、扩充和加固都很容易 保持建筑物的外貌	挖沟、开管道和入孔的成本很高
直埋	提供某种程度的机构保护 保持建筑物的外貌	挖沟成本高 难以安排电缆的敷设位置 难以更换和加固
架空	如果本来就有电线杆，则成本最低	没有提供任何机械保护 灵活性差 安全性差 影响建筑物美观
隧道	保持建筑物的外貌，如果本来就有隧道，则成本最低、最安全	热量或泄露的热水可能会损坏电缆 可能被水淹没

网络设计师在设计时，不但自己要有一个清醒的认识，而且要把这些情况向用户方说明。

【项目实施】

任务 进行建筑群子系统施工

根据教学实际情况，组织学生参观或完成建筑物之间的布线工艺学习。

【阅读材料】

工程经验

工程经验一：路径的勘察

建筑群子系统的布线工作开始之前，我们首先要勘察室外施工现场，确定布线的路径和走向，同时避开强电管道和其他管道。

工程经验二：避开动力线，谨防线路短路

2001 在年杨凌高新中学敷设一路室外线缆的时候，由于当时在施工中没有将网络和广播系统分管道布线。在使用了两年以后，由于广播系统电缆中间的接头出现老化，并且发生了短路，把该管道内的所有线路都给损坏了。经过这样的教训，值得我们注意的是以后在室外布线中，一定要将弱电线缆的信号线和供电线缆分管道敷设。

工程经验三：管道的铺设

铺设室外管道时要采用直径较大的，要留有余量。敷设光缆时要特别注意转弯半径，转弯半径过小会导致链路严重损耗。仔细检查每一条光缆，特别是光接点的面板盒，有的面板盒深度不够，光点做好以后，面板没装到盒上时是好的，装上去以后测试就不好，原因是装上去后光缆转角半径太小，造成严重损耗。

工程经验四：线缆的敷设

为防止意外破坏，室外电缆一般应穿入埋在地下的管道内，如需架空，则应架高（高 4m 以上），而且一定要固定在墙上或电线杆上，切勿搭架在电杆上、电线上、墙头上甚至门框、窗框上。

第 8 章 工程的测试和验收

8.1 工程的测试

【项目描述】

前面为读者详细介绍了综合布线七个子系统从设计到施工的全过程，在综合布线工程实施完成后，需要测试布线工程是否达到工程设计方案的要求。本节的主要任务是在理解测试的主要内容、规范、基本测试方法的基础上，应用各种测试仪器对综合布线工程进行测试，掌握各类测试仪器的种类与技术指标。

【相关知识】

8.1.1 综合布线工程测试的相关规范

由于所有的高速网络都定义了支持 5 类双绞线，所以用户要找一个方法来确定他们的电缆系统是否满足 5 类双绞线规范。为了满足用户的需要，EIA（美国的电子工业协会）制定了 EIA568 和 TSB-67 标准，它适用于已安装好的双绞线连接网络，并提供一个用于“认证”双绞线电缆是否达到 5 类线要求的标准。由于确定了电缆布线满足新的标准，用户就可以确信他们现在的布线系统能否支持高速网络。

1. TSB-67 测试的主要内容

TSB-67 包含了验证 TIA568 标准定义的 UTP 布线中的电缆与连接硬件的规范。对 UTP 链路测试的主要内容有：

（1） 接线图（Wire Map ）

这一测试是确认链路的连接。不仅是一个简单的逻辑连接测试，而是要确认链路一端的每一针与另一端相应的针连接，而不是连在任何其他导体或屏幕上。此外，Wire Map 测试要确认链路缆线的线对正确，而且不能产生任何串绕（Split Paires）。保持线对正确绞接是非常重要的测试项目。如图 8.1 所示，端到端测试会显示正确的连接（用万用表就可以测试），但这种连接会产生极高的串扰，使数据传输产生错误。

图 8.1　分离线对配线

正确的连线图要求端到端相应的针连接是：1对1，2对2，3对3，4对4，5对5，6对6，7对7，8对8，如果接错，便有开路、短路、反向、交错和串对等5种情况出现。

（2）链路长度

每一个链路长度都应记录在管理系统中（参见TIA/EIA 606标准）。链路的长度可以用电子长度测量来估算，电子长度测量是基于链路的传输延迟和电缆的NVP（额定传播速率，Nominal Velocity of Propagation）值而实现的。NVP表示电信号在电缆中传输速度与光在真空中传输速度之比值。当测量了一个信号在链路往返一次的时间后，就得知电缆的NVP值，从而计算出链路的电子长度。这里要进一步说明，处理NVP的不确定性时，实际上至少有10%的误差。为了正确解决这一问题，必须以一已知长度的典型电缆来校验NVP值。Basic Link的最大长度是90m，外加4m的测试仪误差，专用电缆区的长度为94m，Channel最大长度是100m。计入电缆厂商所规定的NVP值的最大误差和长度测量的TDR（时域反射，Time Domain Reflectometry）技术的误差，测量长度的误差极限如下：

Channel 100m+15%×100m=115m

Basic Link 94m+15%×94m=108.1m

如果长度超过指标，则信号损耗较大。

对线缆长度的测量方法有两种规格：Basic Link和Channel。Channel也称为User Link，将在任务实施中介绍。

NVP的计算公式如下：

$$NVP = (2\times L)/(T\times C) \tag{8.1}$$

其中，

L：电缆长度；

T：信号传送与接收之间的时间差；

C：真空状态下的光速（约300 000 000m/s）。

一般UTP的NVP值为72%，但不同厂家的产品会稍有差别。

（3）衰减

衰减是又一个的信号损失度量，是指信号在一定长度的线缆中的损耗。衰减与线缆的长度有关，随着长度增加，信号衰减也随之增加，衰减也用“dB”作为单位，同时，衰减随频率而变化，所以应测量应用范围内全部频率上的衰减。比如，测量5类线缆的Channel的衰减，要从1～100MHz以最大步长为1MHz来进行。对于3类线缆测试频率范围是1～16MHz，4类线缆频率测试范围是1～20MHz。

TSB-67定义了一个链路衰减的公式，还附加了一个Basic Link和Channel的衰减允许值表，该表定义了在20℃时的允许值。随着温度的增加，衰减也增加：对于3类线缆每增加1℃，衰减增加1.5%，对于4类和5类线缆每增加1℃，衰减增加0.4%，当电缆安装在金属管道内时链路的衰减增加2%～3%。

现场测试设备应测量出安装的每一对线的衰减最严重情况，并且通过将衰减最大值与衰减允许值比较后，给出合格（Pass）或不合格（Fail）的结论。如果合格，则给出处于可用频宽内（5 类缆是 1～100MHz）的最大衰减值；如果不合格，则给出不合格时的衰减值、测试允许值及所在点的频率。早期的 TSB-67 版本所列的是最差情况的百分比限值。

如果测量结果接近测试极限，测试仪不能确定是 Pass 或是 Fail，则此结果用 Pass 表示，若结果处于测试极限的错误侧，则只记上 Fail。Pass/Fail 的测试极限是按链路的最大允许长度（Channel 是 100m，Basic Link 是 94m）设定的，而不是按长度分摊。然而，若测量出的值大于链路实际长度的预定极限，则报告中前者往往带有星号，以作为对用户的警告。请注意：分摊极限与被测量长度有关，由于 NVP 的不确定性，所以是很不精确的。

衰减步长一般最大为 1MHz。

（4）近端串扰损耗（Near-End Crosstalk Loss，NEXT）

NEXT 损耗是测量一条 UTP 链路中从一对线到另一对线的信号耦合，是对性能评估的最主要的标准，是传送与接收同时进行的时候产生干扰的信号。对于 UTP 链路这是一个关键的性能指标，也是最难精确测量的一个指标，尤其是随着信号频率的增加其测量难度就更大。TSB-67 中定义对于 5 类线缆链路必须在 1～100MHz 的频宽内测试。同衰减测试一样，3 类链路是 1～16MHz，4 类链络是 1～20MHz。

NEXT 测量的最大频率步长如表 8.1 所示。

表 8.1　NEXT 测量的最大频率步长

频率（MHz）	最大步长（kHz）
1~31.15	150
31.25~100	250

图 8.2 示出了一个典型的 NEXT 曲线。从曲线的不规则形状可以看出，除非沿频率范围测试很多点，否则峰值情况（最坏点）可能很容易漏过。所以，TSB-67 定义了 NEXT 测试时的最大频率步长。

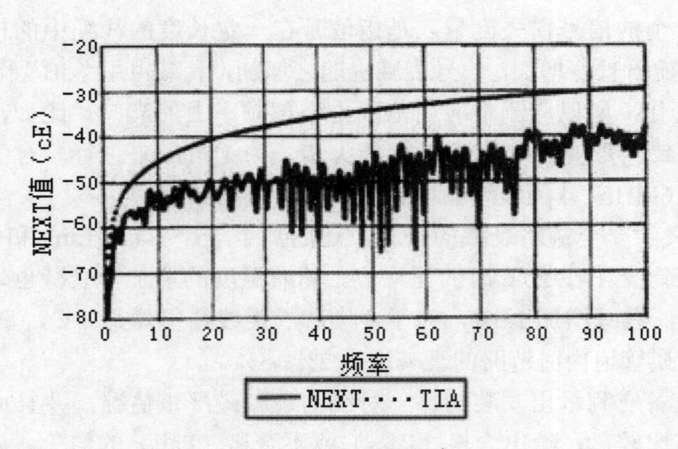

图 8.2　NEXT 曲线

在一条 UTP 的链路上，NEXT 损耗的测试需要在每一对线之间进行。也就是说，对于典型的 4 对 UTP 来说要有 6 对线关系的组合，即测试 6 次。

串扰分近端串扰和远端串扰（FEXT），测试仪主要是测量 NEXT，由于线路损耗，FEXT 的量值影响较小。NEXT 并不表示在近端点所产生的串扰值，它只是表示在所在端点所测量的串扰数值。该量值会随电缆长度的增长而衰减变小。同时发送端的信号也衰减，对其他线对的串扰也相对变小。实验证明，只有在 40m 内测得的 NEXT 是较真实的，如果另一端是远于 40m 的信息插座，它会产生一定程度的串扰，但测试器可能没法测试到该串扰值。基于这个理由，对 NEXT 最好在两个端点都要进行测量。现在的测试仪都能在一端同时进行两端的 NEXT 的测量。

上面所述是 TSB-67 测试的主要内容，但某些型号的测试仪还给出直流环路电阻、特性阻抗、衰减串扰比。现介绍如下：

直流环路电阻（TSB-67 没有此参数）：直流环路电阻会消耗一部分信号能量并转变成热量，它是指一对电线电阻的和，ISO11801 规定不得大于 19.2Ω。每对间的差异不能太大（小于 0.1Ω），否则表示接触不良，必须检查连接点。

特性阻抗：与环路直流电阻不同，特性阻抗包括电阻及频率 1~100MHz 间的电感抗及电容抗，它与一对电线之间的距离及绝缘体的电气特性有关。各种电缆有不同的特性阻抗，对双绞电缆而言，则有 100Ω、120Ω 及 150Ω 几种。

上述内容一般用于测试 3 类、4 类、5 类线的重要参数。

2. 超 5 类、6 类线测试有关标准

超 5 类、6 类线是近两年兴起的，对于它们的测试标准。国际标准化组织于 2000 年公布。

作为超 5 类线，6 类线的测试参数主要有以下内容：

①接线图：该步骤检查电缆的接线方式是否符合规范。错误的接线方式有开路（或称断路）、短路、反向、交错、分岔线对及其他错误。

②连线长度：局域网拓扑对连线的长度有一定的规定，如果长度超过了规定的指标，信号的衰减就会很大。连线长度的测量是依照 TDR（时间域反射测量学）原理来进行的，但测试仪所设定的 NVP（额定传播速率）值会影响所测长度的精确度，因此在测量连线长度之前，应该用不短于 15m 的电缆样本做一次 NVP 校验。

③衰减量：信号在电缆上传输时，其强度会随传播距离的增加而逐渐变小。衰减量与长度及频率有着直接关系。

④近端串扰（NEXT）：当信号在一个线对上传输时，会同时将一小部分信号感应到其他线对上，这种信号感应就是串扰。串扰分为 NEXT（近端串扰）与 FEXT（远端串扰），但 TSB-67 只要求进行 NEXT 的测量。NEXT 串扰信号并不仅仅在近端点才会产生，只是在近端点所测量的串扰信号会随着信号的衰减而变小，从而在远端处对其他线对的串扰也会相应变小。实验证明在 40m 内所测量到的 NEXT 值是比较准确的，而超过 40m 处链路中产生的串扰信号可能就无法测量到，因此，TSB-67 规范要求在链路两端都要进行 NEXT 值的测量。

⑤ SRL（Structural Return loss）：SRL 是衡量线缆阻抗一致性的标准，阻抗的变化引起反射（Return refection）、噪音（noise）的形成，并使一部分信号的能量被反射到发送端。 SRL 是测量能量的变化的标准，由于线缆结构变化而导致阻抗变化，使得信号的能量发生变化，TIA/EIA 568A 要求在 100MHz 下 SRL 为 16dB。

⑥等效式远端串扰：等效远端串扰（ELFEXT，Equal Level Fext）与衰减的差值以 dB 为单位，是信噪比的另一种表示方式，即两个以上的信号朝同一方向传输时的情况。

⑦综合远端串扰（Power Sum ELFEXT）：综合近端串扰和综合远端串扰的指标正在制定过程中，有许多公司推出自己的指标，但这些指标还没有得到标准化组织认可。

⑧回波损耗（Return loss）：回波损耗是关心某一频率范围内反射信号的功率，与特性阻抗有关，具体表现为：

- 电缆制造过程中的结构变化；
- 连接器；
- 安装。

这 3 种因素是影响回波损耗数值的主要因素。

⑨特性阻抗（Characteristic Impedance）是线缆对通过的信号的阻碍能力，它受直流电阻、电容和电感的影响，要求在整条电缆中必须保持一个常数，如图 8.3 所示。其中，常数如图 8.3 所示。

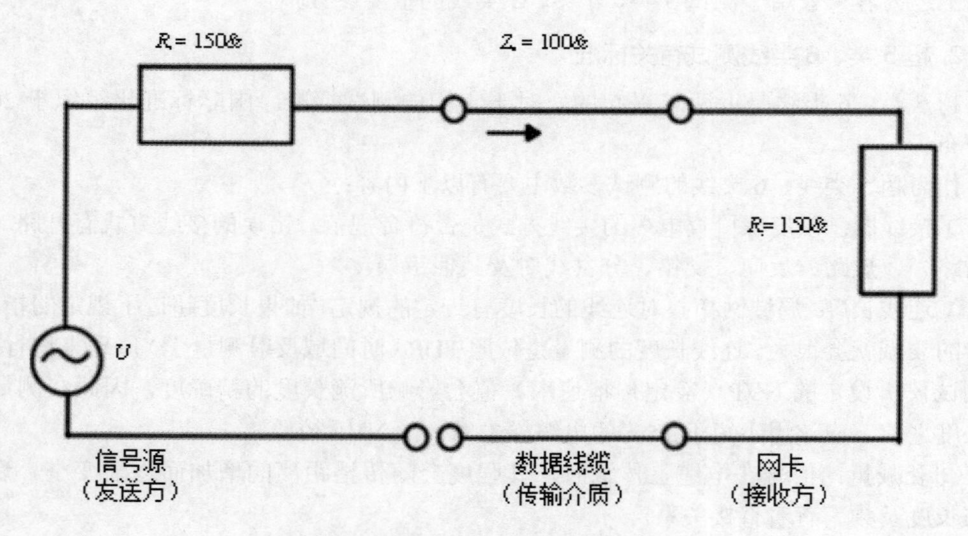

图 8.3　特性阻抗常数值构成图

⑩衰减串扰比（Attenuation-to-crosstalk Ratio，ACR）：是同一频率下近端串扰 NEXT 和衰减的差值，用公式可表示为：

ACR ＝衰减的信号 - 近端串扰的噪音　　(8.2)

它不属于 TIA/EIA 568A 标准的内容，但它对于表示信号和噪声串扰之间的关系有着重要的价值。实际上，ACR 是系统 SNR（信噪比）的唯一衡量标准，也是决定网络正常运行的一个因素，ACR 包括衰减和串扰，它还是系统性能的标志。

ACR有些什么要求呢？ISO/IEC11801规定在100MHz下，ACR为4dB，T568A对于连接的ACR要求是在100MHz下，为7.7dB。在信道上ACR值越大，SNR越好，从而对于减少误码率（BER）也是有好处的。SNR越低，BER就越高，使网络由于错误而重新传输，大大降低了网络的性能。

3. IBM公司对ACR值的5点看法

（1）ACR值

ACR即衰减（attenuation）串扰（cross-talk）比，ACR的单位是分贝（dB），它实际上就是衰减和近端串扰（NEXT）的数值之差。ACR值描述了传输通道中的信号的动态范围。ACR值越高，在接收端接收到的信号的质量就越好，随着传输的信号的频率的增加，ACR的数值将减小。在电学术语中，ACR值实际上就是一个与频率相关的信噪比值。

衰减的大小主要取决于线缆的长度和导线的直径，线缆的长度越小或者每根导线的直径越大，则整个链路的衰减越小。近端串扰的大小主要取决于线缆的结构和生产质量，利用独立的线对屏蔽技术（大双绞线的每个线对外施加独立的屏蔽层）可以得到最佳的近端串扰值。

最先进的“600MHz线缆”由于利用了更粗的导线直径（通常达到AWG22）和独立线对屏蔽技术，因此在很高的频率下，仍然可以提供非常好的ACR值。

（2）ACR与带宽

质量好的信号传输链路可以通过高的频率带宽和高的信号动态范围（在一定工作频率下的ACR的分贝数）来描述。如果把一个信号传输链路比作一条水渠，则这条水渠的宽度就相当于信号链路的频率带宽，而水渠的深度就相当于ACR值。对于一个具有很高的数据吞吐速率（Mbps）的信号传输链路，我们可以将其生动地比喻成一条流量（升/秒）很大的河流。

一条河面较窄但是深度较深的河可以与一条河面较宽而深度较浅的河具有相同的流量，因此，单独考虑宽度（频率带宽）或者深度（ACR值）都是没有实际意义的，由此可见，信号传输通道的频率带宽和ACR值决定了它的传输能力。

（3）D级传输链路要求的最小ACR值

在ISO/IEC11801中规定D级链路的ACR值在100MHz的频率下应当大于4dB。但是从通常的情况来看，标准中所规定的最小ACR值并不足以保证可靠的信号传输，利用IBM ACS先进布线系统的屏蔽或非屏蔽配置都可以远远超过标准中规定的数值。

（4）不同的应用系统对于ACR和带宽的要求（ACR，带宽和速率之间的关系）

在实际应用中，带宽（MHz）经常与数据传输速率（Mbps）混淆，确切地说，带宽和ACR值的要求是实现一定的数据传输速率的基本条件。

（5）网络系统的编码方式影响对ACR和带宽的要求

在以下几种情况下，数据信号传输通道对带宽的要求会提高：

- 数据的传输速率（Mbps）增加；
- 用低级的编码方式（如NRZ）取代高级的编码方式（如MLT-3）。

数据信号通过线缆进行传输时，网络设备先对其进行编码调制，因此，在线缆上传输的信号的频率并不等于数据的传输速率，使用高级的编码方案，可以使数据信号在较低的带宽上传输。例如，我们考虑 100Mbps 的数据传输速率，当使用 2 级编码方案（如 NRZI）时，实际的信号频率是 50MHz 左右；当使用 3 级编码方案（如 MLT-3）时，实际的信号频率只有 25MHz 左右，但系统对 ACR 的要求将提高 6dB。

不管使用何种编码方式，布线系统的频率带宽都应该高于传输的信号频率。

使用高级的编码方式带来的好处是降低了对于布线系统频率带宽的要求，这对于非屏蔽系统来说，将更有利于其满足系统在电磁兼容性方面的指标，减少了对外界的电磁干扰，但是其干扰性能不会得到明显改善，同时网络设备的投资也将增加，用户在选择布线系统时，应当综合考虑上述的各项技术要点。

8.1.2 综合布线测试的主要内容

测试内容主要包括：

- 工作间到设备间的连通状况；
- 主干线连通状况；
- 跳线测试；
- 信息传输速率、衰减、距离、接线图、近端串扰等。

8.1.3 电缆的两种测试

局域网的安装是从电缆开始的，电缆是网络最基础的部分。据统计，大约 50% 的网络故障与电缆有关。所以电缆本身的质量以及电缆安装的质量都直接影响网络能否健康地运行。此外，很多布线系统是在建筑施工中进行的，电缆通过管道、地板或地毯铺设到各个房间。当网络运行时发现故障由电缆引起，此时就很难或根本不可能再对电缆进行修复。即使修复其代价也相当昂贵。所以最好的办法就是把电缆故障消灭在安装之中。目前使用最广泛的电缆是同轴电缆和非屏蔽双绞线（通常叫做 UTP）。根据所能传送信号的速度，UTP 又分为 3、4、5 类。当前绝大部分用户出于将来升级到高速网络的考虑（如 100MHz 以太网、ATM 等），选择安装 UTP 5 类线。那么如何检测安装的电缆是否合格，它能否支持将来的高速网络，用户的投资是否能得到保护就成为关键问题。这也就是电缆测试的重要性，电缆测试一般可分为两个部分：电缆的验证测试和电缆的认证测试。

1. 电缆的验证测试

电缆的验证测试是测试电缆的基本安装情况。例如电缆有无开路或短路，UTP 电缆的两端是否按照有关规定正确连接，同轴电缆的终端匹配电阻是否连接良好，电缆的走向如何等。这里要特别指出的一个特殊错误是串绕。所谓串绕就是将原来的两对线分别拆开而又重新组成新的绕对。因为这种故障的端与端连通性是好的，所以用万用表是查不出来的。只有用专门的电缆测试仪（如 Fluke 620/DSP100）才能检查出来。

串绕故障不易发现是因为当网络低速度运行或流量很低时其表现不明显，而当网络繁忙或高速运行时其影响极大。这是因为串绕会引起很大的近端串扰（NEXT）。电缆的验证测试要求测试仪器使用方便、快速。例如 Fluke 620，它在不需要远端单元时就可完成多种测试，所以为用户提供了极大的方便。

2. 电缆的认证测试

所谓电缆的认证测试是指电缆除了正确的连接以外，还要满足有关的标准，即安装好的电缆的电气参数（例如衰减、NEXT 等）是否达到有关规定所要求的指标。这类标准有 TIA/IEC 等。关于 UTP 5 类线的现场测试指标已于 1995 年 10 月正式公布，这就是 TIA568A/TSB67 标准。

该标准对 UTP 5 类线的现场连接和具体指标都作了规定，同时对现场使用的测试器也作了相应的规定。对于网络用户和网络安装公司或电缆安装公司都应对安装的电缆进行测试，并出具可供认证的测试报告。

8.1.4 局域网电缆测试及有关要求

以前的局域网主要使用同轴电缆或 UTP 3 类线。而现在的用户都大量采用 UTP 5 类线、超 5 类线，这主要是为了将来升级到高速网络。那么根据什么标准才能认证用户安装 UTP 5 类线可以达到 100MHz 指标，可以支持未来的高速网络呢？1995 年 10 月，TIA（美国通信工业协会）颁布了 TIA568A/TSB-67 标准，它对 UTP 5 类线的安装和现场测试规定了具体的方法和指标。用户可以根据这个标准来确定所安装的 UTP 5 类线是否合格，是否达到 100MHz 的指标。

TSB-67 标准首先对大量的水平连接进行了定义。它将电缆的连接分为基本链路（Basic Link）和信道（Channel）。Basic Link 是指建筑物中固定电缆部分，不包含插座至网络设备末端的连接电缆。而 Channel 是指网络设备至网络设备的整个连接。上述两种连接所适用的范围不同，具体的指标也不同。Basic Link 适用于电缆安装公司，其目的是对所安装的电缆进行认证测试。而对 Channel 感兴趣的是网络安装公司的网络最终用户。因为他们要对整个网络负责，所以应对网络设备之间的整个电缆部分（即 Channel）进行认证测试。

此外还有几点要特别注意。第一，无论是 Basic Link 还是 Channel，TSB-67 都规定了在测试中必需对仪器和电缆的连接部分（接头和插座）进行补偿，将它们的影响排除。也就是说，在指标中不包含两末端的接头和插座。第二，TSB-67 标准不仅规定了测试标准和科学家对现场测试仪器规定了具体指标，并把仪器所能达到的精度分成两类，即一级精度和二级精度，只有二级精度的仪器才能达到最高的测试认证。第三，TSB-67 还规定了近端串扰（NEXT，Near End Cross Talk）的测试必须从两个方向进行，也就是双向测试。只有这样才能保证 UTP5 类电缆的质量，如图 8.4 和图 8.5 所示。

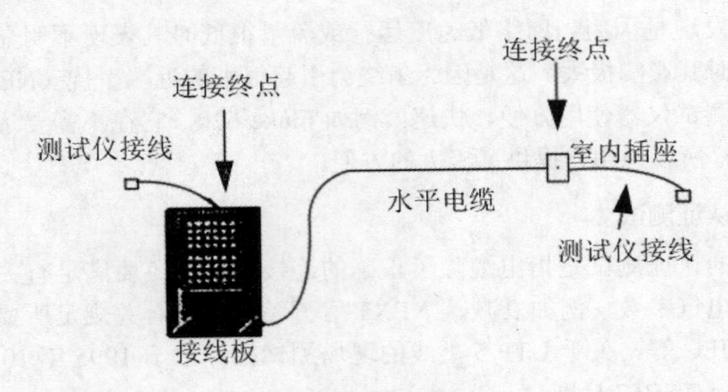

图 8.4　Basic Link 测试

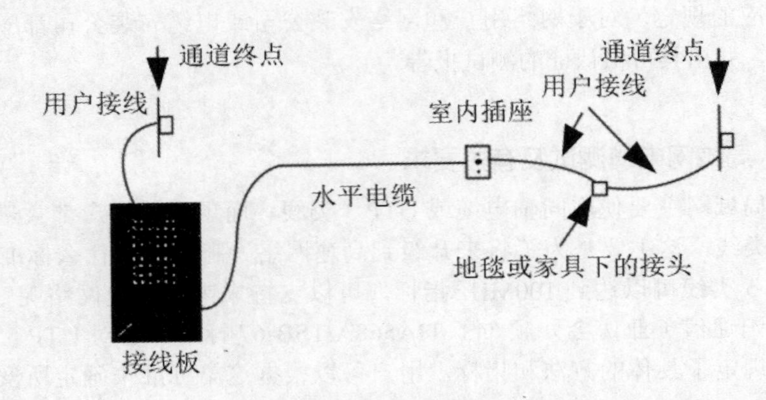

图 8.5　Channel 测试

因此，基本链路和信道便成了两种测试方法。目前，北美地区主张基本链路测试的用户达 95%，而欧洲主张信道测试的用户也达到 95%，我国网络工程界倾向于北美的观点，基本上采用基本链路的测试方法。

【任务实施】

任务 1　Fluke DSP-100 测试仪的使用

1.DSP-100 采用数字测试技术

面对新的标准，采用传统模拟测量技术的电缆测试仪器面临严重挑战。模拟测量技术是通过多次发送不同频率的正弦信号对电缆进行测试的。如何保证测试的一致性和精度，如何排除电缆接头和插座的影响以及如何进行双向的 NEXT 测试都成为问题。Fluke DSP-100 采用了专门的数字技术测试电缆，不仅完全满足 TSB-67 所要求的二级精度标准（已经过 UL 独立验证），而且还具有更加强大的测试和诊断功能。

测试电缆时，DSP-100 发送一个和网络实际传输信号一致的脉冲信号，然后 DSP-100 再对所采集的时域响应信号进行数字信号处理（DSP），从而得到频域响应。这样，一次测试就可替代上千次的模拟信号。

数字测试技术具有如下优点：

①测量速度快。17s 内即可完成一条电缆的测试，包括双向的 NEXT 测试（采用智能远端串扰）。

②测量精度高。数字信号的一致性、可重复性、抗干扰性都优于模拟信号。DSP-100 是第一个达到二级精度的电缆测度仪。

③故障定位准。由于 DSP-100 可以获得时域和频域两个测试结果，从而能对故障进行准确定位。如一段 UTP 5 类线连接中误用了 3 类插头和连线、插头接触不良和通信电缆特性异常等。DSP-100 的新技术为用户的投资提供了保证，高精度使测量结果准确可靠，高速度节省用户大量时间。对故障准确定位，同样节省了用户查找故障的时间。双向 NEXT 测试可以免去在电缆两端来回奔忙。

2. 主要技术指标

①电缆标准

UTP3、4、5；FTP3、4、5；STP IBM Type1、6、9；Thicknet 10Base；Thinnet 10Base2；RG58、RG58 Foam；RG59、RG59 Foam；rg62。

②测试标准

TIA Cat 3、4、5；Basic Link 或 Channel；TIA TP-PMD；IEEE 10Base5、10Base2、10Base-T、IEEE 4MHz 和 16MHz 令牌环；IEEE 100Base-Tx，100Base-T4；IEEE802.12（100AnyLAN）、4-UTP 和 2-STP；ISO Class A、B、C、D。

③测试速度

17s 内完成一条 UTP 5 类线测试（含双向 NEXT）。

④连线图

TIA/EIA 568、100Base-T、Token Ring、TP-PMD 指标，UTP（或屏蔽双绞线）电缆两端插头的连接进行测试（同于接线图）。

⑤特性阻抗（如表 8.2 所示）

表 8.2 特性阻抗

	双绞线	Coax 同轴电缆	备注
测量	70~80&	35~100&	
精度	±150&+5%	±15&-5%	当测定值和测量值的差别增大时，特性阻抗的精度会下降

⑥ NEXT 近端串扰精度

<±1.6dB for 100MHz（Channel）

<±1.5dB for 100MHz（Basic Link）

100kHz~105MHz，步长 100kHz

⑦ 衰减

<±1.0dB for 100MHz

100kHz~105MHz，步长 100kHz

⑧操作界面

极易使用的旋钮式操作界面。可选自动测试（按照所选标准一次完成），单步测试（每个指标单独测试），以太网业务量监测，打印设置（可存储 500 条测试结果），仪器设置（测试标准、电缆类型、长度单位、蜂鸣、噪声电平、数据格式等），特殊功能（校准、自检、电池储电情况、存储结果删除等）。

⑨ DSPL 软件

Windows 环境的软件可将存于 DSP-100 的结果传至 PC 机（ASCII 码或 CSV 格式），可对测试结果进行处理和绘图分析，可用于仪器升级等。该软件随机免费提供。

⑩一般指标

外形：Fluke 专利的高强度黄色塑料铸压外壳，22.5cm（长）×13cm（宽）×7.6cm（高）。

质量：1.4kg。

显示：240×240 点大型液晶屏，带背景灯。

输入：RJ-45，BNC，可承受电话振铃电压。

功耗：NICD 充电池，连续工作 10~12 小时，远端单元为 9V 碱性电池。

接口：RS-232 接口，DB9 针（DTE 阳），1200~38400bps，8 个数据位，1 个停止位，无校验，可用于仪器升级（Flash ROM ）。

目前，许多从事网络测试的技术人员都喜欢用 DSP-100，Fluke 公司声称 DSP-100 有 10 大特点：

① DSP-100 是唯一能全部满足 EIA 586A/TSB-67 标准对 Basic Link 和 Channel 的认证级精度（二级精度）要求的测试仪，这一事实已由 UL 独立验证。同时，欧洲的 3P 独立实验室也已通过 DSP-100 对 ISO11801 标准验证并通过可重复性测试。

作为极为精密的测试仪器生产厂商必须有完整的精度溯源过程和方法，证明其声称的精度在生产与校准过程中如何溯源到国家（国际）标准。现场使用的 5 类线缆网络布线测试仪器其精度保证是有时间限度的，所以作为精密的测试仪器必须在使用一段时间后进行校准。作为生产电学基本标准的校准仪器而著称的 Fluke 公司专门为其 DSP-100 开发了一套用于校准的智能校准工具和方法，用户在北京的 Fluke 维修站即可完成对测试仪的校准，而不必将测试仪送回生产厂家。

②只有 DSP-100 可以精确定位 NEXT 的故障并指出 NEXT 故障的原因，比如不良的安装工艺、性能差的部件以及局部电缆的损坏。Fluke 专利的 TDX 技术在 8s 之内就可找出这类故障，极大地节省了查找故障所需的时间。图 8.6 显示了电气性能故障来自 23m 处的错误接头（3 类插座）。

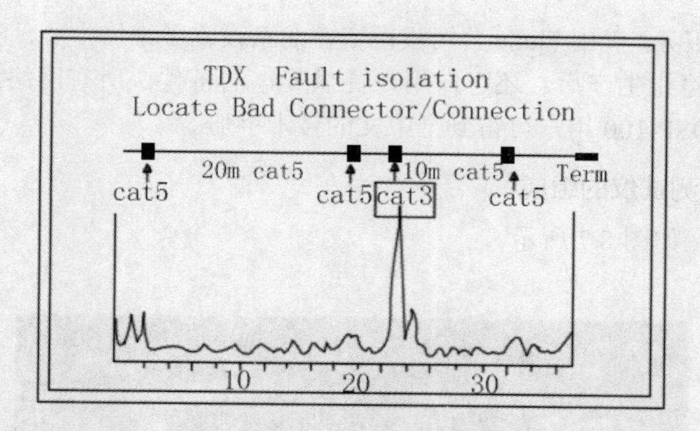

图 8.6 电气性能故障来自 23m 处的错误接头（3 类插座）

③ DSP-100 提供了极快的测试速度，双向测试在 17s 之内，并且比其他测试仪测得更彻底（注意，有些测试仪的所谓快速扫描一般不符合国际测试标准的要求，不能作为认证测试使用）。

④在测试电缆 NEXT 时，DSP-100 是唯一能识别外部环境（如荧光灯、无线电通信等噪声）干扰的测试仪。一般的测试仪在测试 NEXT 时会将所有的外部噪声干扰认为是 NEXT，这将误导布线故障的查找，同时在噪声干扰环境下测试也会出现精度问题。

⑤ DSP-100 是牢固可靠的产品，在恶劣现场测试环境下仍能提供实验室级的测试精度，最著名的试验就是坠地试验，即从 1m 多高的地方将测试仪自由坠地，落地后测试储存功能及精度依然如故。

⑥ DSP-100 可以完成高达 155MHz 的电气性能测试。目前国际标准没有对超过 100MHz 测试进行定义，故这一功能对超过 100MHz 的应用提供了有效帮助。通过附加的 DSP-FTK 选件还可进行光缆测试，并能控制测试、存储与打印结果。

⑦ DSP-100 的电池供电时间最大为 12h 或 1800 次自动测试。独特的电池管理功能随时可显示剩余的电池余量。特别设计的无记忆智能充电系统及电池也是对用户利益的保证。DSP-100 具有用于内部存储单元的后备锂电池，可以保证在主充电电池被取出后，用户存储的测试结果能保持长达 5 年之久。

⑧ DSP-100 是目前唯一能提供依照国际布线标准 ISO/IEC11801 定义进行回波损耗（Return loss）测试的仪器。这是在链路测试质量中极为重要的增项，而且在未来和 TIA/EIA 链路测试标准中将对其定义。

⑨ DSP-LINK 软件十分方便地将 DSP-100 与 PC 机连接在一起，传送测试数据，DSP-100 传送 500 条测试报告的时间在 2min 以内。这比某些测试仪的传送速度快 10 倍。DSP-100 可以将全部详细数据传送到 PC（这一点像网络分析仪），用户点一下鼠标就可得到彩色的链路性能分析图。完善的输出控制，多种输出方式，用户可任意选择要输出的测试结果，或一次自动将全部结果输出。该软件还能简单地管理大量测试记录。

⑩全系列的服务，美国 Fluke 公司投巨资在北京设立了维修中心，直接为用户服务，所有产品在未来停止生产后，还可向用户提供 8 年的备件。所有网络测试产品都在进行本地化工作，DSP-100 用户可得到全中文的技术手册。

3. DSP-100 测试仪的组成

测试仪组成，如图 8.7 所示。

图 8.7　DSP-100 测试仪

DSP-100 测试仪由主机和远端单元组成。

主机的四个功能键取决于当前屏幕显示：

- TEXT 键自动测试；
- EXIT 键从当前屏幕显示或功能退出；
- SAVE 键保存测试结果；
- ENTER 键确认操作。

DSP-100 测试仪的远端很简洁，RJ-45 插座处有通过 PASS、未通过 FAIL 的指示灯显示。

快速使用，根据要求设置测试参数：

步骤 1：将测试仪旋钮转至 SETUP。

步骤 2：根据屏幕显示选择测试参数，选择后的参数将自动保存到测试仪中，直至下次修改。

步骤 3：将测试仪和远端单元分别接入待测链路的两端。

步骤 4：将旋钮转至 AUTO TEST，按下 TEST 键，测试仪自动完成全部测试。

步骤 5：按下 SAVE 键，输入被测链路编号、存储结果，全部测试结束后，可将测试结果直接接入打印机。

打印可通过随机软件 DSP-LINK 与 PC 机连接，将测试结果送入计算机存储打印。如果在测试中发现某项指标未通过，将旋钮转至 SINGLE TEST 根据中文速查表进行相应的故障诊断测试。查找故障后，排除故障，重新进行测试直至指标全部通过为止。测试中有必要的话，可选择某条典型链路测出其衰减与近端串扰对频率的特性图以供参考。

任务 2　Fluke 620 局域网电缆测试仪的使用

620 是唯一既不需要远端连接器也不需要另外安装人员在电缆的另一端帮助的电缆测试仪。620 使安装者在安装测试时运用自如。只要配上一个连接器，安装者通过 620 立刻就能证实线缆的接法与接线。在电缆一端根本不需要任何端头、连接器或远端单元时，620 就能从另一端测试出线缆中的开路、短路和至开路、短路处距离以及串绕现象。因为不必等到连接器全部安装好才测试，从而节省大量的时间和资源。若电缆工厂需要一份每条电缆通道的连接性能测试证书，620 能使工厂出具这份证书。因为 620 能在线缆错误发生后立即被确认并纠正，因此工厂出具证书不再为在电缆修理和故障隔离上花费时间和精力。

（1）电缆测试

如果电缆安装人员再配一个电缆识别器，那么 620 可以查出更多的错误（双绞线的错对、接反），并且使电缆连接路径（走向）的识别变得非常容易。

（2）具体操作

620 上有一个旋钮，用它可以选择被测试电缆的电缆类型、连线标准（例如 10Base-T，2 对）、电缆种类和线缆测试范围。

用户选择的菜单如下：

- 长度单位选择（m 或 ft）；
- 通过（pass）/ 未通过（fail）音响选择；
- 调整对比度；
- 对专用电缆进行校准。

旋钮选择开关的 3 种工作状态：

- 测试（Test）提供被测电缆通过 / 未通过报告，如果未通过，620 提供附加的诊断信息；
- 长度测试（Length）表示电缆长度的准确测试；
- 连接图（Wire Map）显示了双绞线详细的连接状况。

（3）电缆长度

范围：0.5～300m；

分辨率：0.5；

精度：±1m。

（4）电源

使用两节 AA 型 1.5V 的碱性电池，可连续工作 50 小时，使用背景灯将减少电池使用时间。由于产品具有自动电源管理功能，电池在正常使用下能工作几个月。

（5）输入保护

输入可承受电话振铃电压，过压有警告声。

（6）随机附件

用户手册；

速查卡；

便携软包；

电缆识别器（1 号）；

1 根 RJ-45—RJ-45 电缆（EIA/TIA4 对，5 类）；

1 个 RJ-45—RJ-45 耦合插座。

（7）选购件

N6210 电缆识别器 2～4 号；

N6202 电缆识别器 5～8 号；

N6203STP 电缆组件，包括：连接 STP（IBM TYPE 1）电缆；IBM 数据连接器与 DB9 适配器，其中线长 1m；数据连接器与 RJ-45 适配器，其中线长 0.3m。

任务 3　Fluke 652 局域网电缆测试仪的使用

652 以容易使用的旋钮代替复杂的多层次下拉菜单。

（1）自动测试

652 可以自动进行一系列电缆测试，所有结果都与 IEEE 802 和 EIA/TIA568 标准进行比较，并且显示通过（Pass）或不通过（Fail）信息，同时有声音提示。测试结果可以存入机内非易失存储器，并可由 RS-232 接口打印出报告。

（2）业务量测试

652 能监测处于工作状态的以太网，有声音及带状图实时显示网络业务量情况，包括最大值、平均值以及碰撞百分率。对于 10Base 网，当其连接脉冲丢失或出现脉冲性错误时，也可以检测出来。

（3）噪声测试

将 652 接到空载的网络电缆上，可以统计超过某一电平的噪声（该电平可选）脉冲数，还可对电缆的抗噪声性能进行测试。

（4）专用电缆

652 最多测试 14 种不同类型的局域网电缆。用户还可以设定两种专用电缆。

（5）打印功能

652 最多可存储 500 个电缆测试结果以及一个以太网业务监听报表和一个噪声测试报表。652 备有 DB9P RS-232 接口，其速率为 1200～19200bps，支持 DT、RD、CTS 和 DTR 信号。

（6）测试长度

范围：同轴电缆 612200m：非屏蔽双绞线 6600m；

精度：±0.6m；

分辨率：0.6m；

显示单位：in 或 ft。

（7）衰减测试

测量双绞线的衰减量：

5～10MHz；

10MHz/步长；

10～20MHz；

200MHz/步长；

范围：0～48dB；

精度：±2dB。

（8）近端串扰（NEXT）

测试双绞线间的相互干扰。当 NEXT 小于 20dB 时会警告用户可能有线间串绕。

5～10MHz；

10MHz/步长；

10～20MHz；

200MHz/步长；

范围：0～48dB；

精度：±2dB。

（9）输入保护

输入承受电话振铃电压，过压有警告声。

（10）电源

仪器使用 6 节 AA 型碱性电池或交流稳压输入。远端单元需一节 9V 电池。电池组能连续工作 8 小时。为节省电能，仪器有自动关闭功能。

（11）随机附件

用户手册；

便携软包；

650 远端单元；

AC 电源适配器；

N6520 电缆组件，它含 RJ-45—RJ-45 耦合器（2 个），RJ-45 电缆（2 根），RJ-45 带夹子电缆（2 根），同轴电缆（50Ω，BNC），打印电缆（DB9～DB25）。

（12）选购件

N6521 STP 适配器套件，包括：RJ-45DB9（Female）电缆（0.3m），RJ-45IBM 数据连接器电缆（1m）。

任务 4 Fluke 67X 局域网测试仪的使用

Fluke 67X 系列网络测试仪（LANMeter）是一种专用于计算机局域网络安装调试、维护和故障诊断的工具。它将高档、昂贵、较难使用的网络协议分析仪和简单、易用的电缆测试仪主要功能完美结合起来，形成一个新颖的网络测试仪器。由于67X系列为手持电池供电型仪器，你可以携带它到网络的任何角落进行测度。即使在光线不足的地方（接线间、地下室等），67X系列的背景灯仍可保证你的工作不受影响。它可以帮你迅速查出电缆、网卡（NIC）、集线器（Hub）、网桥（Bridge）、路由器（Router）等故障，而不需编程、解译成协议码，而且你对网络协议不必有深刻的了解。

Fluke 67X网络测试仪分为F670——令牌环网测试仪；F672——以太网测试仪和F675——以太和令牌环网测试仪3种型号。

1. Fluke 67X方便、易用

Fluke 67X网络测试仪使局域网的安装、检错、监控变得方便、快速。只需几个按键就能把电缆、网卡（NIC）、集线器（Hub）等故障隔离出来，还能分析网络的出错、碰撞或对业务量进行实际统计。Fluke 67X是由两层菜单、五个功能键控制的。67X的HELP功能键能方便地帮你解释测试结果和显示网络问题的信息。所有的试验结果都以拼图或直方图的形式显示。这样的显示方式使测试结果直观、简明。像协议分析仪一样，Fluke 67X提供了许多信息，例如综合统计（资源利用、错误情况、传送效率等）、连接测试和故障隔离。 67X之所以易学易用是因为它舍去了规程分析仪的一些几乎不用而又十分复杂的功能。同时，它也能做电缆测试仪的常规测试，而且能进入网络找出网络电缆的故障。值得一提的是，Fluke 67X有其特有的测试功能（专家测试、碰撞分析和不稳定检验），这些功能是当今市场上其他产品所无法提供的。

2. 网络监测

网络监测提供了一整套实时网络测试。

（1）网络统计

网络统计是对网络健康状况的整体评价，网络测试仪会对一些网络的关键参数进行统计，仪器将显示网络的利用率、碰撞率和广播通信，显示的结果有平均值、最大值和动态值。

（2）错误统计

仪器对网络的各种错误进行统计，包括帧超长、帧过短、错误FCS、各种碰撞等。各种故障发生的比例用拼图来表示。故障发生的源地址可以用放大功能“ZOOM”进行追踪，以显示更详细的信息。

（3）协议统计

仪器将显示网络当前运行最多的7个协议以及使用的百分比，显示有数值和饼图，可用放大功能来追踪进行相关协议的站点。

（4）碰撞分析

仪器对碰撞进行分类，如本地碰撞、延迟碰撞等。碰撞分类是帮助分析故障的区域，对于帧的前同步信号的碰撞和电缆中能量的聚集而造成的带宽挤占，协议分析仪和网管软件无能为力，而LANMeter对此却非常敏感。

（5）令牌转换

仪器计算令牌轮换一周的时间，显示最后平均值和最大值，还可以给出环网上活动的站点。

（6）“顶端”测试

顶端测试是显示最繁忙的7个站，即发送和接收最多的站点。显示中给出站点的网卡地址以及饼图。该功能可用于网络的评估并对网络的规划提供具体数据。

（7）硬件测试

硬件测试功能允许用户对网络硬件进行测试（例如集线器测试、介质访问单元测试和网卡测试）。由于测试不一定要在工作的网络中进行，故Fluke 67X网络测试仪可以模拟网络工作来测试网卡。

（8）专家测试

专家测试是将仪器串接于网卡（站点）和集线器之间，仪器会自动对网卡和集线器分别进行测试并将二者连通，网卡和集线器也可分别详细测试。

（9）网卡自动测试

对于以太网，测试包括MAC地址、协议、驱动电压电平、FCS错误（在10Base-T上连接脉冲的不正常和极性错误）。对于令牌环网，测试包括LOBE、NIC速度、MAC地址和虚拟驱动电平。这个测试不需要在运行的网络上进行。

8.2 工程的验收与鉴定

【项目描述】

本节学习综合布线验收与鉴定相关知识，主要任务是理解综合布线工程的现场验收相关规范与过程，理解综合布线工程的文档与系统测试验收相关规范，了解综合布线工程乙方要为鉴定会准备的材料等基本内容。

【相关知识】

8.2.1 综合布线工程验收基础

对网络工程验收是施工方向用户方移交的正式手续，也是用户对工程的认可。尽管许多单位把验收与鉴定结合在一起进行，但验收与鉴定还是有区别的，主要表现如下：

验收是用户对网络工程施工工作的认可，检查工程施工是否符合设计要求和符合有关施工规范。用户要确认，工程是否达到了原来的设计目标？质量是否符合要求？

有没有不符合原设计的有关施工规范的地方？

鉴定是对工程施工的水平程度做评价。鉴定评价来自专家、教授组成的鉴定小组，用户只能向鉴定小组客观地反映使用情况，鉴定小组组织人员对新系统进行全面的考察。鉴定组写出鉴定书提交上级主管部门备案。

作为验收，是分两部分进行的，第一部分是物理验收；第二部分是文档验收。

作为鉴定，是由专家组和甲方、乙方共同进行的。

8.2.2 现场（物理）验收

甲方、乙方共同组成一个验收小组，对已竣工的工程进行验收。作为网络综合布线系统，在物理上主要验收的要点是：

（1）工作区子系统验收

对于众多的工作区不可能逐一验收，而是由甲方抽样挑选工作间。

验收的重点：

- 线槽走向、布线是否美观大方，符合规范；
- 信息座是否按规范进行安装；
- 信息座安装是否做到一样高、平、牢固；
- 信息面板是否都固定牢靠。

（2）水平干线子系统验收

水平干线验收主要验收点有：

- 槽安装是否符合规范；
- 槽与槽，槽与槽盖是否接合良好；
- 托架、吊杆是否安装牢靠；
- 水平干线与垂直干线、工作区交接处是否出现裸线？有没有按规范去做；
- 水平干线槽内的线缆有没有固定。

（3）垂直干线子系统验收

垂直干线子系统的验收除了类似于水平干线子系统的验收内容外，要检查楼层与楼层之间的洞口是否封闭，以防火灾出现时，成为一个隐患点。线缆是否按间隔要求固定？拐弯线缆是否留有孤度？

（4）管理间、设备间子系统验收

主要检查设备安装是否规范整洁。

验收不一定要等工程结束时才进行，往往有的内容是可以随时验收的，作者把网络布线系统的物理验收归纳如下：

施工过程中甲方需要检查的事项：

（1）环境要求

- 地面、墙面、天花板内、电源插座、信息模块座、接地装置等要素的设计与要求；
- 设备间、管理间的设计；
- 竖井、线槽、打洞位置的要求；

- 施工队伍以及施工设备；
- 活动地板的敷设。

（2）施工材料的检查

- 双绞线、光缆是否按方案规定的要求购买；
- 塑料槽管、金属槽是否按方案规定的要求购买；
- 机房设备如机柜、集线器、接线面板是否按方案规定的要求购买；
- 信息模块、座、盖是否按方案规定的要求购买；

（3）安全、防火要求

- 器材是否靠近火源；
- 器材堆放是否安全防盗；
- 发生火情时能否及时提供消防设施；
- 检查设备安装。

（4）机柜与配线面板的安装

- 在机柜安装时要检查机柜安装的位置是否正确；
- 规格、型号、外观是否符合要求；
- 跳线制作是否规范，配线面板的接线是否美观整洁。

（5）信息模块的安装

- 信息插座安装的位置是否规范；
- 信息插座、盖安装是否平、直、正；
- 信息插座、盖是否用螺丝拧紧；
- 标志是否齐全。

（6）双绞线电缆和光缆安装

①桥架和线槽安装

- 位置是否正确；
- 安装是否符合要求；
- 接地是否正确。

②线缆布放

- 线缆规格、路由是否正确；
- 对线缆的标号是否正确；
- 线缆拐弯处是否符合规范；
- 竖井的线槽、线固定是否牢靠；
- 是否存在裸线；
- 竖井层与楼层之间是否采取了防火措施；
- 室外光缆的布线。

③架空布线

- 架设竖杆位置是否正确；
- 吊线规格、垂度、高度是否符合要求；

● 卡挂钩的间隔是否符合要求。

④管道布线

● 使用管孔、管孔位置是否合适；

● 线缆规格；

● 线缆走向路由；

● 防护设施。

⑤挖沟布线（直埋）

● 光缆规格；

● 敷设位置、深度；

● 是否加了防护铁管；

● 回填土复原是否夯实。

⑥隧道线缆布线

● 线缆规格；

● 安装位置、路由；

● 设计是否符合规范；

⑦线缆终端安装

● 信息插座安装是否符合规范；

● 配线架压线是否符合规范；

● 光纤头制作是否符合要求；

● 光纤插座是否符合规范；

● 各类路线是否符合规范。

上述 6 点均应在施工过程中由甲方和督导人员随工检查。发现不合格的地方，做到随时返工，如果完工后再检查，出现问题就不好处理了。

8.2.3　文档与系统测试验收

文档验收主要是检查乙方是否按协议或合同规定的要求，交付需要的文档。系统测试验收就是由甲方组织的专家组，对信息点进行有选择的测试，检验测试结果。

对于测试的内容主要有：

（1）电缆的性能测试

● 5 类线要求：接线图、长度、衰减、近端串扰要符合规范；

● 超 5 类线要求：接线图、长度、衰减、近端串扰、时延、时延差要符合规范；

● 6 类线要求：接线图、长度、衰减、近端串扰、时延、时延差、综合近端串扰、回波损耗、等效远端串扰、综合远端串扰要符合规范。

（2）光纤的性能测试

● 类型（单模 / 多模、根数等）是否正确；

● 衰减；

● 反射。

（3）系统接地要求小于4Ω
当验收通过后，就是鉴定程序。

8.2.4 乙方要为鉴定会准备的材料

一般乙方为鉴定会准备的材料有：
- 网络综合布线工程建设报告；
- 网络综合布线工程测试报告；
- 网络综合布线工程资料审查报告；
- 网络综合布线工程用户意见报告；
- 网络综合布线工程验收报告。

【任务实施】

任务1 某医院计算机网络布线工程建设报告

包括以下内容：
- 工程概况；
- 工程设计与实施；
- 工程特点；
- 工程文档；
- 结束语。

在某医院领导的大力支持下，该医院医学信息科与某网络系统集成公司的工程技术人员经过几个月的通力合作，完成了该医院计算机网络布线工程的施工建设。提请领导和专家进行检查验收。现将网络布线工程实施的情况作一简要汇报。

一、工程概况

某医院计算机网络布线工程由某网络系统集成公司承接并具体实施。该工程于2014年9月经某医院主持召开的专家评审会评审，并通过了《某医院计算机网络系统工程方案》。

2014年9月，某网络系统集成公司按合同要求开始进行工程实施；

2014年12月中旬完成结构化布线工程；

2014年12月20日至30日，完成所有用户点和各种线路的测试。

二、工程设计与实施

1. 设计目标

某医院计算机网络布线工程是为该院的办公自动化、医疗、教学与研究以及院内各单位资源信息共享而建立的基础设施。

2. 设计指导思想

由于计算机与通信技术发展较快，本工程本着先进、实用、易扩充的指导思想，既要选用先进成熟的技术，又要满足当前管理的实际需要，采用了快速以太网技术，既能满足一般用户 9Mbps 传输速率的需要，也能满足 90Mbps 用户的需求，当要升级到宽带高速网络时，便可向千兆位以太网转移，以较低的投资取得较好的收益。

3. 楼宇结构化布线的设计与实施

某医院计算机网络布线工程涉及 6 幢楼，分别是门诊楼、科技楼、住院处（包括住院处附楼）、综合楼、传染病研究所和儿科楼。计算机网络管理中心设在科技 3 楼的计算机中心机房。网络管理中心与楼宇连接介质采用如下技术：

网络管理中心到综合楼	光纤
网络管理中心到传染病研究所	光纤
网络管理中心到住院处	光纤
网络管理中心到儿科楼	光纤
网络管理中心到门诊楼	5 类双绞线连接集线器
网络管理中心到科技楼	5 类双绞线连接集线器

4. 设计要求

（1）根据楼宇与网络管理中心的物理位置，所有入网点到本楼（本楼层）的集线器距离不超过 90m。

（2）网络的物理布线采用星型结构，便于提高可靠性和传输效率。

（3）结构化布线的所有设备（配线架、双绞线等）均采用 5 类标准，以满足 9Mbps 用户的需求以及向 90Mbps、900Mbps 转移。

（4）入网点用户的线路走阻燃 PVC 管或金属桥架，在环境不便于 PVC 管或金属桥架施工的地方用金属蛇皮管与 PVC 管或金属架相衔接。

5. 实施

（1）楼宇物理布线结构

楼宇间计算机网络布线系统结构图。

（2）建立用户结点数

某医院网络布线共建立了 339 个用户点，具体如下：

门诊楼	93个用户点
科技楼	73个用户点
住院处	130个用户点
综合楼	26个用户点
传染病研究所	9个用户点
儿科楼	8个用户点

（3）已安装 RJ-45 插座数

在 339 个用户点中，除住院处 9 层的 917、922 房间因故未能安装外，其他各用户点均已安装到位。

6. 布线的质量与测试

（1）布线时依据方案确定线路，对于承重墙或难以实施的地方，均与院方及时沟通，确定线路走向和选用的器材。

（2）在穿线工序，做到穿线后，由监工确认是否符合标准后再盖槽和盖天花板，保证质量达到设计要求。

（3）用户点的质量测试，对于入网的用户点和有关线路均进行质量测试。

7. 入网用户点

入网的用户点均用 DATACOM 公司的 LANCATV5 类电缆测试仪进行线路测试，并对集线器—集线器间的线路测试结果全部合格。测试结果报告请见附录（略）

三、工程特点

某医院网络布线工程具有下列特点：

（1）本网络系统是先进的，具有良好的可扩充性和可管理性；

（2）支持多种网络设备和网络结构；

（3）不仅能够支持 3Com 公司的高性能以太网交换机和管理的智能集线器实现的快速以太网交换机为主干的网络，在需要开展宽带应用时，只要升级相应的设备，便可转移到千兆位以太网。

四、工程文档

某网络系统集成公司向某医院提供下列文档：

某医院计算机网络系统一期工程技术方案；

某医院计算机网络结构化布线系统设计图；

某医院计算机网络结构化布线系统工程施工报告；

某医院计算机网络结构化布线系统测试报告；

某医院计算机网络结构化布线系统工程物理施工图；

某医院计算机网络结构化布线系统工程设备连接报告；

某医院计算机网络结构化布线系统工程物品清单。

五、结束语

在某医院计算机网络布线工程交付验收之时，我们感谢院领导和有关部门的支持和大力帮助；感谢医院计算中心的同志给予的大力协助和密切合作；为协同工程施工，医院的同志放弃了许多个节假日，许多个夜晚加班加点工作，使我们非常感激。在此，还要感谢设备厂商给我们的支持和协助。

谢谢大家！

某网络系统集成公司

2014 年 7 月

任务 2　某医院计算机网络结构化布线工程测试报告

某医院网络结构化布线系统工程，于 2014 年 5 月立项，2014 年 9 月与某网络系统集成公司签定合同。2014 年 9 月开始施工，至 2014 年 12 月底完成合同中规定的门诊楼、科技楼、住院楼、综合楼、传染病研究所大楼套房的结构化布线。2014 年 12 月至 2015 年 1 月中旬某网络系统集成公司对上述布线工程进行了自测试。2015 年 2 月，某网络系统集成公司和某医院组成测试小组进行测试。

测试内容包括材料选用、施工质量、每个信息点的技术参数。现将测试结果报告如下：

1. 线材检验

经我们查验，所用线材为 AT&T 非屏蔽 5 类双绞线，符合 EIA/TIA568 国际标准对 5 类电缆的特性要求；信息插座为 AMP 8 位 / 8 路模块化插座；有 EIA/TIA568 电缆标记，符合 SYSTIMAX SCS 的标准；光纤电缆为 8 芯光缆，符合 Bellcore、OFNR 、90Base-FX、EIA/TIA568、IEEE802 和 ICE 标准。

2. 桥架和线槽查验

经我们检查，金属桥架牢固，办公室内明线槽美观稳固。施工过程中没有损坏楼房的整体结构，走线位置合理，整体工程质量上乘。

3. 信息点参数测试

信息点技术参数测试是整个工程的关键测试内容。我们采用美国产 LANCATV5 网络电缆测试仪对所有信息点、电缆进行了全面测试，包括对 TDR 测量线缆物理长度、接线图、近端串扰、衰减串扰比（ACK）、电缆电阻、脉冲噪声、通信量及特征阻抗的测试。测试结果表明所有信息点都在合格范围内，详见测试记录。

综合上述，某医院网络布线工程完全符合设计要求，可交付使用。

2015 年 3 月由几家公司单位组成的工程验收测试小组，认真地阅读了某医院计算中心和某网络系统集成公司联合测试组的《某医院网络结构化布线工程测试报告》，并用 MICROTEST Penta Scanner 90MHz 测试仪抽样测试了 20 个信息点，其结果完全符合上述联合测试小组的测试结果。

附件一：工程联合测试小组名单

附件二：测试记录（略）

附件三：抽样测试结果记录（略）

特此报告

工程验收测试小组签字（×××\×××\×……、×××\2015 年 2 月）

任务 3　某医院网络工程布线系统资料审查报告

某网络系统集成公司在完成某医院网络工程布线之后，为医院提供了如下工程技术资料：

（1）某医院计算机网络系统布线工程方案；

（2）某医院计算机网络工程施工报告；

（3）某医院网络布线工程测试报告；

（4）某医院网络结构化布线方案之一；

（5）某医院网络结构化布线方案之二；

（6）某医院楼宇间站点位置图和接线表；

（7）某医院计算中心主跳线柜接线表和主配线柜端口 / 位置对照表；

（8）某医院网络结构化布线系统测试结果。

某网络系统集成公司提供的上述资料，为工程的验收、今后的使用和管理，提供了使用条件，经审查，资料翔实齐全。

资料审查组

2015 年 2 月

任务 4　某医院网络工程结构化布线系统用户试用意见

某医院计算机网络工程结构化布线施工完成并经测试后，我们对其进行了试验和试用。通过试用，得到如下初步结论：

（1）该系统设计合理，性能可靠；

（2）该系统体现了结构化布线的优点，使支持的网络拓朴结构与布线系统无关，网络拓扑结构可方便、灵活地进行调整而无需改变布线结构；

（3）该结构化布线系统为医院内的局域网，为实现虚拟网（VLAN）提供了良好的基础；

（4）布线系统上进行了高、低速数据混合传输试验，该系统表现了很好的传输性能。

综合上述，该布线系统实用安全，可以满足某医院计算机网络系统的使用要求。

某医院信息中心

2015 年 3 月

任务 5　某医院计算机网络综合布线系统工程验收报告

今天，召开某医院计算机网络综合布线系统工程验收会，验收小组由某网络系统集成公司和该医院的专家组成，验收小组和与会代表听取了某医院计算机网络结构化布线系统工程的方案设计和施工报告、测试报告、资料审查报告和用户试用情况报告；实地考察了该医院计算中心主机房和布线系统的部分现场。验收小组经过认真讨论，一致认为：

（1）工程系统规模较大

某医院计算机网络综合布线工程是一个较大的工程项目，具有 5 幢楼宇，339 个用户结点。该工程按照国际标准 EIA/TIA568 设计，参照 AT&T 结构化布线系统技术标准施工，是一个标准化、实用性强、技术先进、扩充性好、灵活性大和开放性好的信息通信平台，既能满足目前的需求，又兼顾未来发展需要，工程总体规模覆盖了门诊楼、科技楼、住院楼、综合楼、传染病研究所大楼。

（2）工程技术先进，设计合理

该系统按照 EIA/TIA568 国际标准设计，工程采用一级集中式管理模式，水平线缆选用符合国际标准的AT&T非屏蔽5类双绞线，主干线选用8芯光缆，信息插座选用AMP 8位/8路模块化插座，符合Bellcore、OFNR、FDDI、EIA/TIL568、IEEE802和ICEA标准。某医院网络布线采用金属线槽、PVC管和塑料线槽规范布线，除室内明线槽外，其余均在天花板吊顶内，布局合理。

（3）施工质量达到设计标准

在工程实施中，由某医院计算中心和某网络系统集成公司联合组成了工程指挥组，协调工程施工组、布线工程组和工程监测组，双方人员一起进行协调，监督工程施工质量，由于措施得当，保障了工程的质量和进度。工程实施完全按照设计的标准完成，做到了布局合理、施工质量高，对所有的信息点、电缆进行了自动化测试，测试的各项指标全部达到合格标准。

（4）文档资料齐全

某网络系统集成公司为某医院提供了翔实的文档资料。这些文档资料为工程的验收、计算机网络的管理和维护，提供了必不可少的依据。

综合上述，某医院计算机网络工程的方案设计合理、技术先进、工程实施规范、质量好；布线系统具有较好的实用性、扩展性，各项技术指标全部达到设计要求，是“金卫工程”的一个良好开端。验收小组一致同意通过布线工程验收。

某医院计算机网络结构化布线工程验收小组

组 长：×××

副组长：×××

2015年4月

第 9 章
网络综合布线案例

本章是一个综合应用，旨在理解综合布线设计文档的书写方法与规范、综合布线设计方法的前提下，对一个具体实例做出合理的设计方案。我们将以某公司的综合布线系统设计方案为例，为读者介绍如何在实践中进行综合布线的设计。

9.1 综合布线的设计文档

综合布线的设计文档主要由设计方案和施工图纸两部分组成。设计人员按照用户需求和相关标准制定设计方案，其主要内容有需求分析、设计标准、产品选型、子系统详细设计、施工组织、工程测试与验收、系统报价清单等。施工图纸主要由系统图和平面图两部分组成。

9.1.1 设计方案

1. 需求分析

设计人员通过与用户沟通了解并确定需求，以明确综合布线工程的目的、要求等，其主要内容有工程概况、各种信息点的分布情况和数量、建筑物平面设计图、现有系统状况及施工环境等。

2. 设计标准

综合布线的标准既有国际组织制定的标准，又有国内制定的标准。设计时，应根据实际施工情况和用户需求选择适合的设计标准。

（1）国际标准

EIA/TIA-568A《商业建筑电信布线标准》

EIA/TIA-568B《商业建筑电信布线标准》

EIA/TIA-569《商业建筑电信空间标准》

PN3287《现场测试非屏蔽双绞线对布线系统传输性能技术规范》

《光纤电缆布线计划安装指导工作草案》

EIA/TIA-606《商业建筑电信基础结构管理标准》

EIA/TIA-607《商业建筑电信接地和接线要求》

EIA/TIA-570A《家居布线标准》

EN50173《信息技术综合布线标准》

EN50167《水平布线电缆》

EN50168《工作区布线电缆》

EN50169《主干电缆》

（2）国内标准

CECS72:97《建筑与建筑群综合布线系统工程设计规范》

CECS89:97《建筑与建筑群综合布线系统工程验收规范》

GB/T50311-2000《建筑与建筑群综合布线系统工程设计规范》

GB/T50312-2000《建筑与建筑群综合布线系统工程验收规范》等

3. 产品选型

综合布线的产品种类很多，应根据实际施工情况、用户需求及相关标准选择合适的综合布线产品。

4. 详细方案设计

设计人员按照用户需求，依据相关标准设计综合布线系统能够实施的施工方案，其设计内容主要有工作区子系统、水平子系统、垂直子系统、管理间子系统、设备间子系统、建筑群子系统，以及综合布线系统的屏蔽防护和接地设计。综合布线系统的详细设计步骤如图 9.1 所示。

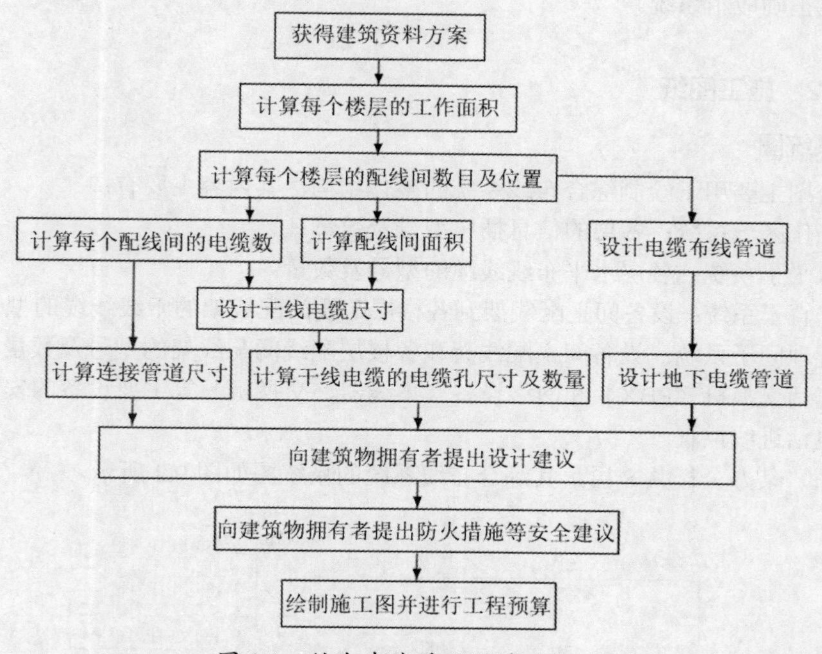

图 9.1　综合布线系统设计流程

5. 施工组织

施工组织的主要内容是确定施工人员组成、施工前的准备工作、系统总体施工方案，以及工作区系统、水平子系统、垂直子系统、管理间子系统、设备间子系统、建筑群子系统等各子系统的施工要点等。

施工准备阶段的主要内容是编制与审核施工图纸，进行施工预算，编制施工方案，购买施工设备、工具及材料，确定施工人员组成。

施工阶段的主要内容是配合土建和装修施工、预埋管槽、固定配线箱、配电柜等相关设备，进行各子系统的设备安装及线缆敷设，对各子系统进行随工测试及验收。

竣工验收阶段的主要内容是系统调试并开始运行，编写测试报告及竣工文件，相关单位和部门进行审查，进行现场施工验收。

6. 工程测试与验收

工程测试与验收的主要内容是相关测试标准、测试内容、铜缆测试方案、光缆测试方案、工程验收程序等。

7. 工程设备清单及报价

对综合布线施工中使用的设备及相关施工材料进行汇总，填写工程设备清单并依据市场价格进行施工报价。

8. 售后服务

综合布线施工单位应向用户提供综合布线产品质量保证，并为用户提供相关系统维护服务（服务内容、价格及期限应与用户协商确定），还应为用户提供系统应用培训，使用户能正确应用系统。

9.1.2　施工图纸

1. 系统图

系统图主要用于绘制综合布线系统的整体结构，其内容主要有：

- 工作区子系统：各层的信息插座型号及数量；
- 水平子系统：各层水平布线线缆的型号及数量；
- 垂直子系统：设备间主配线架到各楼层配线间配线架的干线线缆的型号及数量；
- 管理间子系统：设备间主配线架和各楼层配线间配线架的型号及数量；
- 电话交换机（PBX）和网络设备（集线器、交换机）等主要设备的安装位置；
- 电话进线位置。

例如，某办公楼共 8 层，其综合布线系统的系统图如图 9.2 所示。

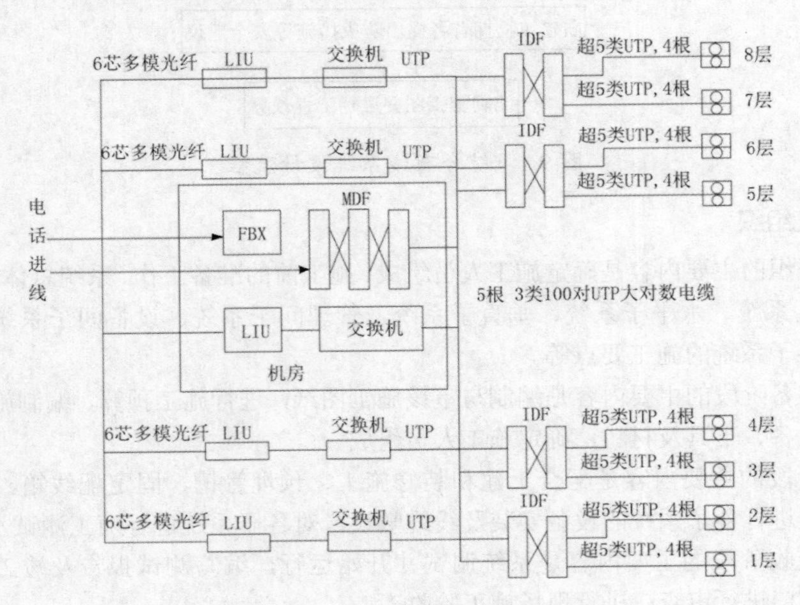

图 9.2　某办公大楼综合布线系统图

2. 平面图

综合布线系统的施工主要依据平面图进行，其他弱电系统也可与其在同一张图纸上。平面图主要包括以下内容：

- 电话线进线的位置、高度、进线方向、过线管道数量及管径；
- 每层信息点的分布、数量，信息插座的规格与安装位置；
- 水平线缆的路由，水平线缆布设所用管槽的规格及安装方式；
- 弱电竖井的数量、位置、大小，主干电缆敷设所用管槽的规格及安装位置。

例如，某学生宿舍楼共 8 层，每层有 8 个房间，垂直管槽在楼道。每个房间布设一个计算机网络信息点，UTP 电缆从房间引出并通过垂直管槽布设至一楼的设备间内。第 7 层的施工平面图如图 9.3 所示。

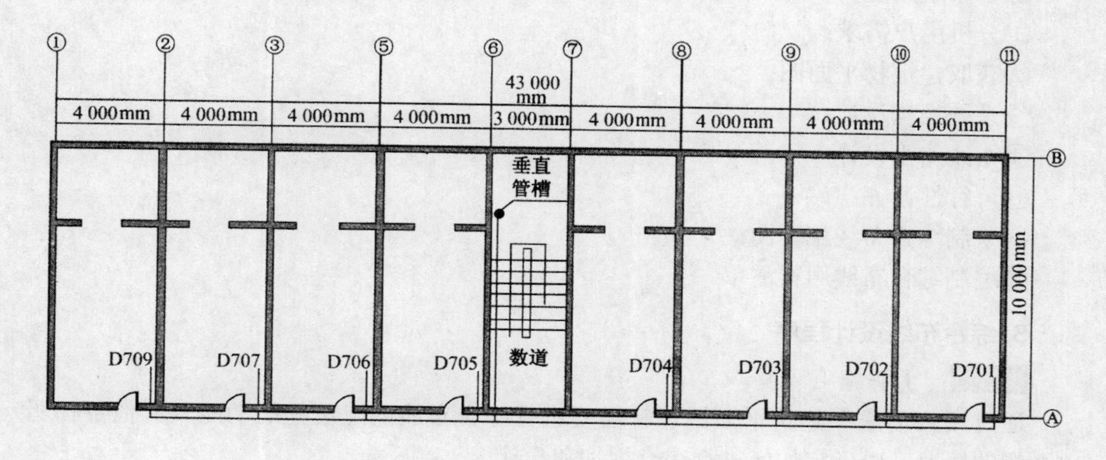

图 9.3 综合布线施工平面图

9.2 综合布线的设计方法

综合布线系统的设计应按照一定的原则及程序进行，既应满足用户需求，又应符合设计标准。

1. 综合布线设计原则

综合布线系统的设计应遵循以下原则：

- 综合布线的设计应符合国际、国内的相关标准；
- 设计的综合布线系统应具有良好的可扩展性，并能在一定时间内满足系统的扩充及维护需求；
- 综合布线系统应能与其他数据传输及通信系统一同工作，不会产生冲突和冗余；
- 综合布线系统的设备安装及管槽敷设应与建筑一同规划，并合理设计布设方式；
- 在新建筑物中布线与在扩建、改建建筑物中布线不同，应根据实际情况进行设计与规划；

● 综合布线系统的设计不仅应能保证工程的质量和安全，还应利于施工和维护；

● 综合布线系统中选用的设备、工具及材料的型号和质量应符合相关标准。

2. 综合布线设计要点

在综合布线系统中，垂直干线布线的线缆一般设置在建筑物的弱电间内，因此比较容易更换或扩充。水平布线的线缆一般敷设于建筑物的吊顶内、天花板或管道内，更换线缆时会损坏建筑结构，影响整体美观，因此，在设计水平布线子系统时，应选用质量较好的线缆及相关连接硬件。但是在设计综合布线时，也应根据实际情况进行综合考虑，既要满足用户需求，又要降低成本。同时，综合布线的设计还要考虑到既定时间内的可维护性和可扩充性。

综合布线系统的设计一般按照以下步骤进行：

①分析用户需求；

②获取建筑物平面图；

③系统结构设计；

④布线路由设计；

⑤可行性论证；

⑥绘制综合布线施工图；

⑦编制综合布线用料清单。

3. 综合布线设计程序

步骤 1：了解施工环境

通过用户需求和建筑平面图了解需要进行综合布线的建筑物的功能及其他各种弱电系统的情况，以确定如何进行综合规划和设计。

步骤 2：确定综合布线系统的等级

根据用户需求确定综合布线系统的等级，并确定信息点的位置、数量，线缆路由和敷设方式。

步骤 3：制定设计方案

（1）确定网络拓扑结构

根据建筑物平面图及用户需求确定配线间、设备间的位置，并确定水平子系统和干线子系统的线缆路由和敷设方式。根据建筑群中各建筑物的分布情况，确定建筑群子系统的线缆路由及敷设方式。

（2）确定设计方案

对于无特殊要求的综合布线系统，可以选用非屏蔽系统，而不是价格较高的屏蔽系统。

综合布线系统中使用的线缆和设备可以参照以下几种方案：

● 综合布线系统中的语音系统使用 3 类线，而数据传输系统使用 5 类（超 5 类、6 类、7 类）线。使用这种方案进行综合布线的近期工程投资较少，但系统灵活性、适应性都较差，不利于维护和管理。

● 综合布线系统中的语音系统和数据传输系统都使用 5 类（超 5 类、6 类、7 类）线。

使用这种方案进行综合布线的系统具有较高的性能及良好的灵活性和适应性，并易于维护和管理，但近期工程投资较高。

● 综合布线系统中的语音系统和数据传输系统都使用5类（超5类、6类、7类）线，对于部分要求高带宽的信息点使用光纤到桌面的方式，以满足高端用户的需求。

对于上述各方案，每种方案中的信息插座、线缆、配线设备及跳线应采用同一种类型。

步骤4：绘制综合布线系统图及施工图

（1）绘制综合布线系统图

主要有以下内容：

● 确定各层信息插座的类别、规格和数量；

● 绘制语音、数据、计算机及配线设备；

● 标出配线间、设备间的编号、规格及数量；

● 对电缆、光缆编号并标明规格和数量。

（2）绘制综合布线施工图

主要有以下内容：

● 根据建筑物平面图标出信息插座的位置；

● 绘制设备间、各层配线间的设备布置图；

● 根据配线子系统路由绘制管槽，标出管槽的规格和敷设方式，并标出使用线缆的型号、规格和数量；

● 根据设备间、各层配线间的位置及干线子系统的线缆路由绘制管槽，标出管槽的规格和敷设方式，以及使用线缆的型号、规格和数量；

● 根据建筑物的位置确定建筑群子系统的路由，在室外总平面图上绘制电缆沟、直埋线缆（或地下管道）、架空线缆、墙壁线缆的路由，标出线缆及管的型号、规格、数量和敷设方式。

步骤5：综合布线系统材料用量

（1）信息插座用量

在计算整个建筑物的信息插座用量时，应先按照语音信息插座、电缆的数据信息插座、光纤的数据信息插座计算各层信息插座的数量，然后将各层信息插座的数量相加即可。

（2）水平子系统布线线缆用量

在计算整个建筑物的线缆用量时，应先按照语音电缆、数据类电缆、数据类光缆计算各层线缆的数量，然后将各层线缆的数量相加即可。

（3）垂直子系统布线线缆用量

语音信号使用大对数电缆，每个语音信息插座配一对双绞线（25对大对数电缆可支持25个信息插座）。

数据信号的传输可以参照以下方案：

如果使用4对双绞线进行数据传输，则1条4对双绞线可支持1个集线器群（或交换机群）或1个集线器（或交换机），1条4对双绞线最多可支持96个信息插座。

如果采用集线器群（或交换机群），则每个集线器群（或交换机群）需备用 1 条作为冗余的 4 对双绞线。如果未采用集线器群（或交换机群），则每 2~4 台集线器群（或交换机群）备用 1 条 4 对双绞线作为冗余。一般每个 FD（楼层配线架）至 BD（建筑物配线架）为 2 条 4 对双绞线。

在使用大对数电缆进行数据传输时，如果每个信息插座需要 2 对双绞线，则 1 条 25 对大对数电缆可支持 12 个信息插座；如果每个信息插座需要 4 对双绞线，则 1 条 25 对大对数电缆可支持 16 个信息插座。

如果使用光缆布线，2 芯光纤可支持 1 个集线器群（或交换机群）或 1 个集线器（或交换机），2 芯光纤最多可支持 96 个信息插座。如果采用集线器群（或交换机群），则每个集线器群（或交换机群）需备用 2 芯光纤作为冗余。如果未采用集线器群（或交换机群），则每 2~4 台集线器（或交换机）备用 2 芯光纤作为冗余。一般每个 FD 至 BD 为 1 条多芯光缆。

（4）建筑群子系统线缆用量

在建筑群子系统中，CD（建筑群配线架）与 BD 之间或 BD 与 BD 之间一般使用 4 芯光缆（其中 2 芯光纤作为备用），每条光缆两端应共预留 20m。如果敷设长度小于 500m，则使用多模光纤；如果敷设长度大于 500m，则应使用多模光纤。

使用的每种线缆的总量是水平子系统、垂直子系统及建筑群子系统使用的各种线缆量之和。根据线缆用量及每箱（轴）线缆长度（4 对铜双绞线一般为每箱 305m，大对数铜双绞线一般为每轴 305m，光缆一般为每轴 1000m 或 2000m），可以得出每种线缆应购买的箱数。

步骤 6：编写设计说明书

设计说明书主要包括以下内容：

（1）设计依据

综合布线的设计应遵循国际、国内的相关标准，并结合建筑平面图等建筑资料、施工环境及用户需求。

（2）施工环境

施工环境包括建筑物（建筑群）的位置、楼栋数、每栋楼的层数、总建筑面积、建筑物的功能、信息点总数。

（3）设计方案

综合布线系统的设计方案主要有以下内容：

● 综合布线系统的设计方案应遵循实用性、可靠性、可扩展性、经济性等原则；

● 与综合布线系统相关的各语音及数据传输系统的设计；

● 确定综合布线系统的等级及配置；

● 确定综合布线系统使用的网络拓扑结构；

● 对综合布线系统的各子系统进行详细设计，主要是确定信息插座的位置、规格及数量，配线设备的规格和数量，跳线的规格和数量，使用的各种线缆的型号、规格和数量，线缆敷设路由及敷设方式。

9.3 实例

下面通过某公司的综合布线系统设计方案，介绍如何在实践中进行综合布线的设计。

9.3.1 需求分析

通过与业主沟通及实地环境考察，确定综合布线系统的需求内容。

1. 基本情况描述

本综合布线设计方案涉及某公司的A厂区和B厂区两部分。

A厂区有楼宇2座，共48个房间，信息分布点如表9.1所示。

表9.1 A厂区计算机网络信息点分布表

序号	地点	信息点数	备注
1	A厂区1号楼一层	12	机房所在楼层
2	A厂区1号楼二层	36	
3	A厂区1号楼四层	2	
4	A厂区2号楼一层	18	汇聚点所在楼层
5	A厂区2号楼二层	20	
6	A厂区2号楼三层	8	
7	门卫	1	
8	化验室	1	已经布线
信息点合计		98	

B厂区有楼宇10座，共92个房间，每个办公室有两个信息点，具体信息点的分布情况如表9.2所示。

表9.2 B厂区计算机网络信息点分布表

序号	地点	信息点数	备注
1	活动室	14	
2	机建厂	2	标书中没有说明，实际现场存在
3	B厂区1号楼	86	机房所在位置
4	培训室	2	
5	B厂区2号楼	16	
6	采矿厂	30	三层交换机所在位置
7	选矿厂	6	两栋建筑，其中一栋正在建设
8	化验室	5	三栋建筑，其中一栋在山坡上，布线困难
9	采矿队	14	是机电厂和供应科的光纤中继节点
10	机电厂	16	
11	供应科	2	
信息点合计		193	

2. 特殊信息点描述

（1）A 厂区有一个特殊的信息点位于门卫室，院内已经铺设好的路面不能毁坏，院内也没有架空的条件。

（2）B 厂区也有一个特殊的信息点，位于山顶一侧的化验室，该点位于距化验室光纤信息汇聚点 150m 的山坡上，其间灌木丛生，不具备布线条件。另外，B 厂区的各个建筑物之间的布线均要求采用光缆。

3. 业主对综合布线的要求

根据公司楼宇的分布情况、信息点的需求、用户对网络功能的需求，建议构建一个高速的计算机网路平台，以使数据信息、视频信息、音频信息都能无障碍的传输和处理。选择网络主干为百兆光纤，百兆以太网到用户桌面。为了提供网络管理和基本的网络应用系统，如 FTP、E-mail、BBS 等各种网络服务，需要配置相应的服务器。

9.3.2 设计原则

为确保综合布线设计方案的科学性和合理性，应遵循以下设计原则：

- 满足设计要求；
- 先进性与实用性结合，充分利用设备、保障系统扩展能力；
- 足够的灵活性和扩展性，满足业务数据快速增长的需要；
- 高度的可靠性——核心网络设备关键部件都需有冗余设计，并能有效消除隐患；
- 高度的安全性——能防止网络的非法访问，保护关键数据不被非法窃取、篡改或泄露，使数据具有极高的可用性、安全性；
- 良好的管理性——简化日常维护工作，增强故障处理能力，充分发挥网络的智能性和灵活性。

9.3.3 布线解决方案

本方案的布线设计共分为两部分，一部分为 A 厂区网络布线，另一部分为 B 厂区网络布线。A 厂区网络布线共 98 个信息点，B 厂区网络布线共 193 个信息点，两个厂区合计 291 个信息点。

A 厂区网络布线主要是室内布线，B 厂区网络布线主要是室外布线。针对 A 厂区网络布线的特点，设计中主要采用双绞线作为传输介质，以室内光缆作为辅助介质；而 B 厂区网络布线以室外光缆为主，室内则采用双绞线作为传输介质。

1. A 厂区网络布线方案

A 厂区网络布线共 98 个信息点，分布在 1 号楼的 1~4 层，2 号楼的 1~3 层，以及门卫室和化验室。

A 厂区网络布线方案要点：

A 厂区网络布线的总汇聚点在 1 号楼 1 层的机房，2 号楼网络布线汇聚点在 2 号楼

1层。

1号楼1~2层的网络布线信息点通过双绞线直接连接到机房的总汇聚点。

从2号楼信息点汇聚点的4端口光纤配线架引出的室内4芯光缆与机房信息点总汇聚点的4端口光纤配线架相连。

2号楼内的信息点以双绞线作为介质，连接到2号楼信息点的汇聚点上。

化验室的1个信息点已经存在布线，出口在办公楼1层的机房。

门卫室的1个信息点则通过无线网桥连接到1号楼1层的机房（因为不能破坏路面，也不允许架空）。

A厂区网络室内布线部分沿窗口一侧距棚顶30cm敷设，房间之间需穿透墙壁，楼层之间需穿透楼板。

过墙处采用PVC套管，布线采用PVC槽封闭双绞线。

室内工作区采用双端口的模块。

机房设置1个配线机柜，部署3个24端口双绞线配线架和1个4端口光纤配线架。

2号楼信息汇聚点设置1个配线柜，部署24端口双绞线配线架和1个4端口光纤配线架。

2. A厂区网络布线示意图

A厂区网络布线示意图如图9.4至图9.7所示。

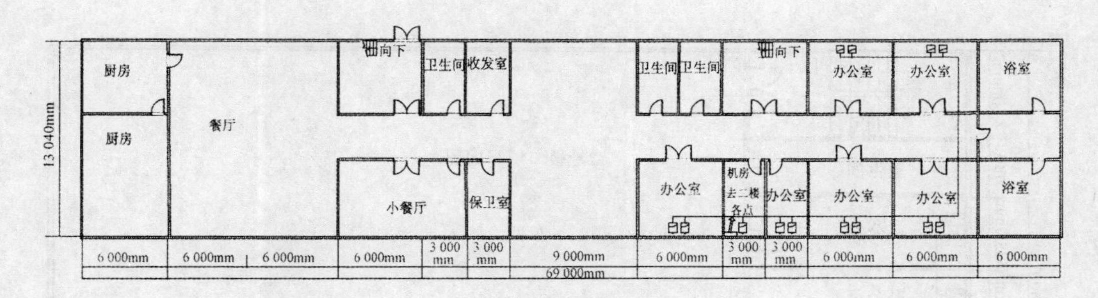

图9.4 A厂区1号楼1层布线示意图

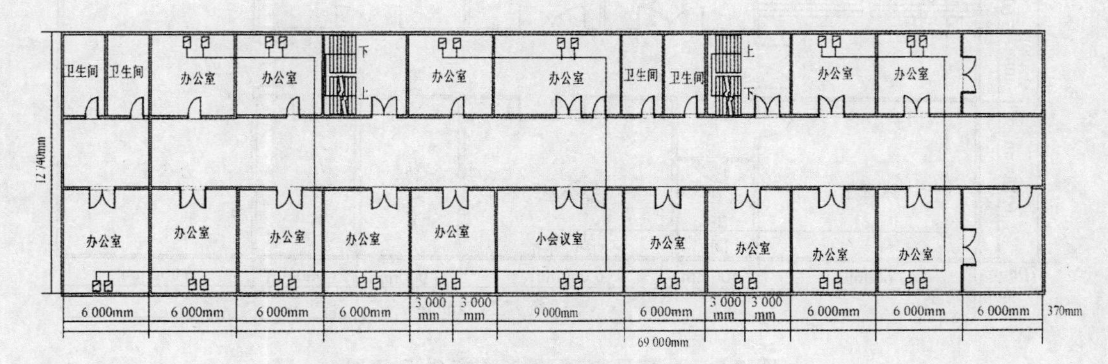

图9.5 A厂区1号楼2层布线示意图

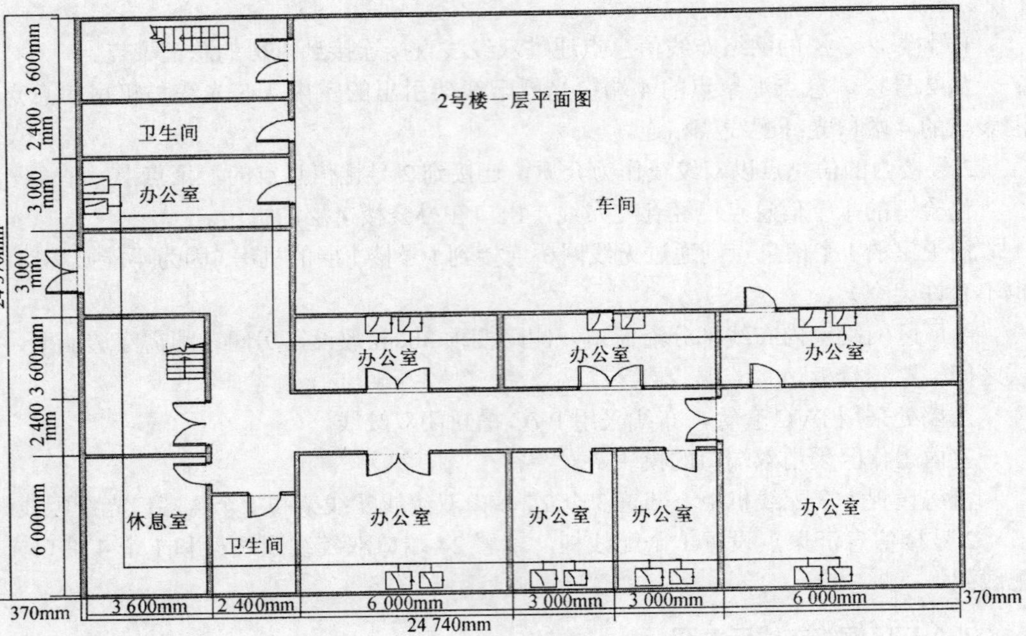

2号楼一层平面图
卫生间
办公室
车间
办公室
办公室
办公室
休息室
卫生间
办公室
办公室
办公室
办公室
3 600mm
2 400 mm
3 000 mm
3 000 mm
3 600mm
2 400 mm
6 000mm
24 370mm
370mm
3 600mm
2 400mm
6 000mm
3 000mm
3 000mm
6 000mm
370mm
24 740mm

图 9.6　A 厂区 2 号楼 1 层布线示意图

上
下
2号楼二层平面图
卫生间
办公室
车间
办公室
办公室
办公室
办公室
休息室
卫生间
办公室
办公室
办公室
办公室
3 600mm
2 400 mm
3 000mm
3 000mm
3 600mm
2 400 mm
6 000mm
24 370mm
370mm
370mm
3 600mm
2 400mm
6 000mm
3 000mm
3 000mm
6 000mm
24 740mm

图 9.7　A 厂区 2 号楼 2 层布线示意图

第9章

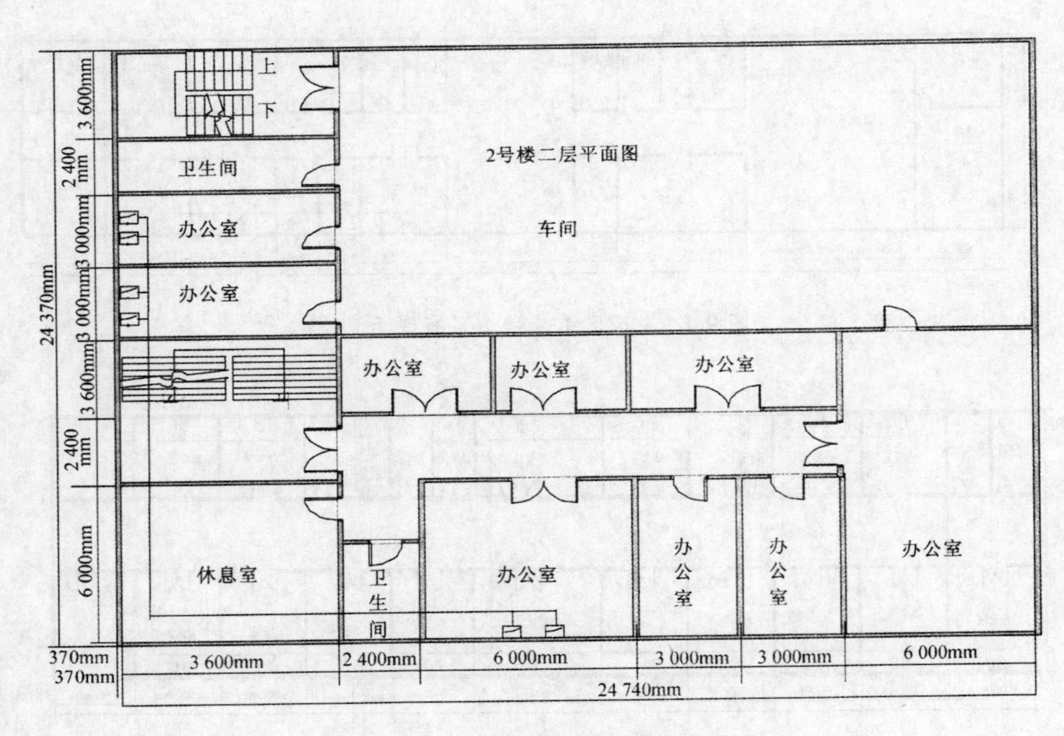

3. B 厂区网络布线方案

B 厂区网络布线共 193 个信息点，分别分布在 10 座建筑物内。B 厂区网络布线方案如下。

（1）光纤网络的设计：

光纤网络布线采用树型结构，以采矿厂为树的根节点，分别连接 B 厂区 1 号楼、B 厂区 2 号楼、选矿区、采矿区、机电厂、供应科和化验室。

以 B 厂区 1 号楼为子树根节点，分别连接派出所、机建厂和培训室。

光纤采用地埋方式敷设，地沟沟底宽 55cm~65cm，同沟敷设的光缆不能交叉、重叠；转弯处弯曲半径不小于 20m；在坡度大于 20° 时，必须采用 S 型敷设；穿越小路时，必须采用 S 型敷设；沟深一般 100cm，过路为 120cm。

敷设光缆的沟底必须夯实，然后铺设厚度为 10cm 的细土或沙石。

回填土应高于地面 10cm。

光缆到达的每个建筑物外设置一个光缆管道井，直径为 60cm，深 150cm。

光纤网均采用多模光缆进行连接，连接情况如表 9.3 所示。

表 9.3　光纤网络连接明细表

序号	起点	终点	光缆类型	光缆长度（m）
1	采矿厂	B 厂区 1 号楼	4 芯多模	500
2	采矿厂	B 厂区 2 号楼	4 芯多模	100
3	采矿厂	选矿厂	8 芯多模	500
4	采矿厂	采矿队	12 芯多模	200
5	采矿厂	机电厂	4 芯多模	100
6	采矿队	供应科	4 芯多模	100
7	B 厂区 1 号楼	机建厂	8 芯多模	500
8	机建厂	派出所	4 芯多模	300
9	B 厂区 1 号楼	培训室	4 芯多模	100
10	采矿厂	化验室	8 芯多模	120
11	化验室	山坡信息点	4 芯多模	150

光纤网络布线示意图如图 9.8 所示。

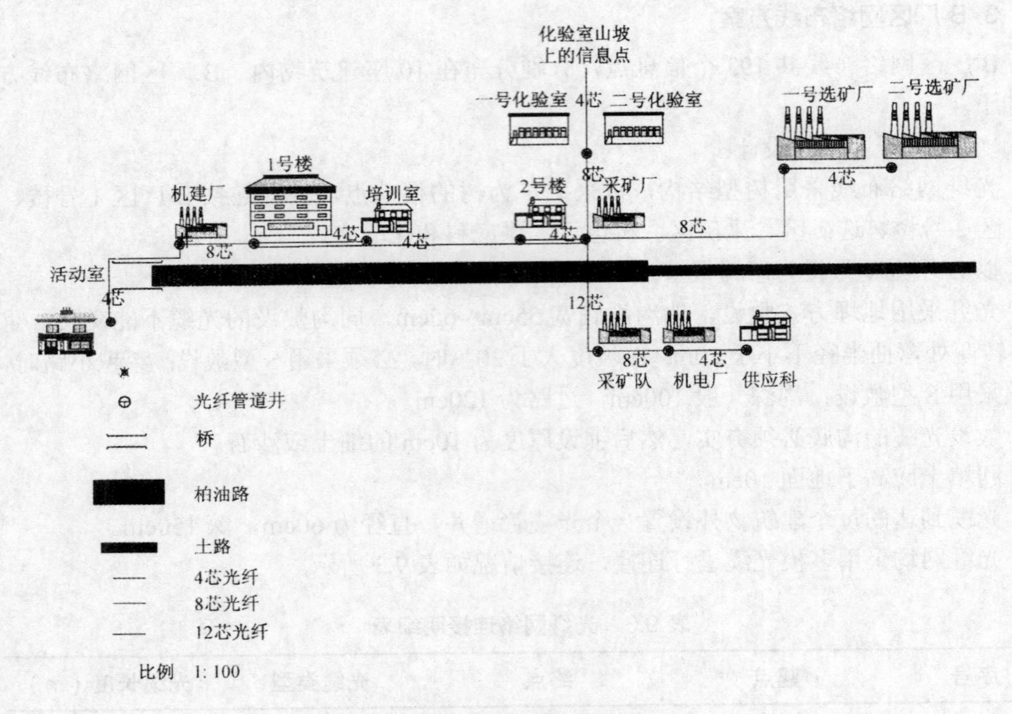

图 9.8 光纤网络布线示意图

（2）B 厂区 1 号楼汇聚点设置在 1 层，提供 4 个 24 端口的双绞线配线架和 1 个 4 端口光纤配线架。

（3）采矿厂的汇聚点设置在 1 层，提供 2 个 24 端口的双绞线配线架和 1 个 12 端口光纤配线架。

（4）活动室的汇聚点设置在 1 层，提供 1 个 24 端口的双绞线配线架和 1 个 4 端口光纤配线架。

（5）机建厂的汇聚点设置在 1 层，提供 1 个 24 端口的双绞线配线架和 1 个 4 端口光纤配线架。

（6）培训室的汇聚点设置在 1 层，提供 1 个 24 端口的双绞线配线架和 1 个 4 端口光纤配线架。

（7）选矿厂的汇聚点设置在 1 层，提供 1 个 24 端口的双绞线配线架和 1 个 4 端口光纤配线架。

（8）采矿队的汇聚点设置在 1 层，提供 1 个 24 端口的双绞线配线架和 1 个 4 端口光纤配线架。

（9）机电厂的汇聚点设置在 1 层，提供 1 个 24 端口的双绞线配线架和 1 个 4 端口光纤配线架。

（10）供料科的汇聚点设置在 1 层，提供 1 个 24 端口的双绞线配线架和 1 个 4 端口光纤配线架。

（11）化验室的汇聚点设置在 1 层，提供 1 个 24 端口的双绞线配线架和 1 个 4 端口光纤配线架；化验室另外一个信息点通过双绞线连接，而化验室位于山坡上的信息点则采用架空光缆的方式连接。

4. B 厂区网络布线示意图

B 厂区网络布线示意图如图 9.9 至图 9.15 所示。

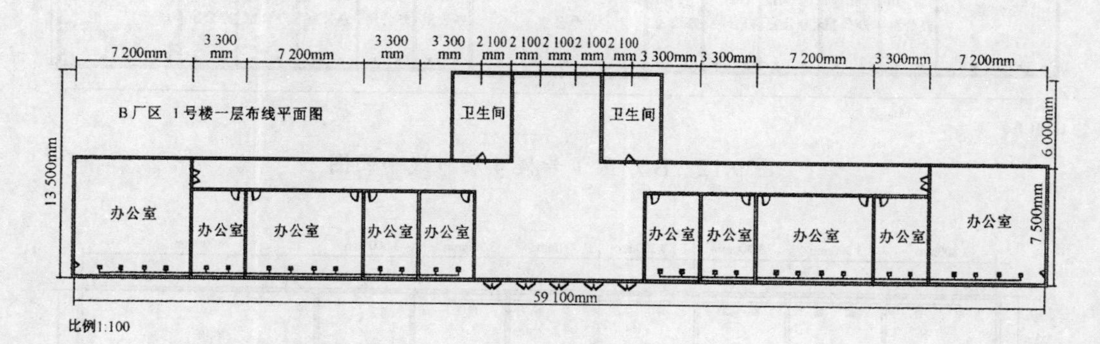

图 9.9 B 厂区 1 号楼 1 层布线平面图

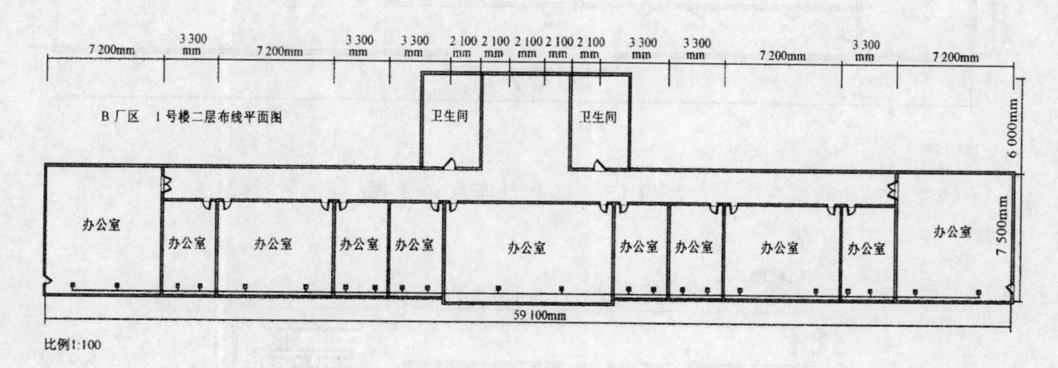

图 9.10 B 厂区 1 号楼 2 层布线平面图

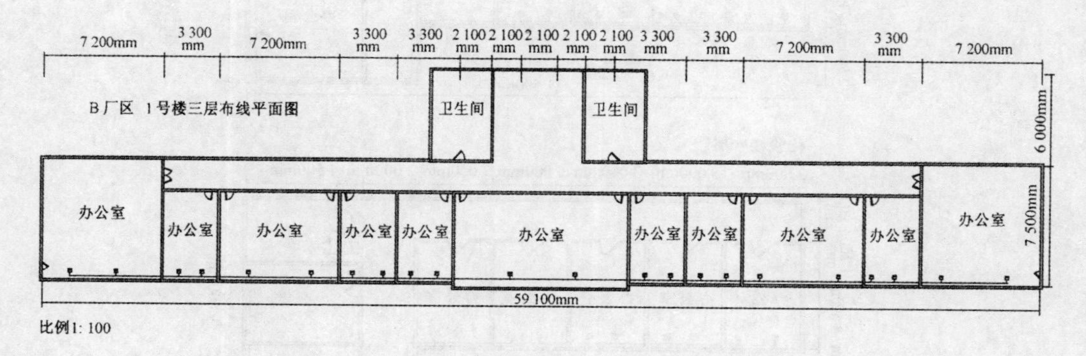

图 9.11 B 厂区 1 号楼 3 层布线平面图

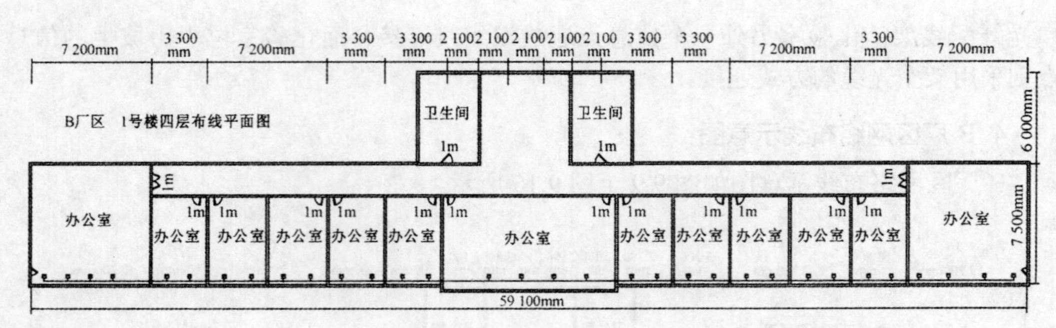

图 9.12　B 厂区 1 号楼 4 层布线平面图

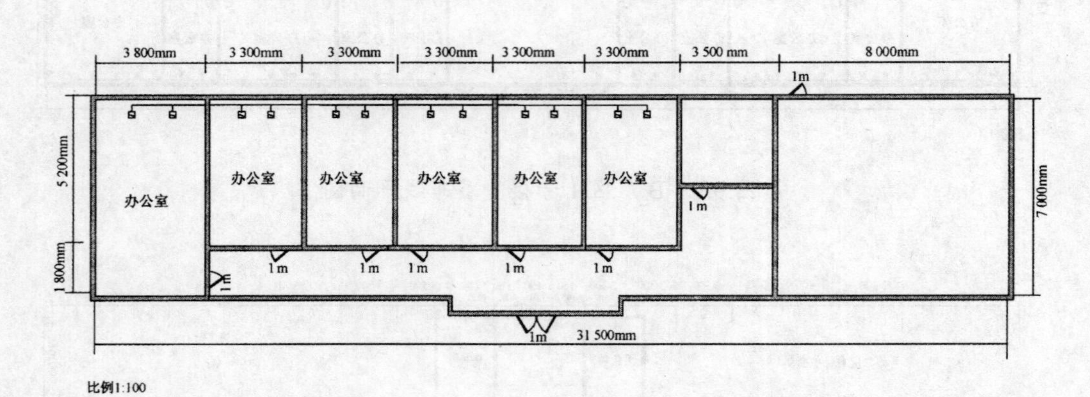

图 9.13　机电科布线示意图

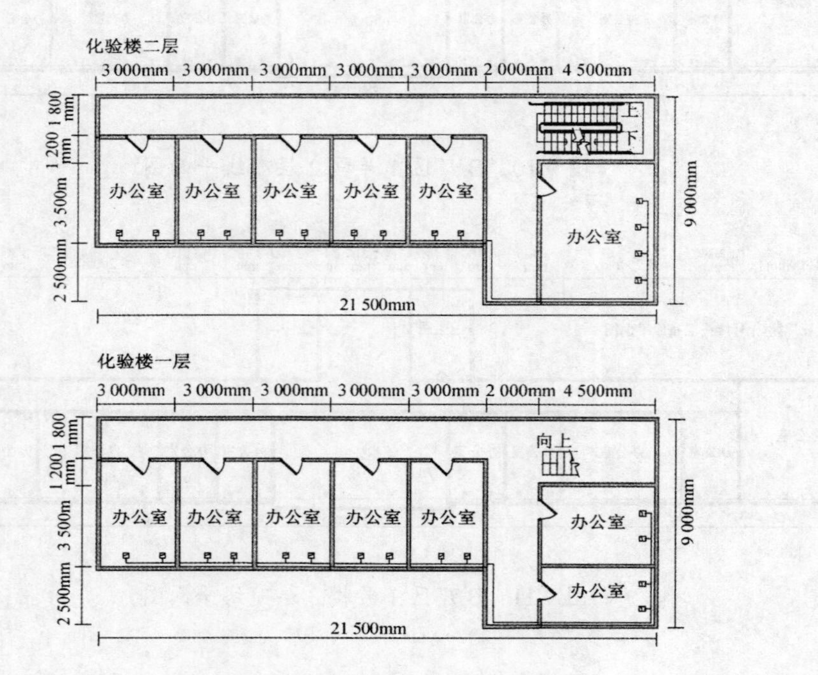

图 9.14　化验室布线示意图

化验楼三层

6 500mm

上

下

3 000mm 3 000mm 3 000mm

办公室

办公室

9 000mm

2 000mm 4 500mm

图 9.14 化验室布线示意图（续图）

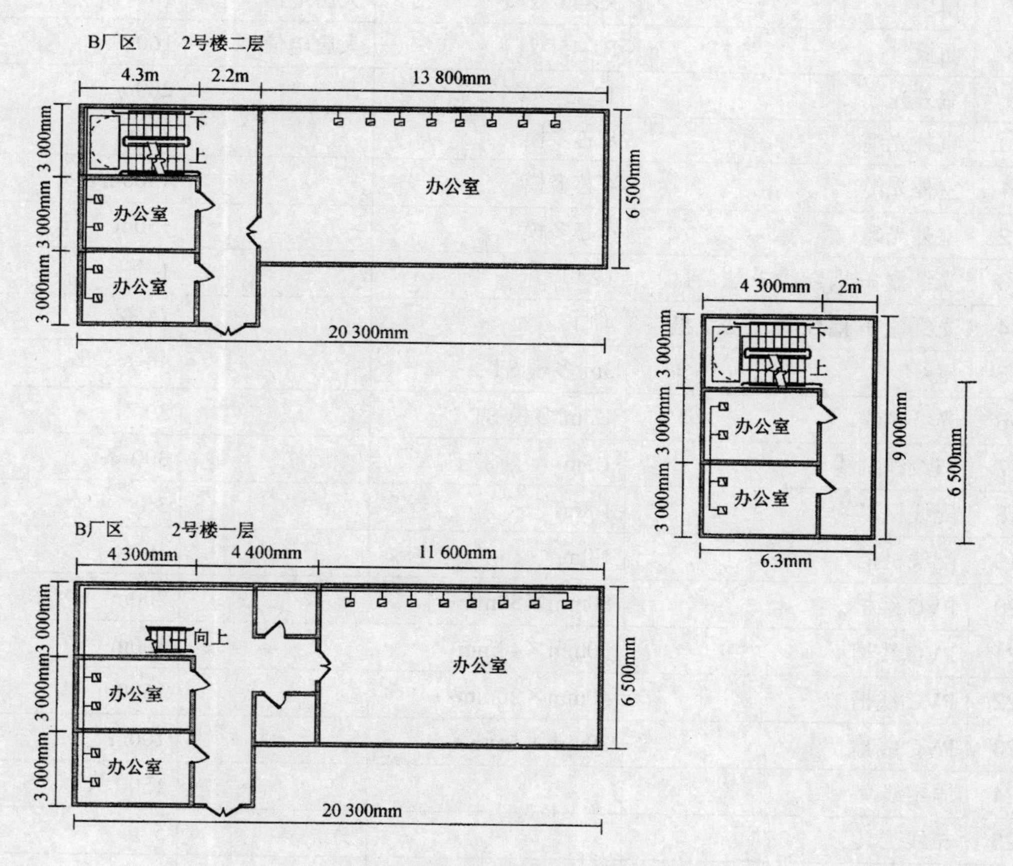

图 9.15 B 厂区 2 号楼布线示意图

9.3.4 布线设备清单

综合布线所需的设备清单如表 9.4 所示。

表 9.4 综合布线设备一览表

序号	项目	规格型号	品牌	数量
1	双绞线配线架＋理线器	24 口	大唐电信	19 套
2	光纤配线架＋理线器	12 口		1 套
3	光纤配线架＋理线器	4 口		11 套
4	双绞线	超 5 类	大唐电信	48 套
5	水晶头	RJ-45	大唐电信	2000 个
6	线标			1 盒
7	模块	RJ-45 双口	大唐电信	160 个
8	面板	RJ-45 双口	大唐电信	160 个
9	室外光缆	12 芯多模		200m
10	室外光缆	8 芯多模		220m
11	室外光缆	4 芯多模		1300m
12	室外光缆	4 芯多模		150m
13	光纤盒＋耦合器＋法兰盘	12 口		1 个
14	光纤盒＋耦合器＋法兰盘	4 口		13 套
15	尾纤	3m 多模 ST		30 对
16	光纤跳线	1.5m 多模 ST		30 对
17	双绞线跳线	1.5m		300 条
18	配线机柜	1.8m		3 台
19	配线机柜	1.0m		10 台
20	PVC 线槽	80mm×50mm		200m
21	PVC 线槽	60mm×40mm		800m
22	PVC 线槽	40mm×20mm		1500m
23	PVC 线槽	20mm×5mm		100m
24	固定线套			1500 只
25	布线工具			5 套
26	PVC 套管			1500m
27	插排			20 个
28	其他材料	自攻钉、线标、线卡、胶布等		

9.3.5 机房建设建议

为保证综合布线系统正常运行，建设机房时应注意以下几个方面：

- 安装防静电地板或涂刷防静电漆；
- 安装空调和防火报警装置；
- 利用桥架将布线系统引入机房；
- 设置机柜，安排双绞线配线架、光纤配线架以及交换路由设备；
- 设置服务器机柜，安排服务器。

参考文献

[1] 吴迪，姜雷，何胤等. 网络综合布线 [M]. 成都：电子科技大学出版社，2009.
[2] 黎连业. 网络工程与综合布线系统 [M]. 北京：清华大学出版社，1997.
[3] 高文莲，李香林，蔡友林等. 综合布线设计与施工实用教程 [M]. 北京：国防工业出版社，2007.
[4] 邮电部标准. 通信管理工程施工及验收技术规范.YDJ39-90[M]. 北京：人民邮电出版社，1990.
[5] 邮电部标准. 大楼通信综合布线系统第一部分. 总规范 YD/T926.1-1997[M]. 北京：人民邮电出版社，1997.
[6] 信息产业部. 建筑与建筑群综合布线系统工程设计规范 GB/T 50311[M]. 北京：中国计划出版社，2007.
[7] 信息产业部. 建筑与建筑群综合布线系统工程设计规范 GB/T 50312[M]. 北京：中国计划出版社，2007.
[8] Chris Clark. 网络综合布线实用大全. 姚德启，马震晗译 [M]. 北京：清华大学出版社，2003.
[9] 江云霞. 综合布线使用教程 [M]. 北京：国防工业出版社，2008.
[10] 徐伟，赵庆华. 网络综合布线系统与施工技术 [M]. 北京：国防工业出版社，2002.
[11] 李正军. 现场总线与工业以太网及其应用系统设计 [M]. 北京：人民邮电出版社，2006.
[12] Ronald W. McCarty. Cisco 广域网组网技术 [M]. 惠琳等译. 北京：电子工业出版社，2001.
[13] 彭祖林. 网络系统集成工程测试与鉴定验收 [M]. 北京：国防工业出版社，2004.
[14] 彭祖林. 网络系统集成需求分析与方案设计 [M]. 北京：国防工业出版社，2004.
[15] 吴达金. 智能建筑 / 居住小区综合布线系统 [M]. 北京：中国建筑工业出版社，2003.
[16] 吴达金. 智能化建筑（小区）综合布线系统 [M]. 北京：人民邮电出版社，2000.
[17] 刘天华，孙阳，黄淑伟. 网络系统集成与综合布线 [M]. 北京：人民邮电出版社，2008.
[18] 吴柏钦，侯蒙. 综合布线 [M]. 北京：人民邮电出版社，2006.
[19] 王炳楠. 综合布线系统应用手册 [M]. 北京：中国建筑工业出版社，2002.
[20] 李文峰. 弱电系统综合布线 [M]. 西安：西安电子科技大学出版社，2003.
[21] 刘国林. 综合布线系统工程设计 [M]. 北京：电子工业出版社，1997.
[22] 易建勋. 计算机网络设计 [M]. 北京：人民邮电出版社，2007.
[23] 薛颂石. 智能建筑与综合布线系统 [M]. 北京：人民邮电出版社，2002.
[24] 李宏力等. 计算机网络综合布线系统 [M]. 北京：清华大学出版社，2003.
[25] 赵藤任，孙江宏. 网络工程与综合布线培训教程 [M]. 北京：清华大学出版社，2003.